"首批国家级一流本科课程"配套教材
北大社普通高等教育"十三五"数字化建设规划教材
大学数学基础系列教材

# 高 等 数 学

（第二版）

（上）

主　编　郝志峰
副主编　韩晓茹　刘晓莉　项巧敏

本书资源使用说明

## 图书在版编目(CIP)数据

高等数学. 上/郝志峰主编. —2 版. —北京：北京大学出版社，2022.8
ISBN 978-7-301-33124-8

Ⅰ. ①高⋯ Ⅱ. ①郝⋯ Ⅲ. ①高等数学—高等学校—教材 Ⅳ. ①O13

中国版本图书馆 CIP 数据核字（2022）第 105614 号

| | |
|---|---|
| 书　　　名 | 高等数学（第二版）（上） |
| | GAODENG SHUXUE (DI-ER BAN) (SHANG) |
| 著作责任者 | 郝志峰　主编 |
| 责 任 编 辑 | 曾琬婷 |
| 标 准 书 号 | ISBN 978-7-301-33124-8 |
| 出 版 发 行 | 北京大学出版社 |
| 地　　　址 | 北京市海淀区成府路 205 号　100871 |
| 网　　　址 | http://www.pup.cn |
| 新 浪 微 博 | @北京大学出版社 |
| 电 子 信 箱 | zpup@pup.cn |
| 电　　　话 | 邮购部 010-62752015　发行部 010-62750672　编辑部 010-62754819 |
| 印 刷 者 | 长沙雅佳印刷有限公司 |
| 经 销 者 | 新华书店 |
| | 787 毫米×1092 毫米　16 开本　15.25 印张　390 千字 |
| | 2018 年 7 月第 1 版 |
| | 2022 年 8 月第 2 版　2023 年 6 月第 2 次印刷 |
| 定　　　价 | 48.00 元 |

未经许可，不得以任何方式复制或抄袭本书之部分或全部内容。
**版权所有，侵权必究**
举报电话：010-62752024　电子信箱：fd@pup.pku.edu.cn
图书如有印装质量问题，请与出版部联系，电话：010-62756370

# 内 容 简 介

本书主要面向地方应用型本科院校,所涉及内容的深广度符合教育部关于高等学校理工类、经管类本科"高等数学"课程的教学基本要求,也能达到全国硕士研究生招生考试数学考试大纲的相应要求. 全书分上、下两册,内容包括:函数与极限、导数与微分、微分中值定理与导数的应用、不定积分、定积分、定积分的应用、空间解析几何与向量代数、多元函数微分法、重积分、曲线积分与曲面积分、无穷级数、常微分方程.

本书以学生为本,力求通俗易懂、深入浅出,激发学生的兴趣;注意定理、定义、性质、例题的说明解释,及时归纳总结诸多理解、分析高等数学知识的理论与方法,强调解决问题能力和数学建模能力的培养;适应翻转课堂、慕课、微课等新时期的教学改革. 为满足学生学习的需求,力图做到公式、标号详尽,便于查阅;精心设计习题,并附答案或提示.

本书适宜作为普通高等学校理工类、经管类各专业"高等数学"课程的教材或参考书,也可供需要高等数学知识的各类科技工作者学习或参考,并为准备考研的非数学专业学生服务.

# 总　　序

　　数学是人一生中学得最多的一门功课. 中小学里就已开设了很多数学课程, 涉及算术、平面几何、三角、代数、立体几何、解析几何等众多科目, 看起来洋洋大观、琳琅满目, 但均属于初等数学的范畴, 实际上只能用来解决一些相对简单的问题, 面对现实世界中一些复杂的情况则往往无能为力. 正因为如此, 在大学学习阶段, 专攻数学专业的学生不必说了, 就是对于广大非数学专业的学生, 也都必须选学一些数学基础课程, 花相当多的时间和精力学习高等数学, 这就对非数学专业的大学数学基础课程教材提出了高质量的要求.

　　这些年来, 各种大学数学基础课程教材已经林林总总地出版了许多, 但平心而论, 除少数精品以外, 大多均偏于雷同, 难以使人满意. 而学习数学这门学科, 关键又在理解与熟练, 同一类型的教材只需精读一本好的就足够了. 因此, 精选并推出一些优秀的大学数学基础课程教材, 就理所当然地成为编写出版"大学数学基础系列教材"这一套丛书的宗旨.

　　大学数学基础课程的名目并不多, 所涵盖的内容又大体上相似, 但教材的编写不仅仅是材料的堆积和梳理, 更体现编写者的教学思想和理念. 对于同一门课程, 应该鼓励有不同风格的教材来诠释和体现; 针对不同程度的教学对象, 也应该采用不同层次的教材来教学. 特别是, 大学非数学专业是一个相当广泛的概念, 对分属工程类、经管类、医药类、农林类、社科类甚至文史类的众多大学生, 不分青红皂白、一刀切地采用统一的数学教材进行教学, 很难密切联系有关专业的实际, 很难充分针对有关专业的迫切需要和特殊要求, 是不值得提倡的. 相反, 通过教材编写者和相应专业工作者的密切结合和协作, 针对专业特点编写出来的教材, 才能特色鲜明、有血有肉, 才能深受欢迎, 并产生重要而深远的影响. 这是各专业的大学数学基础课程教材应有的定位和标准, 也是大家的迫切期望, 但却是当前明显的短板, 因而使我们对这一套丛书可以大有作为有了足够的信心和依据.

　　说得更远一些, 我们一些教师往往把数学看成定义、公式、定理及证明的堆积, 千方百计地要把这些知识灌输到学生大脑中去, 但却忘记了有关数学最根本的三点. 一是数学知识的来龙去脉——从哪里来, 又可以到哪里去. 割断数学与生动活泼的现实世界的血肉联系, 学生就不会有学习数学的持续的积极性. 二是数学的精神实质和思想方法. 只讲知识, 不讲精神, 只讲技巧, 不讲思想, 学生就不可能学到数学的精髓, 不可能对数学有真正的领悟. 三是数学的人文内涵.数学在人类认识世界和改造世界的过程中起着关键的、不可代替的作用,是人类文明的坚实基础和重要支柱.不自觉地接受数学文化的熏陶,是不可能真正走近数学、了解数学、领悟数学并热爱数学的.在数学教学中抓住了上面这三点,就抓住了数学的灵魂,学生对数学的学习就一定会更有成效.但客观地说,现有的大学数学基础课程教材,能够真正体现这三点要求的,恐怕为数不多.这一现实为大学数学基础课程教材的编写提供了广阔的发展空间,很多探索有待进行,很多经验有待总结,可以说是任重而道远.从这个意义上说,由北京大学出版社推出的这一套丛书实际上已经为一批有特色、高品质的大学数学基础课程教材的面世搭建了一个很好的平台,特别值得称道,也相信一定会得到各方面广泛而有力的支持.

特为之序.

李大潜

2015 年 1 月 28 日

# 第二版前言

"高等数学"是我国高等学校非数学专业学生的一门重要数学基础课程.以新工科为代表的"四新"(新工科、新医科、新农科、新文科)专业改革让"高等数学"课程及其教材有了新的驱动力,深度交叉融合是"高等数学"课程教与学的新要求.在云计算、物联网、大数据、"智能+"、移动互联网、虚拟现实、5G、机器人、区块链、量子计算、元宇宙等层出不穷的新应用技术和场景中,高等数学作为研究连续现象的工具,充满了新的活力和生机.

本书第二版继承了第一版"符合学生需求和教学需求,学起来容易,教起来轻松"的初衷,尤其是新的职业教育法自2022年5月1日起实施,职教本科与应用型本科以及一批新建本科院校迅速成长,这些拓宽了第二版教材的适应面.教育部关于高等学校理工类、经管类本科"高等数学"课程的教学基本要求以及全国硕士研究生招生考试数学考试大纲,为全书明确了核心内容.然而,地方应用型本科院校的实际情况以及高等教育从大众化走向普及化的转型升级,也需要新的探索和研究.在此基础上,主编郝志峰主持的线上线下混合式课程"高等数学"获得了"首批国家级一流本科课程"称号,参与的"地方本科高校'双学院制'工科人才共育模式的构建与实践"项目曾获2018年高等教育国家级教学成果二等奖,都很好地体现了全书进一步切合学生实际、切合课堂教学的特点.

教育部2018年发布的《普通高等学校本科专业类教学质量国家标准》,对编者完成的丛书"大学数学基础系列教材"(包括本书在内的《线性代数》《概率论与数理统计》和《复变函数与积分变换》等),从教学改革的思路,到适应各专业,提出了国标新要求.在教育部全面开展的"保合格""上水平""追卓越"的三级专业认证中,面向教学产出理念的培养目标、毕业要求和课程体系都离不开大学数学教学内容.以工程教育认证为例,对于"将相关的数学知识用于解决复杂工程问题,并应用所学基本数学原理,识别、表达、通过文献研究分析复杂工程问题,获得有效结论"这些要求,"高等数学"课程都是关键一环.由此看来,"高等数学"课程也确实是 iSTREAM[intelligent, science, technology, robotics(或 reading), engineering, arts, mathematics]教育、创客教育必不可少的一门重要主干课程.注意到,2021年12月教育部公布了首批50家现代产业学院,对学生实践和创新能力提出了与时俱进的要求.基于人才培养模式的创新,高等数学产教深度融合的教材、教法也需要应对这些新情况.所以,本书特别关注了教学内容精练、专业认证评估、创新创业教育、产教融合、协同育人等一系列新变化,主动满足翻转课堂、微课和慕课等新时期的教学需要.依托本书的课程成为金课,也是编者力求的目标和方向.在首批国家级一流本科课程的评选中,五门"高等数学"课程在参评的868门课程中并列第四位,在数学类课程中位居第一,就说明这门课程不仅能够提高学生的综合能力,而且还能够满足应用型创新创业人才和卓越计划对工程师教育、经管类教育的需求.

向课堂教学要质量,向课程教学要质量,其中一个基础的环节就是向课程的教材要质量.这也是首届全国教材建设奖获奖教材的示范引领作用.在刘建亚、朱士信、李辉来等人所编写的一批高等数学、微积分类优秀教材的带动下,本书第二版继续突出了这一套丛书"可读性强、以学生为本、突出重点"的特点.编者在编写本书第一版时,恰好参加了"我国大学数学课程建设与教学改革六十年"课题组的工作,深深体会到目前使用本书的学生,其学习背景、主动性都有了不少新变化.包括国内外高等数学教材编写同人也都在回归初心,思考面向学习过程的新一代高等数学(微积分)学习的教材,如 J. R. Hass,C. E. Heil 和 M. D. Weir 编写的教材《微积分(第14版)》.因此,本书第二版也融合了这些国内外先进教材的优点,将"识变、应变、求变"的需求融入书中,不断细化深入.2022年年初,教育部公布了首批439个虚拟教研室建设试点名单,课程(群)教学类有237个,编者参与了华北理工大学刘春凤老师牵头的"大学数学课程群虚拟教研室",也力求能和本书的使用者一起,探索"智能+"时代新型基层教学组织的建设方式和路径、运行模式和规律.编者希望能全面探索、共同研究面向个性化和可容错的学习、基于大数据和人工智能的学习、团队化和社交化的学习、生师合作及可互相帮促的学习等新学习形态,深入研讨"高等数学"课程和课堂,形成可量化、可监测、可评价的实践,对学生的学习效率进行及时评估和反馈,实现教与学的过程可回溯、诊断改进积极有效,这也是国家级一流本科课程推荐认定办法中一以贯之的探索.

关于教育部最新要求的开展专业类课程思政教学指南和案例的研制开发,以及扎实推进劳动教育进入普通高等学校本科专业类教学质量国家标准的工作,本书第二版也进行了一些探索,尤其是采用扫码的形式,将一些延伸阅读的内容引入教材中,让有经验的教师可以根据学生的情况进行有效探索和尝试.

党的二十大报告首次将教育、科技、人才工作专门作为一个独立章节进行系统阐述和部署,明确指出:"教育、科技、人才是全面建设社会主义现代化国家的基础性、战略性支撑."这让广大教师深受鼓舞,更要勇担"为党育人,为国育才"的重任,迎来一个大有可为的新时代.

本书分上、下两册,第二版全书仍分为十二章:函数与极限、导数与微分、微分中值定理与导数的应用、不定积分、定积分、定积分的应用、空间解析几何与向量代数、多元函数微分法、重积分、曲线积分与曲面积分、无穷级数、常微分方程.

本书第二版由郝志峰担任主编,韩晓茹、刘晓莉、项巧敏担任上册副主编,熊彦、冯莹莹、欧阳正勇担任下册副主编.华南农业大学的杨德贵教授对本书习题进行了审校和优化.贾华、廖静霓、张文、朱顺春构思并设计了全书的数字资源.另外,冯莹莹、黄勇、涂东阳、甘文勇参与了郝志峰主持的线上线下混合式国家级一流本科课程"高等数学"的研发运行工作,编者在此对为本书的编写和出版付出辛勤工作的各位老师表示感谢!同时也衷心感谢教育部原数学与统计学教学指导委员会主任委员李大潜院士为这一套丛书欣然题序,并对内容的组织和编排做了详细的指导,尤其是对数学知识、能力和素养相互统一的期盼,这些都为本书的编写明确了方向.

  尽管笔者有力求把本书编好的愿望,但限于客观条件与自身学识和能力的不足,书中难免有不妥之处,恳请同行专家和读者批评指正.若奉献给广大读者的这部高等数学教材能让读者有所受益,笔者将感到莫大的荣幸.

编者

于汕头桑浦山下

汕头大学

# 目 录

## 第一章 函数与极限 ... 1
- §1.1 函数 ... 2
- §1.2 初等函数 ... 11
- §1.3 极限概念 ... 18
- §1.4 无穷小与无穷大 ... 28
- §1.5 极限运算法则 ... 32
- §1.6 两个重要极限 ... 36
- §1.7 无穷小的比较 ... 41
- §1.8 函数的连续性 ... 44
- 综合练习一 ... 50

## 第二章 导数与微分 ... 52
- §2.1 导数的概念 ... 53
- §2.2 函数的求导法则 ... 60
- §2.3 高阶导数 ... 67
- §2.4 隐函数求导数 ... 70
- §2.5 微分 ... 75
- 综合练习二 ... 83

## 第三章 微分中值定理与导数的应用 ... 85
- §3.1 微分中值定理 ... 86
- §3.2 洛必达法则 ... 92
- §3.3 函数的单调性与曲线的凹凸性 ... 97
- §3.4 函数的极值与最值 ... 104
- §3.5 函数图形的描绘 ... 110
- §3.6 曲率 ... 115

§3.7 方程根的近似值 ·········· 121
综合练习三 ·········· 124

## 第四章 不定积分 ·········· 126
§4.1 原函数与不定积分的概念 ·········· 127
§4.2 换元积分法 ·········· 133
§4.3 分部积分法 ·········· 141
§4.4 特殊类型函数的不定积分 ·········· 145
§4.5 积分表的使用 ·········· 152
综合练习四 ·········· 155

## 第五章 定积分 ·········· 157
§5.1 定积分的概念与性质 ·········· 158
§5.2 牛顿-莱布尼茨公式 ·········· 164
§5.3 定积分的换元积分法与分部积分法 ·········· 168
§5.4 定积分的近似计算 ·········· 173
§5.5 广义积分 ·········· 177
综合练习五 ·········· 182

## 第六章 定积分的应用 ·········· 184
§6.1 定积分的元素法 ·········· 185
§6.2 定积分在几何学上的应用 ·········· 186
§6.3 定积分在物理学上的应用 ·········· 195
综合练习六 ·········· 198

## 附录Ⅰ 极坐标 ·········· 199

## 附录Ⅱ 几种常用的曲线 ·········· 201

## 附录Ⅲ 积分表 ·········· 204

## 附录Ⅳ 二阶和三阶行列式简介 ·········· 214

## 习题参考答案与提示 ·········· 217

## 参考文献 ·········· 231

## 历年考研真题 ·········· 232

# 第一章 函数与极限

课程思政

由于社会和科学发展的需要,到了17世纪,对物体运动的研究成为自然科学的中心问题.与之相适应,数学在经历了两千多年的发展之后进入一个被称为"高等数学时期"的新时代.这一时代集中的特点是超越了希腊数学传统的观点,认识到"数"的研究比"形"更重要,以积极的态度开展对"无限"的研究,由常量数学发展为变量数学,微积分的创立是这一时期最突出的成就之一.微积分研究的基本对象是定义在实数集上的函数.

本章将简要地介绍高等数学的一些基本概念,其中重点介绍极限的概念、性质和运算法则,以及与极限概念密切相关且在微积分运算中起重要作用的无穷小量的概念和性质.此外,还将给出两个极其重要的极限.随后,运用极限的概念引入函数连续性的概念,它是客观世界中广泛存在的现象——连续变化的数学描述.极限是研究函数的一种基本工具,极限的思想方法贯穿高等数学的始终,而连续性则是函数的一种重要属性.因此,本章内容是整个微积分的基础.

## §1.1 函 数

### 一、集合与区间

**1. 集合**

讨论函数离不开集合这个概念. 在数学中,我们把指定的具有某种相同性质事物所组成的总体称为一个**集合**. 组成这个集合的事物称为该集合的**元素**. 事物 $a$ 是集合 $M$ 的元素,记作 $a \in M$(读作 $a$ 属于 $M$);事物 $a$ 不是集合 $M$ 的元素,记作 $a \notin M$(读作 $a$ 不属于 $M$).

表示集合的方法通常有两种. 一种是**列举法**,就是把集合的全体元素一一列举出来的表示方法. 例如,元素 $a_1, a_2, \cdots, a_n$ 组成的集合 $A$ 可记作

$$A = \{a_1, a_2, \cdots, a_n\}.$$

另一种是**描述法**:若集合 $M$ 由所有具有某种性质的元素 $x$ 组成,则可记作

$$M = \{x \mid x \text{ 所具有的性质}\}.$$

例如,平面上所有适合方程 $x^2 + y^2 = 1$ 的点 $(x, y)$ 组成的集合 $M$ 可记作

$$M = \{(x, y) \mid x^2 + y^2 = 1\}.$$

本书用到的集合主要是数集,即元素都是数的集合. 如果没有特别声明,以后提到的数都是实数. 我们将全体非负整数即自然数组成的集合记作 **N**,全体整数组成的集合记作 **Z**,全体有理数组成的集合记作 **Q**,全体实数组成的集合记作 **R**.

如果集合 $A$ 的元素都是集合 $B$ 的元素,即若 $x \in A$,则必有 $x \in B$,那么称 $A$ 是 $B$ 的**子集**,记作 $A \subset B$(读作 $A$ 包含于 $B$)或 $B \supset A$(读作 $B$ 包含 $A$). 例如,

$$\mathbf{N} \subset \mathbf{Z} \subset \mathbf{Q} \subset \mathbf{R}.$$

如果 $A \subset B$ 且 $B \subset A$,那么称集合 $A$ 与 $B$ **相等**,记作 $A = B$.

有时我们在表示数集的字母的右下角添加"+""−"等符号,表示该数集的特定子集. 以实数集 **R** 为例,$\mathbf{R}_+$ 表示全体正实数组成的集合,$\mathbf{R}_-$ 表示全体负实数组成的集合.

不含任何元素的集合称为**空集**. 例如,

$$\{x \mid x^2 + 1 = 0, x \in \mathbf{R}\}$$

是空集,因为满足条件 $x^2 + 1 = 0$ 的实数是不存在的. 空集记作 $\varnothing$,并规定空集为任何集合的子集.

## 2. 区间

设 $a$ 和 $b$ 都是实数,且满足 $a<b$,则称数集
$$\{x \mid a<x<b\}$$
为**开区间**,记作 $(a,b)$,即
$$(a,b)=\{x \mid a<x<b\}.$$
$a$ 和 $b$ 称为**开区间** $(a,b)$ **的端点**,其中 $a\notin(a,b),b\notin(a,b)$. 称数集
$$\{x \mid a\leqslant x\leqslant b\}$$
为**闭区间**,记作 $[a,b]$,即
$$[a,b]=\{x \mid a\leqslant x\leqslant b\}.$$
$a$ 和 $b$ 称为**闭区间** $[a,b]$ **的端点**,其中 $a\in[a,b],b\in[a,b]$. 类似地,定义
$$[a,b)=\{x \mid a\leqslant x<b\}, \quad (a,b]=\{x \mid a<x\leqslant b\}.$$
$[a,b)$ 和 $(a,b]$ 都称为**半开半闭区间**.

以上这些区间都是有限区间. 数 $b-a$ 称为这些区间的**长度**. 除有限区间外,还有无限区间. 引进记号 $+\infty$(读作正无穷大)及 $-\infty$(读作负无穷大),则无限的开区间和半开半闭区间形式如下:
$$(a,+\infty)=\{x \mid x>a\}, \quad (-\infty,b)=\{x \mid x<b\},$$
$$[a,+\infty)=\{x \mid x\geqslant a\}, \quad (-\infty,b]=\{x \mid x\leqslant b\}.$$
特别地,$\mathbf{R}$ 也记作 $(-\infty,+\infty)$,它是无限区间.

要注意的是,记号 $+\infty$,$-\infty$ 都只是表示无限性的一种记号,而不表示某个确定的数,因此不能像数一样进行运算.

以后如果遇到所做的论述对不同类型(有限、无限、开、闭或半开半闭)的区间都适用,为了避免重复论述,就用"区间 $I$"代表各种类型的区间.

邻域也是一个经常用到的概念.

设 $a$ 与 $\delta$ 是两个数,且 $\delta>0$,称数集
$$\{x \mid |x-a|<\delta\}$$
为点 $a$ 的 $\delta$ **邻域**,记作 $U(a,\delta)$,即
$$U(a,\delta)=\{x \mid |x-a|<\delta\}.$$
点 $a$ 叫作 $U(a,\delta)$ 的**中心**,$\delta$ 叫作 $U(a,\delta)$ 的**半径**. 在不需强调半径 $\delta$ 时,也将 $a$ 的 $\delta$ 邻域简称为 $a$ 的**邻域**,记作 $U(a)$.

因为 $|x-a|<\delta$ 等价于
$$-\delta<x-a<\delta, \quad \text{即} \quad a-\delta<x<a+\delta,$$
所以
$$U(a,\delta)=\{x \mid a-\delta<x<a+\delta\}.$$
由此可得,$U(a,\delta)$ 也就是开区间 $(a-\delta,a+\delta)$,这个开区间以点 $a$ 为中心,而长度为 $2\delta$.

有时需要把邻域的中心去掉. 称点 $a$ 的 $\delta$ 邻域去掉中心 $a$ 后剩下的部分为点 $a$ 的**去心 $\delta$ 邻域**(简称**去心邻域**),记作 $\mathring{U}(a,\delta)$,即

$$\overset{\circ}{U}(a,\delta) = (a-\delta, a) \bigcup (a, a+\delta) = \{x \mid 0 < |x-a| < \delta\},$$
这里 $|x-a| > 0$ 就说明 $x \neq a$.

## 二、函数的概念

同一个自然现象或技术过程中,往往同时有几个变量在变化着. 这几个变量并不是孤立变化的,而是按照一定的规律相互联系着的,其中一个变量变化时,另外的变量也跟着变化,前者的值一旦确定,后者的值也就随之而确定. 例如,圆的面积 $A$ 是随着半径 $r$ 的变化而变化的,其变化规律满足 $A = \pi r^2$. 当半径 $r$ 在区间 $(0, +\infty)$ 上任意取定一个值时,由上式就可确定面积 $A$ 的相应值. 现实世界中广泛存在于变量之间的这种类型的相依关系,正是函数概念的客观背景.

**定义** 设 $x$ 和 $y$ 为取值于数集的变量. 若变量 $x$ 在某一范围内取定一个值时,变量 $y$ 按照某个法则 $f$ 总有唯一确定的值与它对应,则称变量 $y$ 为变量 $x$ 的**函数**,记作
$$y = f(x),$$
其中变量 $x$ 称为**自变量**,变量 $y$ 称为**因变量**.

在函数的记号 $y = f(x)$ 中,$f$ 是英文 "function"(函数)的第一个字母.

若函数 $y = f(x)$ 的自变量 $x$ 取定 $x_0$ 时,因变量 $y$ 有唯一确定的值 $y_0$ 与之对应,则称函数 $y = f(x)$ 在点 $x_0$ 处**有定义**. 使得函数 $y = f(x)$ 有定义的一切数组成的集合,称为该函数的**定义域**,记作 $D_f$.

因变量 $y$ 在点 $x_0$ 处确定的值 $y_0$ 称为**函数值**,记作
$$y_0 = f(x_0) \quad \text{或} \quad y\big|_{x=x_0}.$$
函数值的全体称为函数 $y = f(x)$ 的**值域**,记作 $G_f$.

例如函数 $y = 3x$,其定义域为区间 $(-\infty, +\infty)$,值域也为 $(-\infty, +\infty)$.

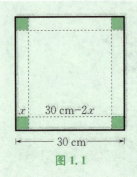

图 1.1

**例 1** 有一块正方形铁片,边长为 30 cm. 现从它的四个角各剪去相同的小正方形,制成一个没有盖的容器. 求该容器的容积与被剪去的小正方形边长之间的关系式.

**解** 如图 1.1 所示,设被剪去的小正方形边长为 $x$(单位:cm),容器的容积为 $V$(单位:cm³). 根据题意可知,该容器是高为 $x$,底为边长为 30 cm $- 2x$ 的正方形,因此
$$V = x(30 - 2x)^2.$$
因为容积应取正,所以 $V$ 的定义域为 $\{x \mid 0 < x < 15\}$.

**例 2** 如图 1.2 所示,有一条自西向东的河流,河边有相距 130 km 的 A,B 两城. 现从 A 城运货到 B 城正北 15 km 处的工厂 C. 已知在河流北岸建有码头 M 和公路 MC,且水运运费是 3 元/(t·km),陆运运费是 5 元/(t·km). 记 B 城与码头 M 的距离 $|BM|$ 为 $x$(单位:km),求从 A 城运货到码头 M 再到工厂 C 所需每吨运费 $y$(单位:元) 与 $x$ 的函数关系.

**解** 因 A 城与码头 M 的距离为 $|AM|=130 \text{ km}-x$,公路 MC 的长度为

$$|MC|=\sqrt{|BM|^2+|BC|^2}$$
$$=\sqrt{x^2+225}(单位:\text{km}),$$

故

$$y=3(130-x)+5\sqrt{x^2+225}.$$

该函数的定义域为 $\{x\mid 0\leqslant x\leqslant 130\}$.

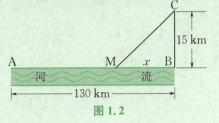

图 1.2

## 三、函数的表示法

函数有以下三种表示法.

### 1. 公式法(解析法)

用数学式子直接表示函数自变量与因变量对应关系的函数表示法称为**公式法(解析法)**.

公式法的优点是简明准确,方便理论分析与计算,缺点是不够直观.

若函数的对应法则由自变量 $x$ 的式子明显表示,即 $y=f(x)$,则称这种函数为**显函数**. 例如,函数 $y=2x,y=\sin x$ 均为显函数.

若函数的对应法则由 $x$ 和 $y$ 之间的方程 $F(x,y)=0$ 所确定,则称这种函数为**隐函数**. 例如,方程 $e^y+xy=0,x+y^3-1=0$ 所确定的函数均为隐函数.

若函数的对应法则由关于某个参数的两个式子表达,则称这种函数为**由参数方程所确定的函数**. 例如,由参数方程 $\begin{cases} x=v_1 t, \\ y=v_2 t-\dfrac{1}{2}gt^2 \end{cases}$ 可确定一个函数.

若函数的对应法则在定义域的不同部分有不同的表达式,则称这种函数为**分段函数**. 例如,**绝对值函数** $y=|x|=\begin{cases} x, & x\geqslant 0, \\ -x, & x<0, \end{cases}$ **符号函数** $y=\operatorname{sgn} x=\begin{cases} 1, & x>0, \\ 0, & x=0, \\ -1, & x<0 \end{cases}$ 均为分段函数.

### 2. 图示法(图形法)

设函数 $y=f(x)$,在定义域 $D_f$ 内取一个值 $x$ 时,可得对应值 $y$. 以

一对有序数组 $(x,y)$ 为坐标,在平面直角坐标系 $xOy$ 内定出一点 $M(x,y)$. 当 $x$ 在定义域 $D_f$ 内变化时,点 $M$ 在平面上运动且描出一条曲线,称此曲线为函数 $y=f(x)$ 的**图形**(见图 1.3). 用函数的图形表示函数的方法称为**图示法(图形法)**.

图示法的优点是鲜明直观,缺点是不便于理论分析与计算.

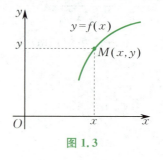

图 1.3

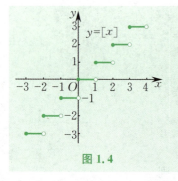

图 1.4

**例 3** 设 $x$ 为任一实数. 不超过 $x$ 的最大整数记作 $[x]$, 如 $\left[\dfrac{5}{7}\right]=0$,$[\sqrt{2}]=1$,$[\pi]=3$,$[-1]=-1$,$[-3.5]=-4$. 一般地,有
$$y=[x]=n, \quad x\in[n,n+1), \quad n=0,\pm 1,\pm 2,\cdots.$$
把 $x$ 看作自变量,则 $[x]$ 是一个函数,它的定义域为区间 $(-\infty,+\infty)$,值域为整数集 **Z**. 此函数称为**取整函数**,其图形如图 1.4 所示.

### 3. 表格法(列表法)

将函数一系列的自变量值与其对应的因变量值列成表,以此表示函数,这种表示函数的方法称为**表格法(列表法)**,如平方表、三角函数表等.

表格法的优点是可直接查到自变量值与其对应的因变量值,缺点是表中所列数据不完全,不便于理论分析与计算.

以上三种函数的表示法可概括为图 1.5.

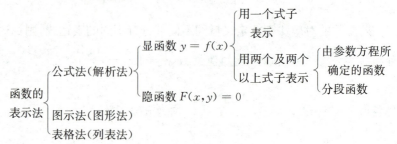

图 1.5

## 四、函数的记号

$y=f(x)$ 可代表 $y$ 是 $x$ 的函数. 当给定一个具体函数时,如函数 $y=3x$,可用记号 $f(x)=3x$ 来表示,其中"$f$"表示对应法则,对应的 $y$ 值由 $x$ 值经过运算"$f(\ )$"而得到.

> **例 4** 求函数 $f(x)=3x$ 在点 $x=-1$ 处的函数值.
> 
> **解** 将 $x=-1$ 代入 $3x$ 中进行计算,得函数值
> $$f(-1)=3\times(-1)=-3.$$
> 
> **例 5** 求函数 $f(x)=2x$ 在点 $x=x_0+h$ 处的函数值.
> 
> **解** 将 $x=x_0+h$ 代入 $2x$ 中进行计算,得函数值
> $$f(x_0+h)=2(x_0+h).$$

对于任意两个函数,只要构成函数的两个要素(定义域和对应法则)都相同,则这两个函数就是相等的函数.

> **例 6** 下列各组函数为相等的函数:
> (1) $y=mx\ (x\in\mathbf{R})$, $y=ma\ (a\in\mathbf{R})$(自变量写法不同);
> (2) $y=\sin 2x$, $y=2\sin x\cos x$(对应法则形式不同);
> (3) $y=|x|$, $y=\sqrt{x^2}$(对应法则形式不同).

## 五、函数的几何特性

### 1. 函数的奇偶性

设函数 $y=f(x)$ 的定义域 $D_f$ 关于原点对称(若 $x\in D_f$,则必有 $-x\in D_f$). 若对 $D_f$ 中的任一点 $x$,恒有
$$f(-x)=f(x),$$
则称 $f(x)$ 为**偶函数**;若对 $D_f$ 中的任一点 $x$,恒有
$$f(-x)=-f(x),$$
则称 $f(x)$ 为**奇函数**.

非奇函数又非偶函数的函数称为**非奇非偶函数**.

> **例 7** 设函数 $y_1=f_1(x), y_2=f_2(x)$ 都是奇函数,其函数定义域均为 $D_f$,试证: $f_1(x)f_2(x)$ 为偶函数.
> 
> **证** 设函数 $F(x)=f_1(x)f_2(x)$,则

$$F(-x) = f_1(-x)f_2(-x) = [-f_1(x)][-f_2(x)]$$
$$= f_1(x)f_2(x) = F(x).$$

故 $f_1(x)f_2(x)$ 为偶函数.

**注** 许多函数是没有奇偶性的,如函数 $y = x^2 + x^3$ 就没有奇偶性.

设函数 $y = f(x)$ 是偶函数. 若点 $M(x, f(x))$ 是图形 $y = f(x)$ 上的点,则和它对称于 $y$ 轴的点 $M'(-x, f(x))$ 也在该图形上 [见图 1.6(a)]. 可见,偶函数的图形关于 $y$ 轴对称.

设函数 $y = f(x)$ 是奇函数. 若点 $M(x, f(x))$ 是图形 $y = f(x)$ 上的点,则和它对称于原点的点 $M''(-x, -f(x))$ 也在该图形上 [见图 1.6(b)]. 可见,奇函数的图形关于原点对称.

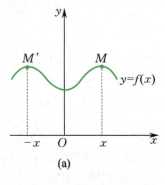
(a)

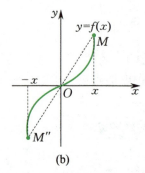
(b)

图 1.6

**2. 函数的单调性**

若函数 $y = f(x)$ 在区间 $(A, B)$ 内随着 $x$ 增大而增大,即当 $A < x_1 < x_2 < B$ 时,有
$$f(x_1) < f(x_2),$$
则称 $y = f(x)$ 在区间 $(A, B)$ 内为**单调增加函数**[见图 1.7(a)].

若函数 $y = f(x)$ 在区间 $(A, B)$ 内随着 $x$ 增大而减小,即当 $A < x_1 < x_2 < B$ 时,有
$$f(x_1) > f(x_2),$$
则称 $y = f(x)$ 在区间 $(A, B)$ 内为**单调减少函数**[见图 1.7(b)].

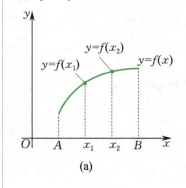
(a)

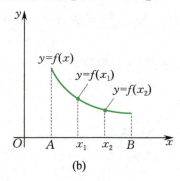
(b)

图 1.7

例如，函数 $y = x^2$ 在区间 $[0, +\infty)$ 上是单调增加的，在区间 $(-\infty, 0]$ 上是单调减少的，而在区间 $(-\infty, +\infty)$ 上不具有单调性.

**3. 函数的有界性**

设函数 $y = f(x)$ 定义在区间 $I$ 上. 若存在一个正数 $M$，使得对于任一 $x \in I$，有
$$|f(x)| \leqslant M,$$
则称 $y = f(x)$ 在区间 $I$ 上**有界**，并称 $M$ 为它的一个**界**；否则，称 $y = f(x)$ 在区间 $I$ 上**无界**.

设在区间 $I$ 上有函数 $y = f(x)$. 若存在一个数 $N_1$，使得对于任一 $x \in I$，有
$$f(x) \leqslant N_1,$$
则称 $y = f(x)$ 在区间 $I$ 上**有上界**，并称 $N_1$ 为它的一个**上界**；若存在一个数 $N_2$，使得对于任一 $x \in I$，有
$$f(x) \geqslant N_2,$$
则称 $y = f(x)$ 在区间 $I$ 上**有下界**，并称 $N_2$ 为它的一个**下界**.

例如，函数 $y = \sin x$ 在区间 $(-\infty, +\infty)$ 上是有界的，因为取任意实数 $x$，$|\sin x| \leqslant 1$ 都成立；函数 $y = \dfrac{1}{x}$ 在区间 $(0, 1)$ 内是无界的，在区间 $(1, 2)$ 内是有界的.

**注** 对于函数的有界性，要注意以下两点：

(1) 函数的界 $M$ 不唯一. 例如，函数 $y = x^3$ 在区间 $(-2, 2)$ 内有界，可取 $M = 8$ 或 $M = 100$ 作为它的界.

(2) 函数 $y = f(x)$ 是一个变量（因变量），故可将函数有界说成变量有界. 这种说法在以后会多次用到.

**4. 函数的周期性**

对于函数 $y = f(x)$，设其定义域为 $D_f$. 若存在一个正数 $T$，使得对于任一 $x \in D_f$，有 $x \pm T \in D_f$，且等式
$$f(x \pm T) = f(x)$$
均成立，则称 $y = f(x)$ 为**周期函数**，并称所有正数 $T$ 中的最小值为该函数的**周期**.

例如，$y = \tan x$ 是以 $\pi$ 为周期的周期函数；$y = \cos 4x$ 是以 $\dfrac{\pi}{2}$ 为周期的周期函数.

## 六、反函数

函数 $y = f(x)$ 反映了两个变量之间的对应关系，当自变量 $x$ 在定义域 $D_f$ 内取定一个值时，因变量 $y$ 的值也随之确定. 我们也常常需要考虑反过来的问题：已知因变量 $y$ 的值，求自变量 $x$ 的值. 在数学

上,如果把一个函数中的自变量和因变量对换后能得到新的函数,就把这个新函数称为原来函数的反函数. 由此得到反函数的定义.

设有函数 $y = f(x)$,把 $y$ 当作自变量,$x$ 当作因变量,称由关系式 $y = f(x)$ 所确定的函数 $x = \varphi(y)$ 为函数 $y = f(x)$ 的**反函数**. 这时 $y = f(x)$ 称为**直接函数**.

由于习惯上采用字母 $x$ 表示自变量,字母 $y$ 表示因变量,故把 $x = \varphi(y)$ 的自变量 $y$ 写成 $x$,因变量 $x$ 写成 $y$,从而 $y = f(x)$ 的反函数就写成

$$y = \varphi(x) \xrightarrow{\text{记为}} f^{-1}(x),$$

即用 $y = f^{-1}(x)$ 表示 $y = f(x)$ 的反函数.

求反函数的步骤:

(1) 从直接函数 $y = f(x)$ 中解出 $x = \varphi(y)$;
(2) 习惯上用字母 $x$ 替换 $y$,用 $y$ 替换 $x$,则反函数为

$$y = f^{-1}(x) = \varphi(x).$$

**例 8** 求函数 $y = x^3$ 的反函数.

**解** 从 $y = f(x)$ 中解出 $x = \varphi(y) = \sqrt[3]{y}$. 习惯上用 $x$ 替换 $y$,用 $y$ 替换 $x$,得

$$y = f^{-1}(x) = \sqrt[3]{x}.$$

**定理** 反函数 $y = f^{-1}(x)$ 的图形与直接函数 $y = f(x)$ 的图形关于直线 $y = x$ 对称.

**证** 设点 $M(A,B)$ 为直接函数 $y = f(x)$ 的图形上的一点,即 $B = f(A)$. 由于

$$A = f^{-1}(B),$$

则反函数 $y = f^{-1}(x)$ 的图形上有一点 $N(B,A)$,与点 $M(A,B)$ 对应,且点 $M$ 与点 $N$ 关于直线 $y = x$ 对称(见图 1.8). 反之,亦成立.

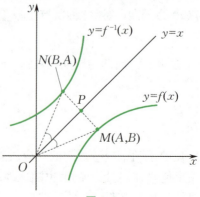

图 1.8

## 习题 1.1

1. 求下列函数的定义域：

   (1) $y = \dfrac{1}{x} - \sqrt{1-x^2}$；

   (2) $y = \ln(x+1)$；

   (3) $y = \arcsin(x-3)$；

   (4) $y = \sqrt{3-x} + \arctan\dfrac{1}{x}$.

2. 下列各组函数是否相等？为什么？

   (1) $f(x) = \lg x^2$，$g(x) = 2\lg x$；

   (2) $f(x) = \sqrt[3]{x^4 - x^3}$，$g(x) = x\sqrt[3]{x-1}$.

3. 求下列函数的反函数：

   (1) $y = \dfrac{1-x}{1+x}$；

   (2) $y = 1 + \ln(x+2)$.

4. 下列函数中哪些是奇函数？哪些是偶函数？哪些是非奇非偶函数？

   (1) $y = \dfrac{1-x^2}{1+x^2}$；

   (2) $y = x(x-1)(x+1)$；

   (3) $y = \sin x - \cos x + 1$.

## §1.2 初 等 函 数

幂函数、指数函数、对数函数、三角函数和反三角函数统称为**基本初等函数**.

本节研究的任务是：在介绍以上五种基本初等函数的基础上引进初等函数的定义.

### 一、幂函数

函数
$$y = x^{\mu} \quad (\mu \text{ 为常数})$$
称为**幂函数**.

当 $\mu = 2, \dfrac{1}{2}, 3, -1$ 时，$y = x^{\mu}$ 为常见的幂函数，它们的图形如图 1.9 所示.

当 $\mu = 2$ 时，得到 $y = x^2$，它是偶函数；当 $\mu = 3, -1$ 时，得到 $y = x^3$，$y = \dfrac{1}{x}$，它们均是奇函数.

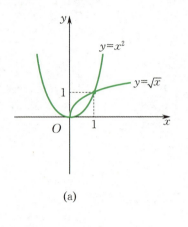
(a)

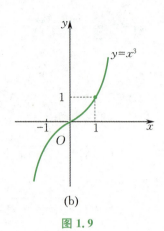
(b)

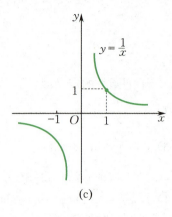
(c)

图 1.9

## 二、指数函数

函数
$$y = a^x \quad (a \text{ 为常数且 } a > 0, a \neq 1)$$
称为**指数函数**.

函数 $y = \mathrm{e}^x$ 与 $y = \mathrm{e}^{-x}$ ($\mathrm{e} = 2.7182818\cdots$) 的图形如图 1.10 所示,它们具有如下性质:

(1) 当 $x = 0$ 时,$y = \mathrm{e}^0 = 1$,即它们的图形经过点 $(0,1)$;

(2) $y = \mathrm{e}^x \geqslant 0, y = \mathrm{e}^{-x} \geqslant 0$,即它们的图形均在 $x$ 轴上方;

(3) 随着 $x$ 增大,$y = \mathrm{e}^x$ 增大,$y = \mathrm{e}^{-x}$ 减少,即函数 $y = \mathrm{e}^x$ 单调增加,函数 $y = \mathrm{e}^{-x}$ 单调减少.

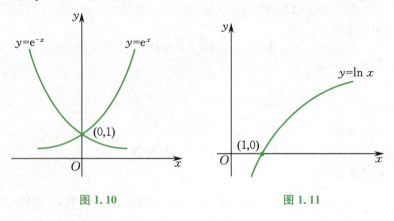

图 1.10 　　　　　　　　图 1.11

## 三、对数函数

函数
$$y = \log_a x \quad (a \text{ 为常数且 } a > 0, a \neq 1)$$
称为**对数函数**.

对数函数是指数函数 $y=a^x$($a$ 为常数且 $a>0, a\neq 1$)的反函数,其函数定义域为 $(0,+\infty)$.

以 10 为底的对数函数 $y=\log_{10} x$ 简记作 $y=\lg x$.

以 e 为底的对数函数 $y=\log_e x$ 简记作 $y=\ln x$,称为**自然对数函数**.

自然对数函数 $y=\ln x$ 具有如下性质(见图 1.11):

(1) 它的图形经过点 $(1,0)$;

(2) 它的图形在 $y$ 轴右方;

(3) 随着 $x$ 增大,$y=\ln x$ 增大,即函数 $y=\ln x$ 单调增加.

## 四、三角函数

下列函数称为**三角函数**:

**正弦函数**
$$y=\sin x;$$

**余弦函数**
$$y=\cos x;$$

**正切函数**
$$y=\tan x=\frac{\sin x}{\cos x};$$

**余切函数**
$$y=\cot x=\frac{\cos x}{\sin x};$$

**正割函数**
$$y=\sec x=\frac{1}{\cos x};$$

**余割函数**
$$y=\csc x=\frac{1}{\sin x}.$$

三角函数的图形和基本性质如表 1.1 所示.

表 1.1

| 函数 | 图形 | 定义域 | 值域 | 基本性质 |
|---|---|---|---|---|
| $y=\sin x$ |  | $(-\infty,+\infty)$ | $[-1,1]$ | 以 $2\pi$ 为周期的周期函数,在 $\left[-\dfrac{\pi}{2},\dfrac{\pi}{2}\right]$ 上单调增加,奇函数 |

续表

| 函数 | 图形 | 定义域 | 值域 | 基本性质 |
|---|---|---|---|---|
| $y=\cos x$ | | $(-\infty,+\infty)$ | $[-1,1]$ | 以 $2\pi$ 为周期的周期函数,在 $[0,\pi]$ 上单调减少,偶函数 |
| $y=\tan x$ | | $\left((2n-1)\dfrac{\pi}{2},(2n+1)\dfrac{\pi}{2}\right)$, $n\in\mathbf{Z}$ | $(-\infty,+\infty)$ | 以 $\pi$ 为周期的周期函数,在 $\left(-\dfrac{\pi}{2},\dfrac{\pi}{2}\right)$ 上单调增加,奇函数 |
| $y=\cot x$ | | $(n\pi,(n+1)\pi)$, $n\in\mathbf{Z}$ | $(-\infty,+\infty)$ | 以 $\pi$ 为周期的周期函数,在 $(0,\pi)$ 上单调减少,奇函数 |
| $y=\sec x$ | | $\left((4n-1)\dfrac{\pi}{2},(4n+1)\dfrac{\pi}{2}\right)\cup\left((4n+1)\dfrac{\pi}{2},(4n+3)\dfrac{\pi}{2}\right)$, $n\in\mathbf{Z}$ | $(-\infty,-1]\cup[1,+\infty)$ | 以 $2\pi$ 为周期的周期函数,偶函数 |
| $y=\csc x$ | | $((2n-1)\pi,2n\pi)\cup(2n\pi,(2n+1)\pi)$, $n\in\mathbf{Z}$ | $(-\infty,-1]\cup[1,+\infty)$ | 以 $2\pi$ 为周期的周期函数,奇函数 |

常用的三角函数公式,除了
$$\sin^2\alpha + \cos^2\alpha = 1, \quad 1 + \tan^2\alpha = \sec^2\alpha, \quad 1 + \cot^2\alpha = \csc^2\alpha$$
外,还有以下几组公式:

和差公式:
$$\sin(\alpha \pm \beta) = \sin\alpha\cos\beta \pm \cos\alpha\sin\beta,$$
$$\cos(\alpha \pm \beta) = \cos\alpha\cos\beta \mp \sin\alpha\sin\beta,$$
$$\tan(\alpha \pm \beta) = \frac{\tan\alpha \pm \tan\beta}{1 \mp \tan\alpha\tan\beta},$$
$$\cot(\alpha \pm \beta) = \frac{\cot\alpha\cot\beta \mp 1}{\cot\beta \pm \cot\alpha}.$$

倍角公式:
$$\sin 2\alpha = 2\sin\alpha\cos\alpha,$$
$$\cos 2\alpha = \cos^2\alpha - \sin^2\alpha = 2\cos^2\alpha - 1 = 1 - 2\sin^2\alpha,$$
$$\tan 2\alpha = \frac{2\tan\alpha}{1 - \tan^2\alpha},$$
$$\cot 2\alpha = \frac{\cot^2\alpha - 1}{2\cot\alpha}.$$

半角公式:
$$\cos^2\frac{\alpha}{2} = \frac{1 + \cos\alpha}{2}, \quad \sin^2\frac{\alpha}{2} = \frac{1 - \cos\alpha}{2}.$$

积化和差公式:
$$\cos\alpha\cos\beta = \frac{1}{2}[\cos(\alpha + \beta) + \cos(\alpha - \beta)],$$
$$\cos\alpha\sin\beta = \frac{1}{2}[\sin(\alpha + \beta) - \sin(\alpha - \beta)],$$
$$\sin\alpha\sin\beta = -\frac{1}{2}[\cos(\alpha + \beta) - \cos(\alpha - \beta)],$$
$$\sin\alpha\cos\beta = \frac{1}{2}[\sin(\alpha + \beta) + \sin(\alpha - \beta)].$$

和差化积公式:
$$\cos\alpha + \cos\beta = 2\cos\frac{\alpha + \beta}{2}\cos\frac{\alpha - \beta}{2},$$
$$\cos\alpha - \cos\beta = -2\sin\frac{\alpha + \beta}{2}\sin\frac{\alpha - \beta}{2},$$
$$\sin\alpha + \sin\beta = 2\sin\frac{\alpha + \beta}{2}\cos\frac{\alpha - \beta}{2},$$
$$\sin\alpha - \sin\beta = 2\cos\frac{\alpha + \beta}{2}\sin\frac{\alpha - \beta}{2}.$$

## 五、反三角函数

定义在区间 $\left[-\dfrac{\pi}{2}, \dfrac{\pi}{2}\right]$ 上的正弦函数 $y = \sin x$ 的反函数称为**反**

正弦函数,记作 $y = \arcsin x$. 类似地,定义在区间 $[0,\pi]$ 上的余弦函数 $y = \cos x$ 的反函数称为**反余弦函数**,记作 $y = \arccos x$;定义在区间 $\left(-\dfrac{\pi}{2}, \dfrac{\pi}{2}\right)$ 上的正切函数 $y = \tan x$ 的反函数称为**反正切函数**,记作 $y = \arctan x$;定义在区间 $(0,\pi)$ 上的余切函数 $y = \cot x$ 的反函数称为**反余切函数**,记作 $y = \operatorname{arccot} x$.

函数 $y = \arcsin x, y = \arccos x, y = \arctan x, y = \operatorname{arccot} x$ 统称为**反三角函数**.

反三角函数的图形和基本性质如表 1.2 所示.

表 1.2

| 函数 | 图形 | 定义域 | 值域 | 基本性质 |
|---|---|---|---|---|
| $y = \arcsin x$ | | $[-1,1]$ | $\left[-\dfrac{\pi}{2}, \dfrac{\pi}{2}\right]$ | 单调增加,奇函数 |
| $y = \arccos x$ | | $[-1,1]$ | $[0,\pi]$ | 单调减少 |
| $y = \arctan x$ | | $(-\infty, +\infty)$ | $\left(-\dfrac{\pi}{2}, \dfrac{\pi}{2}\right)$ | 单调增加,奇函数 |
| $y = \operatorname{arccot} x$ | | $(-\infty, +\infty)$ | $(0,\pi)$ | 单调减少 |

## 六、初等函数

若 $y = f(u)$ 是 $u$ 的函数,$u = \varphi(x)$ 是 $x$ 的函数,且 $\varphi(x)$ 的全体或部分函数值使得 $f(u)$ 有定义,则称
$$y = f[\varphi(x)]$$
为由函数 $y = f(u)$ 及 $u = \varphi(x)$ 复合成的**复合函数**,其中 $u$ 称为**中间变量**.

例如,函数 $y = e^{-x^2}$ 可看作由函数 $y = e^u$ 及 $u = -x^2$ 复合成的复合函数.

**注** (1) 两个函数的复合可推广到多个函数复合的情形. 例如,函数 $y = \sqrt[3]{\tan \dfrac{x}{3}}$ 可看作由函数 $y = \sqrt[3]{u}, u = \tan v$ 及 $v = \dfrac{x}{3}$ 复合成的一个复合函数,其中 $u$ 和 $v$ 均为中间变量.

(2) 并非任何两个函数都能复合成一个复合函数. 例如,函数 $y = \arcsin u$ 及 $u = x^2 + 2$ 就不能复合成一个复合函数.

由基本初等函数和常数经有限次四则运算与复合组成的且可用一个式子表示的函数,称为**初等函数**.

例如,函数 $y = e^{-x^2}, y = \sqrt[3]{\tan \dfrac{x}{3}}$ 都是初等函数.

**注** 求函数的定义域时应注意以下几点:
(1) 分式的分母不能为零;
(2) 偶次根的被开方数应为非负数;
(3) 对数函数的真数应为正数;
(4) 若函数有两项,其定义域应为两项定义域的交集.

## 七、双曲函数

在实际应用中还会遇到称为双曲函数的初等函数. 这里只介绍两种常见的双曲函数.

函数
$$\operatorname{sh} x = \frac{e^x - e^{-x}}{2}, \quad \operatorname{ch} x = \frac{e^x + e^{-x}}{2}$$

分别称为**双曲正弦函数**和**双曲余弦函数**.

双曲正弦函数和双曲余弦函数具有如下性质:
(1) $\operatorname{ch}^2 x - \operatorname{sh}^2 x = 1$,这是因为
$$\operatorname{ch}^2 x - \operatorname{sh}^2 x = \left(\frac{e^x + e^{-x}}{2}\right)^2 - \left(\frac{e^x - e^{-x}}{2}\right)^2$$
$$= \frac{1}{4}(e^{2x} + e^{-2x} + 2) - \frac{1}{4}(e^{2x} + e^{-2x} - 2)$$
$$= 1;$$

(2) 双曲正弦函数 $y = \text{sh}\, x$ 的图形经过点 $(0,0)$，双曲余弦函数 $y = \text{ch}\, x$ 的图形经过点 $(0,1)$．

## 习 题 1.2

1. 求由函数 $y = u^2, u = \sin x$ 复合而成的函数．
2. 下列函数由哪些简单的函数复合而成？
(1) $y = e^{2x}$；
(2) $y = e^{\sin^2 \frac{x}{3}}$．
3. 设函数 $f(x) = \begin{cases} 1, & |x| < 1, \\ 0, & |x| = 1, \\ -1, & |x| > 1, \end{cases} g(x) = e^x$，求 $f[g(x)]$ 和 $g[f(x)]$．

## §1.3 极限概念

### 一、数列的极限

极限概念是由于求某些实际问题的精确解答而产生的．例如，我国古代数学家刘徽（3 世纪）利用圆内接正多边形来推算圆面积的方法 —— 割圆术，就是极限思想在几何学上的应用．

设有一圆，首先作该圆的内接正六边形，其面积记为 $A_1$；再作内接正十二边形，其面积记为 $A_2$；接着作内接正二十四边形，其面积记为 $A_3$；循此下去，每次边数加倍，一般地把内接正 $6 \times 2^{n-1}$ 边形的面积记为 $A_n (n \in \mathbf{N}_+)$．这样，就得到一系列内接正多边形的面积

$$A_1, A_2, A_3, \cdots, A_n, \cdots,$$

它们构成一列有次序的数. $n$ 越大，内接正多边形的面积与圆面积的差就越小，从而以 $A_n$ 作为圆面积的近似值也越精确．但是，无论 $n$ 取得多大，只要 $n$ 取定了，$A_n$ 就只是一个正多边形的面积，而不是圆的面积．因此，设想 $n$ 无限增大（记作 $n \to \infty$，读作 $n$ 趋于无穷大），即内接正多边形的边数无限增加，在这个过程中，内接正多边形无限接近于圆，同时 $A_n$ 也无限接近于某一确定的常数，这个确定的常数就理解为圆的面积．这个确定的常数在数学上称为 $A_1, A_2, A_3, \cdots, A_n, \cdots$ 这列有次序的数（称为数列）当 $n \to \infty$ 时的极限．在求圆面积的问题中我们看到，正是这个数列的极限才精确地表达了圆的面积．

在解决实际问题中逐渐形成的这种极限方法,已成为高等数学中的一种基本方法.下面我们先引入数列的定义,再讨论数列的极限.

**定义 1** 如果按照某一法则,对于每个 $n \in \mathbf{N}_+$,对应着一个确定的常数 $a_n$,这些常数 $a_n$ 按照下标 $n$ 从小到大排列得到的一个序列

$$a_1, a_2, \cdots, a_n, \cdots$$

称为**数列**,记作 $\{a_n\}$.数列 $\{a_n\}$ 中的每一项称为该数列的**项**,第 $n$ 项 $a_n$ 称为该数列的**一般项**.

例如,下面所列的都是数列:

$$3, 6, 9, \cdots, 3n, \cdots;$$

$$\frac{1}{3}, \frac{1}{6}, \frac{1}{9}, \cdots, \frac{1}{3n}, \cdots;$$

$$1, -1, 1, -1, \cdots, (-1)^{n+1}, \cdots.$$

它们的一般项依次记为

$$a_n = 3n, \quad a_n = \frac{1}{3n}, \quad a_n = (-1)^{n+1}.$$

对于一个数列,我们感兴趣的是当 $n$ 无限增大 ($n \to \infty$) 时,它的变化趋势如何.为此,引入数列极限的概念.

如果当 $n \to \infty$ 时,数列 $\{a_n\}$ 的一般项 $a_n$ 无限接近于某一常数 $a$,则称 $a$ **为数列** $\{a_n\}$ **的极限**,或称**数列** $\{a_n\}$ **收敛于** $a$.

例如,数列 $\left\{\frac{1}{3n}\right\}$ 的一般项为 $a_n = \frac{1}{3n}$,当 $n \to \infty$ 时,$a_n$ 无限接近于零,故数列 $\left\{\frac{1}{3n}\right\}$ 的极限为零;但是数列 $\{(-1)^{n+1}\}$ 则不同,当 $n \to \infty$ 时,其一般项 $a_n = (-1)^{n+1}$ 在 1 和 -1 之间摆动,显然数列 $\{(-1)^{n+1}\}$ 没有极限;数列 $\{n^3\}$ 的一般项为 $a_n = n^3$,当 $n \to \infty$ 时,$a_n$ 的值无限增大,并不接近于任何一个常数,因此数列 $\{n^3\}$ 没有极限.

对上面这些简单的例子,我们可以通过观察来判断它们是否存在极限.但是,数列并非都这么简单,仅凭观察来判断其一般项的变化趋势很难做到准确.因此,有必要寻找精确的数学语言来对数列的极限加以定义,以便对数列极限进行严格的验证.

为此,现以数列 $\left\{\frac{1}{n}\right\}$ 为例来分析当 $n \to \infty$ 时,数列的一般项 $a_n$ 无限接近于某一常数的含义.

我们知道,两个数 $a$ 和 $b$ 的接近程度可以用这两个数之差的绝对值 $|b-a|$ 来度量.$|b-a|$ 越小,$a$ 与 $b$ 就越接近.

我们说 $a_n = \frac{1}{n}$ 无限接近于零,就是说 $\left|a_n - 0\right| = \frac{1}{n}$ 可以无限变小.例如,如果要使得 $\left|a_n - 0\right| = \frac{1}{n} < \frac{1}{100}$,则只要 $n > 100$ 即可,即从第 101 项起以后的所有项 $a_n$ 都满足这个要求;如果要使得 $\left|a_n - 0\right| =$

$\dfrac{1}{n} < \dfrac{1}{10\,000}$,则只要 $n > 10\,000$ 即可,即从第 10 001 项起以后的所有项 $a_n$ 都满足这个要求. 一般地,对于任意小的正数 $\varepsilon$,要使得 $|a_n - 0| = \dfrac{1}{n} < \varepsilon$,只要 $n > \left[\dfrac{1}{\varepsilon}\right] \xlongequal{\text{记为}} N$ 即可,即从第 $N+1$ 项起以后的所有项 $a_n$ 都满足 $|a_n - 0| < \varepsilon$. 因此,我们说数列 $\left\{\dfrac{1}{n}\right\}$ 以零为极限.

由此,我们给出数列极限的精确定义.

**定义 2** 设有一数列 $\{a_n\}$. 如果存在常数 $a$,对于任给的 $\varepsilon > 0$(无论它多么小),总可以找到一个正整数 $N$,使得当 $n > N$ 时,都有
$$|a_n - a| < \varepsilon,$$
则称 $a$ 为数列 $\{a_n\}$ 的极限,或称数列 $\{a_n\}$ 收敛于 $a$,记作
$$\lim_{n\to\infty} a_n = a \quad \text{或} \quad a_n \to a\ (n \to \infty).$$
若不存在这样的常数 $a$,则称数列 $\{a_n\}$ 没有极限或发散.

**例 1** 证明:数列 $\dfrac{1}{3}, \dfrac{1}{6}, \dfrac{1}{9}, \cdots, \dfrac{1}{3n}, \cdots$ 的极限为零.

**证** 这个数列的一般项为 $a_n = \dfrac{1}{3n}$. 任给 $\varepsilon > 0$,要使得
$$|a_n - 0| = \left|\dfrac{1}{3n} - 0\right| = \dfrac{1}{3n} < \varepsilon,$$
只要 $n > \dfrac{1}{3\varepsilon}$ 即可. 因此,取正整数 $N \geqslant \left[\dfrac{1}{3\varepsilon}\right]$,则当 $n > N$ 时,有
$$|a_n - 0| = \left|\dfrac{1}{3n} - 0\right| < \varepsilon.$$
故 $\lim\limits_{n\to\infty} a_n = 0$,即该数列的极限为零.

**例 2** 设 $|q| < 1$,证明:$\lim\limits_{n\to\infty} q^n = 0$.

**证** 令 $a_n = q^n$. 当 $q = 0$ 时,结论显然成立.

当 $0 < |q| < 1$ 时,任给 $\varepsilon > 0$,要使得
$$|a_n - 0| = |q^n - 0| = |q|^n < \varepsilon,$$
只要 $n > \dfrac{\ln \varepsilon}{\ln |q|}$ 即可. 因此,取正整数 $N \geqslant \left[\dfrac{\ln \varepsilon}{\ln |q|}\right]$,则当 $n > N$ 时,有
$$|a_n - 0| < \varepsilon.$$
故 $\lim\limits_{n\to\infty} q^n = 0$.

综上可得,当 $|q| < 1$ 时,$\lim\limits_{n\to\infty} q^n = 0$.

**例 3**  证明：数列 $0.1, 0.11, 0.111, \cdots, 0.\overbrace{11\cdots1}^{n\text{个}}, \cdots$ 的极限为 $\dfrac{1}{9}$.

**证**  该数列的一般项为 $a_n = 0.\overbrace{11\cdots1}^{n\text{个}}$. 我们有

$$\left| a_n - \frac{1}{9} \right| = \left| 0.\overbrace{11\cdots1}^{n\text{个}} - \frac{1}{9} \right| = \left| \frac{\overbrace{11\cdots1}^{n\text{个}}}{10^n} - \frac{1}{9} \right| = \left| \frac{\overbrace{99\cdots9}^{n\text{个}} - 10^n}{9 \times 10^n} \right|$$

$$= \left| \frac{-1}{9 \times 10^n} \right| = \frac{1}{9 \times 10^n}.$$

任给 $\varepsilon > 0$，若 $\left| a_n - \dfrac{1}{9} \right| < \varepsilon$，则 $9 \times 10^n > \dfrac{1}{\varepsilon}$. 而当 $n > \dfrac{1}{\varepsilon}$ 时，$9 \times 10^n > n > \dfrac{1}{\varepsilon}$. 因此，取正整数 $N \geqslant \left[ \dfrac{1}{\varepsilon} \right]$，则当 $n > N$ 时，有

$$\left| 0.\overbrace{11\cdots1}^{n\text{个}} - \frac{1}{9} \right| < \varepsilon.$$

故

$$\lim_{n \to \infty} 0.\overbrace{11\cdots1}^{n\text{个}} = \frac{1}{9}.$$

数列极限的几何意义是：任给 $\varepsilon > 0$，总可以找到一个正整数 $N$，使得数列 $\{a_n\}$ 从第 $N+1$ 项起以后的所有项 $a_{N+1}, a_{N+2}, \cdots$ 均落在直线 $a_n = a - \varepsilon$ 与 $a_n = a + \varepsilon$ 所夹的带形区域内（见图 1.12）.

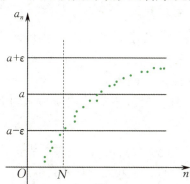

图 1.12

最后，介绍关于收敛数列有界性的定理.

**定理 1**  若数列 $\{a_n\}$ 收敛，则它必有界.

**证**  设 $\lim\limits_{n \to \infty} a_n = a$，即任给 $\varepsilon > 0$，总可以找到一个正整数 $N$，使得当 $n > N$ 时，有

$$|a_n - a| < \varepsilon,$$

于是

$$|a_n| = |a_n - a + a| \leqslant |a_n - a| + |a| < \varepsilon + |a|.$$

令 $M = \max\{|a_1|, |a_2|, \cdots, |a_N|, \varepsilon + |a|\}$，则 $M > 0$，且 $|a_n| \leqslant$

$M(n=1,2,\cdots)$,即$\{a_n\}$有界.

**注** 有界数列不一定收敛,如数列$\{(-1)^{n+1}\}$.

## 二、函数的极限

因为数列$\{a_n\}$可看作自变量为$n$的函数$a_n = f(n), n \in \mathbf{N}_+$,所以数列$\{a_n\}$的极限为$a$,就是当自变量$n$取正整数且无限增大$(n \to \infty)$时,对应的函数值$f(n)$无限接近于确定的常数$a$.把数列极限概念中的"函数为$f(n)$""自变量的变化过程为$n \to \infty$"等特殊性撇开,这样可以引出函数极限的一般概念:在自变量的某个变化过程中,如果对应的函数值无限接近于某个确定的常数,则这个确定的常数叫作自变量在这一变化过程中<u>函数的极限</u>.这个极限是与自变量的变化过程密切相关的,自变量的变化过程不同,函数的极限就表现为不同的形式.数列的极限可看作函数$f(n)$当$n \to \infty$时的极限,这里自变量的变化过程是$n \to \infty$.下面讲述自变量的变化过程为其他情形时函数$f(x)$的极限,主要研究以下两种情形:

(1) 自变量$x$的绝对值$|x|$无限增大,即$x$趋于无穷大(记作$x \to \infty$)时,对应的函数值$f(x)$的变化情形;

(2) 自变量$x$任意接近于有限值$x_0$,或者说$x$趋于有限值$x_0$(记作$x \to x_0$)时,对应的函数值$f(x)$的变化情形.

**1. $x \to \infty$ 时函数的极限**

现在考虑自变量$x$的绝对值$|x|$无限增大,即$x \to \infty$时函数的极限.

对于函数$y = f(x)$,若当$x \to \infty$时,函数$y = f(x)$无限接近于某一常数$A$,我们就说$A$为函数$y = f(x)$当$x \to \infty$时的极限.

类似于数列极限的定义,下面给出$x \to \infty$时函数极限的严格定义.

**定义3** 设函数$y = f(x)$在$|x|$大于某一正数时有定义.如果存在常数$A$,对于任给的$\varepsilon > 0$(无论它多么小),总可以找到一个正数$M$,使得当$|x| > M$时,都有
$$|f(x) - A| < \varepsilon,$$
则称<u>当$x \to \infty$时,函数$y = f(x)$以常数$A$为极限</u>,记作
$$\lim_{x \to \infty} f(x) = A \quad 或 \quad f(x) \to A \ (x \to \infty).$$

**例4** 证明:$\lim\limits_{x \to \infty} \dfrac{x+2}{x+1} = 1$.

**证** 令$f(x) = \dfrac{x+2}{x+1}, A = 1$.任给$\varepsilon > 0$,要使得

$$|f(x)-A| = \left|\frac{x+2}{x+1}-1\right| = \left|\frac{1}{x+1}\right| = \frac{1}{|x+1|} < \varepsilon,$$

只要 $|x+1| > \frac{1}{\varepsilon}$ 即可. 而

$$|x+1| = |x-(-1)| \geqslant |x|-1,$$

故只要 $|x| > 1+\frac{1}{\varepsilon}$ 即可. 因此, 取正数 $M \geqslant \frac{1}{\varepsilon}+1$, 则当 $|x| > M$ 时, 有

$$|f(x)-A| = \left|\frac{x+2}{x+1}-1\right| < \varepsilon,$$

故

$$\lim_{x\to\infty}\frac{x+2}{x+1} = 1.$$

当 $x\to\infty$ 时,函数 $y=f(x)$ 以常数 $A$ 为极限的几何意义是:任给 $\varepsilon>0$,总可以找到一个正数 $M$,使得当 $|x|>M$ 时,函数 $y=f(x)$ 的图形在直线 $y=A-\varepsilon$ 与 $y=A+\varepsilon$ 所夹的带形区域内(见图 1.13).

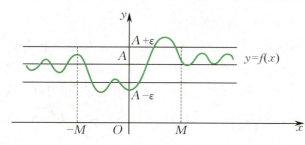

**图 1.13**

在 $x$ 的绝对值 $|x|$ 无限增大时,$x$ 可以只取正值(记作 $x\to+\infty$),也可以只取负值(记作 $x\to-\infty$). 若当 $x\to+\infty$ 时,函数 $y=f(x)$ 无限接近于某一常数 $A$,则称**当 $x\to+\infty$ 时,函数 $y=f(x)$ 以常数 $A$ 为极限**,记作

$$\lim_{x\to+\infty} f(x) = A \quad \text{或} \quad f(x)\to A \ (x\to+\infty).$$

若当 $x\to-\infty$ 时,函数 $y=f(x)$ 无限接近于某一常数 $A$,则称**当 $x\to-\infty$ 时,函数 $y=f(x)$ 以常数 $A$ 为极限**,记作

$$\lim_{x\to-\infty} f(x) = A \quad \text{或} \quad f(x)\to A \ (x\to-\infty).$$

类似于定义 3,可以给出极限 $\lim\limits_{x\to+\infty} f(x) = A$ 和 $\lim\limits_{x\to-\infty} f(x) = A$ 的严格定义.

**例 5** 证明:$\lim\limits_{x\to-\infty}(10^x+2) = 2$.

**证** 令 $f(x)=10^x+2, A=2$. 任给 $\varepsilon>0$,要使得

$$|f(x)-A| = |(10^x+2)-2| = |10^x| = 10^x < \varepsilon,$$

只要 $10^{-x} > \frac{1}{\varepsilon}$,即 $-x > \lg\frac{1}{\varepsilon}$(因 $\lg 10 = 1$)即可. 因此,任给 $\varepsilon > 0$,取 $M \geqslant \lg\frac{1}{\varepsilon}$,则当 $-x > M$,即 $x < -M$ 时,有 $-x > \lg\frac{1}{\varepsilon}$,即 $10^{-x} > \frac{1}{\varepsilon}$,从而
$$|f(x) - A| = |(10^x + 2) - 2| < \varepsilon.$$
故
$$\lim_{x \to -\infty}(10^x + 2) = 2.$$

**例 6** 讨论极限 $\lim\limits_{x \to +\infty} \arctan x$, $\lim\limits_{x \to -\infty} \arctan x$ 的存在性.

**解** 令 $f(x) = \arctan x$. 从 $y = f(x)$ 的图形容易看出,当 $x \to +\infty$ 时,$f(x) = \arctan x$ 无限接近于 $\frac{\pi}{2}$;当 $x \to -\infty$ 时,$f(x) = \arctan x$ 无限接近于 $-\frac{\pi}{2}$. 所以
$$\lim_{x \to +\infty} \arctan x = \frac{\pi}{2}, \quad \lim_{x \to -\infty} \arctan x = -\frac{\pi}{2}.$$

**2. $x \to x_0$ 时函数的极限**

设函数 $y = f(x)$ 在点 $x_0$ 的某一去心邻域内有定义. 如果在 $x \to x_0 (x \neq x_0)$ 的过程中,函数 $y = f(x)$ 无限接近于某一常数 $A$,我们就称当 $x \to x_0$ 时,函数 $y = f(x)$ 以 $A$ 为极限. 例如函数 $f(x) = \frac{1}{2}x + 2$,当 $x$ 无限接近于 $2$ 时,$f(x) = \frac{1}{2}x + 2$ 无限接近于 $3$,因此推知,当 $x \to 2$ 时,$f(x) = \frac{1}{2}x + 2$ 的极限为 $3$. 但是,我们遇到的函数并非总是这么简单,仅凭观察来判断函数的变化趋势很难做到准确,因此下面给出 $x \to x_0$ 时函数极限的严格定义.

**定义 4** 设函数 $y = f(x)$ 在点 $x_0$ 的某一去心邻域内有定义. 如果存在常数 $A$,对于任给的 $\varepsilon > 0$(无论它多么小),总可以找到一个正数 $\delta$,使得当 $0 < |x - x_0| < \delta$ 时,有
$$|f(x) - A| < \varepsilon,$$
则称**当 $x \to x_0$ 时,函数 $y = f(x)$ 以常数 $A$ 为极限**,记作
$$\lim_{x \to x_0} f(x) = A \quad \text{或} \quad f(x) \to A \; (x \to x_0).$$

**例 7** 证明:$\lim\limits_{x \to 2}\left(\frac{1}{2}x + 2\right) = 3$.

**证** 令 $f(x) = \frac{1}{2}x + 2, A = 3$. 任给 $\varepsilon > 0$,要使得
$$|f(x) - A| = \left|\left(\frac{1}{2}x + 2\right) - 3\right| = \left|\frac{1}{2}x - 1\right|$$

$$= \frac{1}{2}|x-2| < \varepsilon,$$

只要 $|x-2| < 2\varepsilon$ 即可. 因此, 取 $\delta \leqslant 2\varepsilon$, 则当 $0 < |x-2| < \delta$ 时, 有

$$\left|\left(\frac{1}{2}x+2\right)-3\right| < \varepsilon,$$

故 $$\lim_{x \to 2}\left(\frac{1}{2}x+2\right) = 3.$$

用定义求证极限时, 对于任给的 $\varepsilon > 0$, 可从 $|f(x)-A| < \varepsilon$ 出发, 推出 $0 < |x-x_0| < \varphi(\varepsilon)$ ($\varphi(\varepsilon)$ 是关于 $\varepsilon$ 的一个式子), 取 $\delta \leqslant \varphi(\varepsilon)$ 即可证明结论.

当 $x \to x_0$ 时, 函数 $y = f(x)$ 以常数 $A$ 为极限的几何意义是: 任给 $\varepsilon > 0$, 总可以找到一个正数 $\delta$, 使得当 $x$ 进入点 $x_0$ 的去心 $\delta$ 邻域 $\mathring{U}(x_0, \delta)$ 后, 函数 $y = f(x)$ 的图形位于直线 $y = A - \varepsilon$ 与 $y = A + \varepsilon$ 所夹的带形区域内(见图 1.14).

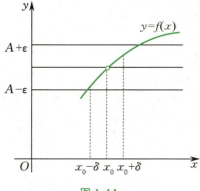

图 1.14

上述函数 $y = f(x)$ 当 $x \to x_0$ 时的极限概念中, $x$ 是从 $x_0$ 的左侧和右侧趋于 $x_0$ 的. 但有时我们只能或只需考虑 $x$ 仅从 $x_0$ 的左侧趋于 $x_0$ (记作 $x \to x_0^-$) 或仅从 $x_0$ 的右侧趋于 $x_0$ (记作 $x \to x_0^+$) 的情形. 由此得到下面的定义.

**定义 5** 对于函数 $y = f(x)$, 如果存在常数 $A$, 对于任给的 $\varepsilon > 0$(无论它多么小), 总可以找到一个正数 $\delta$, 使得当 $-\delta < x - x_0 < 0$ 时, 有

$$|f(x) - A| < \varepsilon,$$

则称当 $x \to x_0^-$ 时, 函数 $y = f(x)$ 以常数 $A$ 为左极限, 记作

$$f(x_0 - 0) = \lim_{x \to x_0^-} f(x) = A$$

或

$$f(x) \to A \quad (x \to x_0^-);$$

或者当 $0 < x - x_0 < \delta$ 时, 有

$$|f(x)-A|<\varepsilon,$$

则称当 $x \to x_0^+$ 时，函数 $y=f(x)$ 以常数 $A$ 为右极限，记作

$$f(x_0+0)=\lim_{x\to x_0^+}f(x)=A$$

或

$$f(x)\to A \quad (x\to x_0^+).$$

**定理 2** $\lim\limits_{x\to x_0}f(x)=A$ 的充要条件为

$$\lim_{x\to x_0^-}f(x)=\lim_{x\to x_0^+}f(x)=A.$$

**证** 只证必要性. 设 $\lim\limits_{x\to x_0}f(x)=A$，即对于任给的 $\varepsilon>0$，总可以找到一个正数 $\delta$，使得当 $0<|x-x_0|<\delta$ 时，有

$$|f(x)-A|<\varepsilon.$$

因此，当 $-\delta<x-x_0<0$ 时，有

$$|f(x)-A|<\varepsilon,$$

即 $\lim\limits_{x\to x_0^-}f(x)=A$；当 $0<x-x_0<\delta$ 时，有

$$|f(x)-A|<\varepsilon,$$

即 $\lim\limits_{x\to x_0^+}f(x)=A.$

**注** 若 $f(x_0-0)\neq f(x_0+0)$，则当 $x\to x_0$ 时，函数 $f(x)$ 的极限不存在. 例如，设函数

$$f(x)=\begin{cases}1, & x>0, \\ 0, & x=0, \\ -1, & x<0,\end{cases}$$

则

$$\lim_{x\to 0^+}f(x)=1, \quad \lim_{x\to 0^-}f(x)=-1,$$

从而极限 $\lim\limits_{x\to 0}f(x)$ 不存在.

**3. 极限的性质**

本书以下用记号 lim 表示所讨论的内容对 $x\to\infty, x\to+\infty, x\to-\infty, x\to x_0, x\to x_0^+, x\to x_0^-$ 均成立.

**定理 3（唯一性）** 若 $\lim f(x)=A$，则极限 $A$ 是唯一的.

证明从略.

**定理 4（局部有界性）** 若 $\lim\limits_{x\to x_0}f(x)=A$，则存在正数 $M$ 和 $\delta$，使得当 $0<|x-x_0|<\delta$ 时，有

$$|f(x)|\leqslant M.$$

**证** 因为 $\lim\limits_{x\to x_0}f(x)=A$，所以对于 $\varepsilon=1$，存在 $\delta>0$，使得当 $0<|x-x_0|<\delta$ 时，有 $|f(x)-A|<1$. 因此

$$|f(x)| = |f(x) - A + A| \leqslant |f(x) - A| + |A|$$
$$< 1 + |A| = M.$$

**定理 5（局部保号性）** 若 $\lim\limits_{x \to x_0} f(x) = A$，且 $A > 0$（或 $A < 0$），则总可以找到一个正数 $\delta$，使得当 $0 < |x - x_0| < \delta$ 时，有
$$f(x) > 0 \quad (或 f(x) < 0).$$

**证** 设 $A > 0$. 因 $\lim\limits_{x \to x_0} f(x) = A$，故对于 $\varepsilon = \dfrac{A}{8}$，可以找到一个正数 $\delta$，使得当 $0 < |x - x_0| < \delta$ 时，有
$$|f(x) - A| < \varepsilon = \frac{A}{8},$$
即
$$-\frac{A}{8} < f(x) - A < \frac{A}{8}.$$
故
$$f(x) > A - \frac{A}{8} = \frac{7}{8}A > 0.$$

同理可证 $A < 0$ 的情形.

**推论** 若 $f(x) \geqslant 0$（或 $f(x) \leqslant 0$），且 $\lim\limits_{x \to x_0} f(x) = A$，则
$$A \geqslant 0 \quad (或 A \leqslant 0).$$

**证** 当 $f(x) \geqslant 0$ 时，用反证法证明. 假设结论不成立，即假设 $A < 0$. 由定理 5 知，总可以找到一个正数 $\delta$，使得当 $0 < |x - x_0| < \delta$ 时，有 $f(x) < 0$. 这与 $f(x) \geqslant 0$ 相矛盾，故 $A \geqslant 0$.

同理可证 $f(x) \leqslant 0$ 的情形.

**注** 对于自变量其他变化过程的极限，也有类似于定理 4 和定理 5 的结论成立.

1. 求下列数列的极限，并证明结论：

   (1) $\left\{\dfrac{1}{3^n}\right\}$；
   (2) $\left\{(-1)^n \dfrac{1}{n^2}\right\}$；
   (3) $\left\{2 + \dfrac{1}{3^n}\right\}$；
   (4) $\left\{\dfrac{2n-2}{2n+2}\right\}$.

2. 求下列函数的极限，并证明结论：

   (1) $\lim\limits_{x \to 2}(2x - 2)$；
   (2) $\lim\limits_{x \to -2} x^2$；

(3) $\lim\limits_{x\to+\infty}\dfrac{2}{10^x}$;  (4) $\lim\limits_{x\to\infty}\dfrac{2x+3}{3x+1}$.

3. 据记载,公元前 3 世纪左右,我国古代思想家庄子在其著作中提出"一尺之棰,日取其半,万世不竭"之说. 现将一尺长的木棍"日取其半",取每日剩下部分表示成数列,求该数列的极限.

4. 设函数
$$f(x)=\begin{cases} x-2, & x\leqslant 0, \\ x+2, & x>0, \end{cases}$$
求 $\lim\limits_{x\to 0^-}f(x),\lim\limits_{x\to 0^+}f(x)$,并说明 $f(x)$ 当 $x\to 0$ 时的极限是否存在.

5. 设函数 $f(x)=\dfrac{|x|}{x}$,求 $f(x)$ 当 $x\to 0$ 时的左、右极限,并说明 $f(x)$ 当 $x\to 0$ 时的极限是否存在.

## §1.4 无穷小与无穷大

### 一、无穷小

在极限的研究过程中,极限为零的函数发挥着重要的作用,需要专门进行讨论. 为此,引入如下定义:

**定义 1** 以零为极限的函数称为相应自变量变化过程中的**无穷小量**(简称**无穷小**).

**例 1** 用无穷小的定义证明: $2x-4$ 是当 $x\to 2$ 时的无穷小.

**证** 令 $f(x)=2x-4$. 任给 $\varepsilon>0$,要使得
$$|f(x)-0|=|2x-4|=2|x-2|<\varepsilon,$$
只要 $|x-2|<\dfrac{\varepsilon}{2}$ 即可. 因此,取 $\delta=\dfrac{\varepsilon}{2}$,则当 $0<|x-2|<\delta$ 时,有
$$|f(x)-0|<\varepsilon.$$
故
$$\lim\limits_{x\to 2}(2x-4)=0,$$
即 $2x-4$ 是当 $x\to 2$ 时的无穷小.

下面讨论函数极限与无穷小之间的关系.

**定理 1** 在自变量的某个变化过程中,函数 $f(x)$ 有极限 $A$ 的

充要条件是 $f(x)=A+\alpha$,其中 $\alpha$ 是自变量同一变化过程中的无穷小.

**证** 只证必要性.以 $x\to x_0$ 为例来证,其他自变量变化过程的情况同理可证.记
$$f(x)-A=\alpha.$$
设 $\lim\limits_{x\to x_0}f(x)=A$,即任给 $\varepsilon>0$,总可以找到一个正数 $\delta$,使得当 $0<|x-x_0|<\delta$ 时,有
$$|f(x)-A|=|\alpha-0|<\varepsilon.$$
由极限的定义知 $\lim\limits_{x\to x_0}\alpha=0$.又由上面的记法有
$$f(x)=A+\alpha.$$

**注** 无穷小是一个变量,不要把很小的数误认为无穷小.例如,10 的一亿次方分之一是一个很小的数,但不是无穷小.

## 二、无穷大

与无穷小相反,有一类函数,其绝对值可无限变大.

**定义 2** 对于函数 $y=f(x)$,若任给 $M>0$,总可以找到一个正数 $\delta$(或 $M_1>0$),使得当 $0<|x-x_0|<\delta$(或 $|x|>M_1$)时,有
$$|f(x)|>M,$$
则称当 $x\to x_0$(或 $x\to\infty$)时函数 $y=f(x)$ 为**无穷大量**(简称**无穷大**),记作
$$\lim_{x\to x_0}f(x)=\infty \quad (\text{或} \lim_{x\to\infty}f(x)=\infty).$$

类似地,也可以定义当 $x\to+\infty,x\to-\infty,x\to x_0^+,x\to x_0^-$ 时的无穷大.

若上述定义中"$|f(x)|>M$"改为"$f(x)>M$"(或"$f(x)<-M$"),则相应的无穷大记作
$$\lim f(x)=+\infty \quad (\text{或} \lim f(x)=-\infty).$$

**例 2** 用无穷大的定义证明:$\lim\limits_{x\to 1}\dfrac{1}{x-1}=\infty$.

**证** 令 $f(x)=\dfrac{1}{x-1}$.任给 $M>0$,要使得
$$|f(x)|=\left|\dfrac{1}{x-1}\right|=\dfrac{1}{|x-1|}>M,$$
只要 $|x-1|<\dfrac{1}{M}$ 即可.因此,取 $\delta\leqslant\dfrac{1}{M}$,则当 $0<|x-1|<\delta$ 时,有
$$|f(x)|>M,$$
故
$$\lim_{x\to 1}\dfrac{1}{x-1}=\infty.$$

**注** 无穷大是一个变量,不要把很大的数误认为无穷大.例如,10 的一亿次方是一个很大的数,但不是无穷大.

下面讨论无穷小与无穷大之间的关系.

**定理 2**　在自变量的同一变化过程中,若函数 $y=f(x)$ 为无穷大,则 $\dfrac{1}{f(x)}$ 为无穷小;反之,若函数 $y=f(x)$ 为无穷小,且 $f(x)\neq 0$,则 $\dfrac{1}{f(x)}$ 为无穷大.

**证**　设 $\lim\limits_{x\to x_0}f(x)=\infty$,任给 $\varepsilon>0$. 根据无穷大的定义,对于 $M=\dfrac{1}{\varepsilon}$,总可以找到一个正数 $\delta$,使得当 $0<|x-x_0|<\delta$ 时,有 $|f(x)|>M$,于是有

$$\left|\dfrac{1}{f(x)}-0\right|=\dfrac{1}{|f(x)|}<\dfrac{1}{M}=\varepsilon,$$

即

$$\lim_{x\to x_0}\dfrac{1}{f(x)}=0.$$

类似可证:若 $\lim\limits_{x\to x_0}f(x)=0$,且 $f(x)\neq 0$,则 $\lim\limits_{x\to x_0}\dfrac{1}{f(x)}=\infty$.

用同样的方法可证自变量其他变化过程的情形.

## 三、无穷小的性质

**定理 3**　两个无穷小的代数和为无穷小.

**证**　设 $\alpha,\beta$ 均为当 $x\to x_0$ 时的无穷小,其代数和以 $\gamma$ 表示,即

$$\gamma=\alpha\pm\beta.$$

因 $\lim\limits_{x\to x_0}\alpha=0$,故对于任给的 $\dfrac{\varepsilon}{2}>0$,总可以找到一个正数 $\delta_1$,使得当 $0<|x-x_0|<\delta_1$ 时,有

$$|\alpha|<\dfrac{\varepsilon}{2}.$$

又因 $\lim\limits_{x\to x_0}\beta=0$,故对于任给的 $\dfrac{\varepsilon}{2}>0$,总可以找到一个正数 $\delta_2$,使得当 $0<|x-x_0|<\delta_2$ 时,有

$$|\beta|<\dfrac{\varepsilon}{2}.$$

取 $\delta=\min\{\delta_1,\delta_2\}$,则对于任给的 $\varepsilon>0$,总可以找到一个正数 $\delta$,使得当 $0<|x-x_0|<\delta$ 时,有

$$|\alpha|+|\beta|<\dfrac{\varepsilon}{2}+\dfrac{\varepsilon}{2}=\varepsilon,$$

从而

$$|\gamma|=|\alpha\pm\beta|\leqslant|\alpha|+|\beta|<\varepsilon.$$

故 $\gamma$ 为当 $x\to x_0$ 时的无穷小.

类似可证自变量其他变化过程的情形.

用数学归纳法可证:**有限个无穷小的代数和也是无穷小**.

**定理 4**　有界函数与无穷小之积为无穷小.

**证**　以 $x \to x_0$ 为例加以证明.

设函数 $u(x)$ 在点 $x_0$ 的某一邻域 $(x_0-\delta_1, x_0+\delta_1)$ 内有界,即存在正数 $M$,对于该邻域内的任意 $x$,有
$$|u(x)| \leqslant M.$$

又设 $\lim\limits_{x \to x_0}\alpha = 0$,即对于任给的 $\varepsilon > 0$,总可以找到一个正数 $\delta_2$,使得当 $0 < |x-x_0| < \delta_2$ 时,有
$$|\alpha| < \frac{\varepsilon}{M}.$$

取 $\delta = \min\{\delta_1, \delta_2\}$,则对于任给的 $\varepsilon > 0$,总可以找到一个正数 $\delta$,使得当 $0 < |x-x_0| < \delta$ 时,有
$$|u(x)\alpha| = |u(x)| \cdot |\alpha| < M \cdot \frac{\varepsilon}{M} = \varepsilon.$$

故 $u(x)\alpha$ 为当 $x \to x_0$ 时的无穷小.

由定理 4 可得下面两个推论:

**推论 1**　常量与无穷小之积为无穷小.

**推论 2**　有限个无穷小之积为无穷小.

证明从略.

**定理 5**　无穷小除以极限不为零的函数所得的商为无穷小.

**证**　以 $x \to x_0$ 为例加以证明.

设 $\lim\limits_{x \to x_0}\alpha = 0, \lim\limits_{x \to x_0}u(x) = A(A \neq 0)$. 先证 $\dfrac{1}{u(x)}$ 在点 $x_0$ 的某一去心邻域内有界. 不妨设 $|A|$ 是一个很小的正数,这是因为若 $|A|$ 很大,则 $\dfrac{1}{u(x)}$ 必很小. 因 $\lim\limits_{x \to x_0}u(x) = A$,故对于任给的 $\varepsilon = \dfrac{|A|}{2} > 0$,总可以找到一个正数 $\delta$,使得当 $0 < |x-x_0| < \delta$ 时,有
$$|u(x) - A| < \frac{|A|}{2}.$$

由绝对值的性质,有
$$|u(x) - A| = |A - u(x)| \geqslant |A| - |u(x)|,$$
即
$$|A| - |u(x)| < \frac{|A|}{2},$$

故 $|u(x)| > \dfrac{|A|}{2}$,$\left|\dfrac{1}{u(x)}\right| < \dfrac{2}{|A|}$,即 $\dfrac{1}{u(x)}$ 有界. 又 $\dfrac{\alpha}{u(x)} = \dfrac{1}{u(x)}\alpha$,其中 $\alpha$ 为当 $x \to x_0$ 时的无穷小,根据定理 4 即得证.

**注**　定理 3、定理 4、定理 5、推论 1 和推论 2 对数列亦成立.

## 习题 1.4

1. 利用无穷小的性质求下列极限：

(1) $\lim\limits_{x \to 0} x \sin \dfrac{1}{x}$；

(2) $\lim\limits_{x \to \infty} \dfrac{\arctan x}{x}$.

2. 用无穷大的定义证明：当 $x \to 0$ 时，函数 $y = \dfrac{1+x^2}{x}$ 是无穷大.

3. 函数 $y = x\cos x$ 在区间 $(0, +\infty)$ 上是否有界？当 $x \to \infty$ 时，这个函数是不是无穷大？为什么？

4. 无穷小和无穷小的商一定是无穷小吗？为什么？

## §1.5 极限运算法则

本节主要建立极限的四则运算法则. 通过这些运算法则可以方便地求出许多函数的极限.

**定理 1** 设 $\lim f(x) = A, \lim g(x) = B$，则

(1) $\lim [f(x) \pm g(x)] = \lim f(x) \pm \lim g(x) = A \pm B$；

(2) $\lim cf(x) = c \lim f(x) = cA$ （$c$ 为常数）；

(3) $\lim f(x)g(x) = \lim f(x) \cdot \lim g(x) = AB$；

(4) $\lim \dfrac{f(x)}{g(x)} = \dfrac{\lim f(x)}{\lim g(x)} = \dfrac{A}{B}$ （$B \neq 0$）.

**证** 只证(3)，以 $x \to x_0$ 为例加以证明.

设 $f(x) = A + \alpha, g(x) = B + \beta$，其中

$$\lim_{x \to x_0} \alpha = 0, \quad \lim_{x \to x_0} \beta = 0,$$

于是

$$f(x)g(x) = (A+\alpha)(B+\beta) = AB + (A\beta + B\alpha + \alpha\beta).$$

由上一节定理 4 的推论 1 和推论 2 知 $A\beta, B\alpha, \alpha\beta$ 均为当 $x \to x_0$ 时的无穷小，再由上一节定理 3 的推广知 $A\beta + B\alpha + \alpha\beta$ 为当 $x \to x_0$ 时的无穷小，最后由(1)知

$$\lim_{x \to x_0} f(x)g(x) = AB = \lim_{x \to x_0} f(x) \cdot \lim_{x \to x_0} g(x).$$

**注** (1) 若 $\lim f(x)$ 存在，$n \in \mathbf{N}_+$，则

$$\lim [f(x)]^n = \lim \underbrace{f(x)f(x)\cdots f(x)}_{n\uparrow}$$
$$= \underbrace{\lim f(x) \cdot \lim f(x) \cdot \cdots \cdot \lim f(x)}_{n\uparrow}$$
$$= [\lim f(x)]^n.$$

(2) 定理 1 的(1),(3) 可推广到有限个函数的情形.

**例 1** 求极限 $\lim\limits_{x\to 2}\dfrac{2x^3-2x^2+2}{x^2-3x+5}$.

**解** 在有理分式中,分母的极限为
$$\lim_{x\to 2}(x^2-3x+5) = \lim_{x\to 2}x^2 - 3\lim_{x\to 2}x + 5 = (\lim_{x\to 2}x)^2 - 3\times 2 + 5$$
$$= 2^2 - 6 + 5 = 3 \neq 0,$$

分子的极限为
$$\lim_{x\to 2}(2x^3-2x^2+2) = 2\lim_{x\to 2}x^3 - 2\lim_{x\to 2}x^2 + 2 = 2(\lim_{x\to 2}x)^3 - 2(\lim_{x\to 2}x)^2 + 2$$
$$= 2\times 2^3 - 2\times 2^2 + 2 = 16 - 8 + 2 = 10.$$

由定理 1 的(4) 求得
$$\lim_{x\to 2}\dfrac{2x^3-2x^2+2}{x^2-3x+5} = \dfrac{\lim\limits_{x\to 2}(2x^3-2x^2+2)}{\lim\limits_{x\to 2}(x^2-3x+5)} = \dfrac{10}{3}.$$

**例 2** 求极限 $\lim\limits_{x\to 2}\dfrac{x-2}{x^2-4}$.

**解** $\dfrac{x-2}{x^2-4} = \dfrac{x-2}{(x+2)(x-2)} = \dfrac{1}{x+2}$, 而
$$\lim_{x\to 2}(x+2) = 2 + 2 = 4,$$

于是
$$\lim_{x\to 2}\dfrac{x-2}{x^2-4} = \lim_{x\to 2}\dfrac{1}{x+2} = \dfrac{1}{\lim\limits_{x\to 2}(x+2)} = \dfrac{1}{4}.$$

设有理函数
$$f(x) = \dfrac{P(x)}{Q(x)},$$
其中 $P(x),Q(x)$ 都是多项式,于是
$$\lim_{x\to x_0}P(x) = P(x_0), \quad \lim_{x\to x_0}Q(x) = Q(x_0).$$
若 $Q(x_0) \neq 0$,则
$$\lim_{x\to x_0}f(x) = \lim_{x\to x_0}\dfrac{P(x)}{Q(x)} = \dfrac{\lim\limits_{x\to x_0}P(x)}{\lim\limits_{x\to x_0}Q(x)} = \dfrac{P(x_0)}{Q(x_0)} = f(x_0).$$

**注** 若 $Q(x_0) = 0$,则不能用定理 1 的(4) 来求极限,需要特别考虑,如例 2 的情形.

**例 3** 求极限 $\lim\limits_{x\to\infty}\dfrac{3x^3-2x^2+2}{2x^3+2x-3}$.

**解** 当 $x\to\infty$ 时,有理函数的分子、分母均不趋于常数(极限不存在),故不能用定理 1 的(4). 先分子、分母同时除以 $x^3$,得等式

$$\frac{3x^3-2x^2+2}{2x^3+2x-3}=\frac{3-\dfrac{2}{x}+\dfrac{2}{x^3}}{2+\dfrac{2}{x^2}-\dfrac{3}{x^3}}.$$

当 $x\to\infty$ 时,$\dfrac{1}{x}\to 0$,$\dfrac{1}{x^2}\to 0$,$\dfrac{1}{x^3}\to 0$,分子的极限为

$$\lim_{x\to\infty}\left(3-\frac{2}{x}+\frac{2}{x^3}\right)=3-2\times 0+2\times 0=3,$$

分母的极限为

$$\lim_{x\to\infty}\left(2+\frac{2}{x^2}-\frac{3}{x^3}\right)=2+2\times 0-3\times 0=2,$$

故

$$\lim_{x\to\infty}\frac{3x^3-2x^2+2}{2x^3+2x-3}=\frac{3}{2}.$$

**例 4** 求极限 $\lim\limits_{x\to\infty}\dfrac{2x^2-2}{2x^3+5}$.

**解**

$$\lim_{x\to\infty}\frac{2x^2-2}{2x^3+5}=\lim_{x\to\infty}\frac{\dfrac{2}{x}-\dfrac{2}{x^3}}{2+\dfrac{5}{x^3}}=\frac{2\times 0-2\times 0}{2+5\times 0}=\frac{0}{2}=0.$$

**例 5** 求极限 $\lim\limits_{x\to\infty}\dfrac{2x^3+5}{2x^2-2}$.

**解** 利用例 4 的结果并根据上一节的定理 2,得

$$\lim_{x\to\infty}\frac{2x^3+5}{2x^2-2}=\infty.$$

例 3、例 4 和例 5 都是有理函数当 $x\to\infty$ 时的极限. 关于有理函数的极限有如下结论:若两个多项式

$$f(x)=a_n x^n+a_{n-1}x^{n-1}+\cdots+a_1 x+a_0,\quad a_n\neq 0,$$
$$g(x)=b_m x^m+b_{m-1}x^{m-1}+\cdots+b_1 x+b_0,\quad b_m\neq 0,$$

则

$$\lim_{x\to\infty}\frac{f(x)}{g(x)}=\begin{cases}\dfrac{a_n}{b_n}, & m=n,\\ 0, & m>n,\\ \infty, & m<n.\end{cases}$$

下面介绍一个关于复合函数求极限的定理.

**定理 2** 设函数 $u=\varphi(x)$ 当 $x\to x_0$ 时的极限存在且等于 $a$,即

$$\lim_{x\to x_0}\varphi(x)=a,$$

而函数 $y = f(u)$ 在点 $u = a$ 的某一去心邻域内有定义且
$$\lim_{u \to a} f(u) = f(a),$$
那么复合函数 $y = f[\varphi(x)]$ 当 $x \to x_0$ 时的极限也存在且等于 $f(a)$,即
$$\lim_{x \to x_0} f[\varphi(x)] = f(a). \tag{1.1}$$

证明从略.

因为 $\lim\limits_{x \to x_0} \varphi(x) = a$,(1.1) 式也可写成
$$\lim_{x \to x_0} f[\varphi(x)] = f[\lim_{x \to x_0} \varphi(x)]. \tag{1.2}$$

公式(1.2)表明,在定理 2 的条件下,求复合函数 $f[\varphi(x)]$ 的极限时,函数符号与极限记号可以交换次序.

**例 6** 求极限 $\lim\limits_{n \to \infty} \dfrac{3^n - 1}{9^n + 1}$.

**解** 令 $3^n = t$,则当 $n \to \infty$ 时,$t \to \infty$,且 $9^n = (3^2)^n = (3^n)^2 = t^2$,于是
$$\lim_{n \to \infty} \frac{3^n - 1}{9^n + 1} = \lim_{t \to \infty} \frac{t - 1}{t^2 + 1} = 0.$$

**例 7** 求极限 $\lim\limits_{x \to 3} \sqrt{\dfrac{x - 3}{x^2 - 9}}$.

**解** 由定理 2 有
$$\lim_{x \to 3} \sqrt{\frac{x - 3}{x^2 - 9}} = \sqrt{\lim_{x \to 3} \frac{x - 3}{x^2 - 9}} = \sqrt{\frac{1}{6}} = \frac{\sqrt{6}}{6}.$$

**例 8** 求极限 $\lim\limits_{x \to 0} \dfrac{\sqrt{1 + x^2} - 1}{x}$.

**解** 
$$\lim_{x \to 0} \frac{\sqrt{1 + x^2} - 1}{x} = \lim_{x \to 0} \frac{(\sqrt{1 + x^2} - 1)(\sqrt{1 + x^2} + 1)}{x(\sqrt{1 + x^2} + 1)}$$
$$= \lim_{x \to 0} \frac{x}{\sqrt{1 + x^2} + 1} = \frac{0}{2} = 0.$$

## 习 题 1.5

求下列极限:

(1) $\lim\limits_{x \to 2} \dfrac{x^3 - 1}{x^2 - 5x + 4}$;

(2) $\lim\limits_{x \to 1} \dfrac{x^2 - 2x + 1}{x^2 - 1}$;

(3) $\lim\limits_{x \to 1} \dfrac{x^3 - 1}{6x^2 - 5x - 1}$;

(4) $\lim\limits_{x \to \infty} \dfrac{3x^3 - 4x^2 + 2}{5x^3 - 7x^2 - 6}$;

(5) $\lim\limits_{x \to \infty} \dfrac{x^2 - 2x + 1}{2x^3 - x^2 + 5}$;

(6) $\lim\limits_{x \to \infty} \dfrac{2x^3 - x^2 + 5}{x^2 - 2x + 1}$;

(7) $\lim\limits_{x\to 2}\dfrac{x^3+2x^2}{(x-2)^2}$;

(8) $\lim\limits_{x\to 0}\sqrt{x^2-2x+5}$;

(9) $\lim\limits_{x\to 0}\dfrac{x^2}{1-\sqrt{1+x^2}}$;

(10) $\lim\limits_{x\to\infty}\left(1+\dfrac{1}{x}\right)\left(1-\dfrac{2}{x^2}\right)$;

(11) $\lim\limits_{n\to\infty}\dfrac{1+2+\cdots+(n-1)}{n^2}$;

(12) $\lim\limits_{x\to -1}\left(\dfrac{1}{1+x}-\dfrac{3}{1+x^3}\right)$.

## §1.6 两个重要极限

在求一些函数极限的过程中,利用下面两个重要极限进行推导是很常见的做法.

### 一、$\lim\limits_{x\to 0}\dfrac{\sin x}{x}=1$

**准则 I(夹逼准则)** 设$\{y_n\},\{x_n\},\{z_n\}$是三个数列.若

(1) 存在正整数$N$,使得当$n>N$时,$y_n\leqslant x_n\leqslant z_n$;

(2) $\lim\limits_{n\to\infty}y_n=\lim\limits_{n\to\infty}z_n=A$,

则

$$\lim_{n\to\infty}x_n=A.$$

准则 I 易推广到函数的情形.

**准则 I′(夹逼准则)** 若函数$f(x),g(x),h(x)$在点$x_0$的某一去心邻域内有定义,且满足:

(1) $f(x)\leqslant g(x)\leqslant h(x)$;

(2) $\lim\limits_{x\to x_0}f(x)=A,\ \lim\limits_{x\to x_0}h(x)=A$,

则

$$\lim_{x\to x_0}g(x)=A.$$

对于$x\to\infty,x\to +\infty,x\to -\infty,x\to x_0^+,x\to x_0^-$时函数的极限,也有相应的夹逼准则成立.

下面我们利用准则 I′证明第一个重要极限

$$\lim_{x\to 0}\dfrac{\sin x}{x}=1.$$

**证** 函数$\dfrac{\sin x}{x}$在点$x=0$处无定义,但对于任何不等于零的$x$都有定义.因函数$\dfrac{\sin x}{x}$为偶函数,故要考察$x\to 0$时的极限,只需考

察 $x \to 0^+$ 时的极限.

作单位圆(见图 1.15),设 $\angle AOB = x \left(0 < x < \dfrac{\pi}{2}, x \text{ 以弧度为单位}\right)$,过点 $A$ 作圆的切线与 $OB$ 的延长线交于点 $D$,再作 $AC$ 垂直于 $OB$,则
$$\sin x = AC, \quad x = \overset{\frown}{AB}, \quad \tan x = AD.$$
因
$$\triangle AOB \text{ 面积} < \text{圆扇形 } AOB \text{ 面积} < \triangle AOD \text{ 面积},$$
故
$$\frac{1}{2}\sin x < \frac{1}{2}x < \frac{1}{2}\tan x, \quad \text{即} \quad \sin x < x < \tan x.$$
上式两端同时除以 $\sin x$,有
$$1 < \frac{x}{\sin x} < \frac{1}{\cos x}, \quad \text{即} \quad \cos x < \frac{\sin x}{x} < 1.$$
而
$$\lim_{x \to 0^+} \cos x = 1, \quad \lim_{x \to 0^+} 1 = 1,$$
故
$$\lim_{x \to 0^+} \frac{\sin x}{x} = 1,$$
从而
$$\lim_{x \to 0} \frac{\sin x}{x} = 1.$$

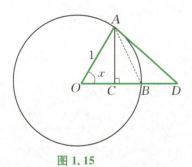

**图 1.15**

**例 1** 求极限 $\lim\limits_{x \to 0} \dfrac{\sin 4x}{x}$.

**解** 令 $4x = t$,则当 $x \to 0$ 时,$t \to 0$. 于是
$$\lim_{x \to 0} \frac{\sin 4x}{x} = 4 \lim_{x \to 0} \frac{\sin 4x}{4x} = 4 \lim_{t \to 0} \frac{\sin t}{t} = 4.$$

**例 2** 求极限 $\lim\limits_{x \to 0} \dfrac{\tan x}{x}$.

**解** $\lim\limits_{x \to 0} \dfrac{\tan x}{x} = \lim\limits_{x \to 0} \dfrac{1}{\cos x} \cdot \dfrac{\sin x}{x} = \lim\limits_{x \to 0} \dfrac{1}{\cos x} \cdot \lim\limits_{x \to 0} \dfrac{\sin x}{x}$

$$= \frac{1}{\lim\limits_{x\to 0}\cos x} \cdot 1 = 1 \times 1 = 1.$$

**例 3** 求极限 $\lim\limits_{x\to 0}\dfrac{1-\cos x}{x^2}$.

**解** 因 $1-\cos x = 2\sin^2\dfrac{x}{2}$,故

$$\lim_{x\to 0}\frac{1-\cos x}{x^2} = \lim_{x\to 0}\frac{2\sin^2\dfrac{x}{2}}{x^2} = \lim_{t\to 0}\frac{\sin^2 t}{2t^2} \quad (\text{类似于例 1})$$

$$= \frac{1}{2}\left(\lim_{t\to 0}\frac{\sin t}{t}\right)^2 = \frac{1}{2}.$$

**例 4** 求极限 $\lim\limits_{x\to 0}\dfrac{\arcsin x}{x}$.

**解** 令 $\arcsin x = t$,即 $x = \sin t$,则当 $x \to 0$ 时,$t \to 0$. 于是

$$\lim_{x\to 0}\frac{\arcsin x}{x} = \lim_{t\to 0}\frac{t}{\sin t} = 1.$$

## 二、$\lim\limits_{x\to\infty}\left(1+\dfrac{1}{x}\right)^x = \mathrm{e}$

**准则 Ⅱ（单调有界准则）** 单调有界的数列必有极限.

在许多实际问题的研究中（如物体冷却、细胞繁殖、放射性元素衰变等问题）,我们都需要用到第二个重要极限

$$\lim_{x\to\infty}\left(1+\frac{1}{x}\right)^x = \mathrm{e}.$$

下面来说明这个极限的存在性. 先考虑特殊的情形：$\lim\limits_{n\to\infty}\left(1+\dfrac{1}{n}\right)^n$.

将 $\left(1+\dfrac{1}{n}\right)^n$ 的值列表,如表 1.3 所示.

表 1.3

| $n$ | 1 | 2 | 3 | 4 | 5 | 10 | 100 | 1 000 | 10 000 |
|---|---|---|---|---|---|---|---|---|---|
| $\left(1+\dfrac{1}{n}\right)^n$ | 2 | 2.250 | 2.370 | 2.441 | 2.488 | 2.594 | 2.705 | 2.717 | 2.718 |

由表 1.3 可见,$\left(1+\dfrac{1}{n}\right)^n$ 随着 $n$ 增加而增大,且有上界.

下面我们来证明数列 $\left\{\left(1+\dfrac{1}{n}\right)^n\right\}$ 单调增加且有界. 设 $a_n = \left(1+\dfrac{1}{n}\right)^n$,由牛顿(Newton)二项式公式有

$$a_n = \left(1+\frac{1}{n}\right)^n$$

$$= 1 + \frac{n}{1!}\cdot\frac{1}{n} + \frac{n(n-1)}{2!}\cdot\frac{1}{n^2} + \frac{n(n-1)(n-2)}{3!}\cdot\frac{1}{n^3}$$

数学家简介

$$+ \cdots + \frac{n(n-1)\cdots(n-n+1)}{n!} \cdot \frac{1}{n^n}$$
$$= 1 + 1 + \frac{1}{2!}\left(1-\frac{1}{n}\right) + \frac{1}{3!}\left(1-\frac{1}{n}\right)\left(1-\frac{2}{n}\right)$$
$$+ \cdots + \frac{1}{n!}\left(1-\frac{1}{n}\right)\left(1-\frac{2}{n}\right)\cdots\left(1-\frac{n-1}{n}\right).$$

类似地,可得
$$a_{n+1} = 1 + 1 + \frac{1}{2!}\left(1-\frac{1}{n+1}\right) + \frac{1}{3!}\left(1-\frac{1}{n+1}\right)\left(1-\frac{2}{n+1}\right)$$
$$+ \cdots + \frac{1}{n!}\left(1-\frac{1}{n+1}\right)\left(1-\frac{2}{n+1}\right)\cdots\left(1-\frac{n-1}{n+1}\right)$$
$$+ \frac{1}{(n+1)!}\left(1-\frac{1}{n+1}\right)\left(1-\frac{2}{n+1}\right)\cdots\left(1-\frac{n}{n+1}\right).$$

比较 $a_n$ 和 $a_{n+1}$ 的展开式,可以看到除前两项外,$a_n$ 的每一项都小于 $a_{n+1}$ 的对应项,$a_{n+1}$ 还多了最后一项(其值大于零),因此
$$a_n < a_{n+1}.$$
这就说明数列 $\{a_n\}$,即 $\left\{\left(1+\frac{1}{n}\right)^n\right\}$ 是单调增加的.

如果 $a_n$ 的展开式中各项括号内的数用较大的数 1 代替,就得
$$a_n < 1 + 1 + \frac{1}{2!} + \frac{1}{3!} + \cdots + \frac{1}{n!}$$
$$< 1 + 1 + \frac{1}{2} + \frac{1}{2^2} + \cdots + \frac{1}{2^{n-1}}$$
$$= 1 + \frac{1-\frac{1}{2^n}}{1-\frac{1}{2}} = 3 - \frac{1}{2^{n-1}} < 3.$$

这就说明数列 $\{a_n\}$,即 $\left\{\left(1+\frac{1}{n}\right)^n\right\}$ 是有界的.

根据准则 II,数列 $\left\{\left(1+\frac{1}{n}\right)^n\right\}$ 的极限存在. 通常用字母 e 来表示这个极限,即
$$\lim_{n\to\infty}\left(1+\frac{1}{n}\right)^n = \text{e}.$$

上述结果可推广到函数极限上,即有
$$\lim_{x\to+\infty}\left(1+\frac{1}{x}\right)^x = \text{e},$$
又可以进一步证明
$$\lim_{x\to-\infty}\left(1+\frac{1}{x}\right)^x = \text{e},$$
因此
$$\lim_{x\to\infty}\left(1+\frac{1}{x}\right)^x = \text{e}.$$

**例5** 求极限 $\lim\limits_{t\to 0}(1+t)^{\frac{1}{t}}$.

**解** 令 $t=\dfrac{1}{x}$,即 $\dfrac{1}{t}=x$,则当 $t\to 0$ 时,$x\to\infty$. 于是

$$\lim_{t\to 0}(1+t)^{\frac{1}{t}} = \lim_{x\to\infty}\left(1+\frac{1}{x}\right)^x = \mathrm{e}.$$

**例6** 求极限 $\lim\limits_{x\to\infty}\left(1-\dfrac{2}{x}\right)^x$.

**解** 令 $v=-\dfrac{2}{x}$,即 $x=-\dfrac{2}{v}$,则当 $x\to\infty$ 时,$v\to 0$. 于是

$$\lim_{x\to\infty}\left(1-\frac{2}{x}\right)^x = \lim_{v\to 0}(1+v)^{-\frac{2}{v}} = \lim_{v\to 0}\left[(1+v)^{\frac{1}{v}}\right]^{-2} = \mathrm{e}^{-2}.$$

**例7** 求极限 $\lim\limits_{x\to 0}\dfrac{\ln(1+x)}{x}$.

**解** 由于 $\dfrac{\ln(1+x)}{x}=\ln(1+x)^{\frac{1}{x}}$,因此

$$\lim_{x\to 0}\frac{\ln(1+x)}{x} = \lim_{x\to 0}\ln(1+x)^{\frac{1}{x}} = \ln\left[\lim_{x\to 0}(1+x)^{\frac{1}{x}}\right]$$
$$= \ln \mathrm{e} = 1.$$

**例8** 求极限 $\lim\limits_{x\to 0}\dfrac{\mathrm{e}^x-1}{x}$.

**解** 令 $u=\mathrm{e}^x-1$,即 $x=\ln(1+u)$,则当 $x\to 0$ 时,$u\to 0$. 于是

$$\lim_{x\to 0}\frac{\mathrm{e}^x-1}{x} = \lim_{u\to 0}\frac{u}{\ln(1+u)}.$$

利用例 7 的结果可知,上式右端的极限为 1,因此

$$\lim_{x\to 0}\frac{\mathrm{e}^x-1}{x}=1.$$

## 习 题 1.6

1. 求下列极限:

(1) $\lim\limits_{x\to 0}\dfrac{\sin \omega x}{x}$ ($\omega$ 为常数);

(2) $\lim\limits_{x\to 0}\dfrac{\tan 3x}{x}$;

(3) $\lim\limits_{x\to 0}\dfrac{\sin 2x}{\sin 5x}$;

(4) $\lim\limits_{x\to 0} x\cot x$;

(5) $\lim\limits_{x\to 0}\dfrac{1-\cos 2x}{x\sin x}$;

(6) $\lim\limits_{x\to 0}\dfrac{\arctan x}{x}$;

(7) $\lim\limits_{x\to a}\dfrac{\sin x-\sin a}{x-a}$;

(8) $\lim\limits_{n\to\infty} 2^n\sin\dfrac{x}{2^n}$ ($x\neq 0$).

2. 求下列极限：

(1) $\lim\limits_{x\to 0}(1-x)^{\frac{1}{x}}$;

(2) $\lim\limits_{x\to 0}(1+2x)^{\frac{1}{x}}$;

(3) $\lim\limits_{x\to\infty}\left(\dfrac{1+x}{x}\right)^{2x}$;

(4) $\lim\limits_{x\to\infty}\left(1-\dfrac{1}{x}\right)^{kx}$ $(k\in \mathbf{N})$;

(5) $\lim\limits_{x\to\infty}\left(\dfrac{2x+3}{2x+1}\right)^{x+1}$.

## §1.7 无穷小的比较

从 §1.4 可知，两个无穷小的和、差、积仍是无穷小. 但是，对于两个无穷小的商，却会出现不同的情况. 例如，当 $x\to 0$ 时，$x$，$x^2$，$\sin x$，$x^2\sin\dfrac{1}{x}$ 都是无穷小，但有：

$\lim\limits_{x\to 0}\dfrac{x^2}{x}=0$，即 $x^2$ 趋于零的速度比 $x$ 趋于零的速度快得多；

$\lim\limits_{x\to 0}\dfrac{\sin x}{x}=1$，即 $\sin x$ 与 $x$ 趋于零的速度大致相同；

$\lim\limits_{x\to 0}\dfrac{x^2\sin\dfrac{1}{x}}{x^2}=\lim\limits_{x\to 0}\sin\dfrac{1}{x}$ 不存在，即 $x^2$ 与 $x^2\sin\dfrac{1}{x}$ 趋于零的速度无法比较.

由此可见，两个无穷小的商的极限不同，反映了不同无穷小趋于零的"快慢程度"不同.

**定义** 设在自变量的同一变化过程中，$\lim\alpha=0$，$\lim\beta=0$，且 $\beta\neq 0$.

(1) 若 $\lim\dfrac{\alpha}{\beta}=0$，则称 $\alpha$ 是 $\beta$ 的**高阶无穷小**，记作 $\alpha=o(\beta)$；

(2) 若 $\lim\dfrac{\alpha}{\beta}=c$（$c\neq 1$ 为常数），则称 $\alpha$ 与 $\beta$ 为**同阶无穷小**；

(3) 若 $\lim\dfrac{\alpha}{\beta}=1$，则称 $\alpha$ 与 $\beta$ 为**等价无穷小**，记作 $\alpha\sim\beta$；

(4) 若 $\lim\dfrac{\alpha}{\beta}=\infty$，则称 $\alpha$ 是 $\beta$ 的**低阶无穷小**.

显然，(3) 是 (2) 的特殊情形，即 $c=1$ 的情形.

下面举一些例子.

因为 $\lim\limits_{x\to 0}\dfrac{3x^2}{x}=0$,所以当 $x\to 0$ 时,$3x^2$ 是 $x$ 的高阶无穷小,即
$$3x^2=o(x) \quad (x\to 0).$$

因为 $\lim\limits_{n\to\infty}\dfrac{\frac{1}{n}}{\frac{1}{n^2}}=\infty$,所以当 $n\to\infty$ 时,$\dfrac{1}{n}$ 是 $\dfrac{1}{n^2}$ 的低阶无穷小.

因为 $\lim\limits_{x\to 3}\dfrac{x^2-9}{x-3}=6$,所以当 $x\to 3$ 时,$x^2-9$ 与 $x-3$ 为同阶无穷小.

因为 $\lim\limits_{x\to 0}\dfrac{\sin x}{x}=1$,所以当 $x\to 0$ 时,$\sin x$ 与 $x$ 为等价无穷小,即
$$\sin x \sim x \quad (x\to 0).$$

下面给出求极限时经常会用到的等价无穷小替换定理.

**定理(等价无穷小替换定理)** 设 $\alpha\sim\alpha',\beta\sim\beta'$,且 $\lim\dfrac{\beta'}{\alpha'}$ 存在,则
$$\lim\dfrac{\beta}{\alpha}=\lim\dfrac{\beta'}{\alpha'}.$$

**证**  $\lim\dfrac{\beta}{\alpha}=\lim\left(\dfrac{\beta}{\beta'}\cdot\dfrac{\beta'}{\alpha'}\cdot\dfrac{\alpha'}{\alpha}\right)$

$\qquad\qquad =\lim\dfrac{\beta}{\beta'}\cdot\lim\dfrac{\beta'}{\alpha'}\cdot\lim\dfrac{\alpha'}{\alpha}$

$\qquad\qquad =\lim\dfrac{\beta'}{\alpha'}.$

此定理表明,求两个无穷小的商的极限时,分子及分母都可用各自的等价无穷小替换,使之简化计算.

当 $x\to 0$ 时,常用的等价无穷小有

$$\sin x\sim x,\quad \tan x\sim x,$$
$$\arcsin x\sim x,\quad \arctan x\sim x,$$
$$\ln(1+x)\sim x,\quad \mathrm{e}^x-1\sim x,$$
$$1-\cos x\sim\dfrac{x^2}{2},\quad \sqrt[n]{1+x}-1\sim\dfrac{x}{n}.$$

**例1** 求极限 $\lim\limits_{x\to 0}\dfrac{\tan 2x}{\sin 5x}$.

**解** 当 $x\to 0$ 时,$\tan 2x\sim 2x$,$\sin 5x\sim 5x$,故
$$\lim_{x\to 0}\dfrac{\tan 2x}{\sin 5x}=\lim_{x\to 0}\dfrac{2x}{5x}=\dfrac{2}{5}.$$

**例 2** 求极限 $\lim\limits_{x \to 0} \dfrac{\tan^2 2x}{1-\cos x}$.

**解** 当 $x \to 0$ 时，$\tan 2x \sim 2x$，$1-\cos x \sim \dfrac{x^2}{2}$，故

$$\lim_{x \to 0} \frac{\tan^2 2x}{1-\cos x} = \lim_{x \to 0} \frac{(2x)^2}{\dfrac{x^2}{2}} = 8.$$

**例 3** 求极限 $\lim\limits_{x \to 0} \dfrac{\tan x - \sin x}{\sin^3 2x}$.

**解** 当 $x \to 0$ 时，$\sin 2x \sim 2x$，$\tan x - \sin x = \tan x (1 - \cos x) \sim \dfrac{1}{2} x^3$，故

$$\lim_{x \to 0} \frac{\tan x - \sin x}{\sin^3 2x} = \lim_{x \to 0} \frac{\dfrac{1}{2} x^3}{(2x)^3} = \frac{1}{16}.$$

对于例 3，容易做如下错误解答：当 $x \to 0$ 时，$\tan x \sim x$，$\sin x \sim x$，故

$$\lim_{x \to 0} \frac{\tan x - \sin x}{\sin^3 2x} = \lim_{x \to 0} \frac{x - x}{\sin^3 2x} = 0.$$

**注** 一般情况下，当在求极限的过程中用等价无穷小进行替换时，各无穷小的代数和不能分别替换.

由等价无穷小可给出函数的近似表达式. 事实上，由于 $\lim \dfrac{\beta}{\alpha} = 1$，因此 $\lim \dfrac{\beta - \alpha}{\alpha} = 0$，即 $\beta - \alpha = o(\alpha)$，得

$$\beta = \alpha + o(\alpha) \approx \alpha \quad (|\alpha| \text{ 很小}).$$

例如，当 $|x|$ 很小时，我们有

$$\sin x = x + o(x) \approx x, \quad \cos x = 1 - \frac{x^2}{2} + o(x^2) \approx 1 - \frac{x^2}{2}.$$

## 习 题 1.7

利用等价无穷小替换定理求下列函数的极限：

(1) $\lim\limits_{x \to 0} \dfrac{\tan 3x}{2x}$;

(2) $\lim\limits_{x \to 0} \dfrac{\sin(x^n)}{(\sin x)^m} \quad (n, m \in \mathbf{N})$;

(3) $\lim\limits_{x \to 0} \dfrac{\tan x - \sin x}{x^2 \arctan x}$;

(4) $\lim\limits_{x \to 0} \dfrac{(\mathrm{e}^{2x} - 1) \sin x}{1 - \cos x}$;

(5) $\lim\limits_{x \to 0} \dfrac{\ln(1 + x^2)}{x \arcsin 3x}$;

(6) $\lim\limits_{x \to 0} \dfrac{\sqrt{1+x} - 1}{\sqrt[3]{1-2x} - 1}$.

## §1.8 函数的连续性

自然界中有很多现象,如植物的生长、气温的变化等,均是连续不断地变化着的,这些现象反映在数学上就是函数的连续性. 函数的连续性为微积分的研究对象. 本节将讨论函数连续性的概念.

### 一、函数的增量

设变量 $u$ 从 $u_0$(初值)变到 $u_1$(终值),称终值与初值的差 $u_1 - u_0$ 为变量 $u$ 的**增量**,记作 $\Delta u$,即
$$\Delta u = u_1 - u_0.$$

**注** (1) $\Delta u$ 可正、可负,当 $u_1 > u_0$ 时,$\Delta u > 0$;当 $u_1 < u_0$ 时,$\Delta u < 0$.

(2) $\Delta u$ 是一个完整记号,切勿将其看成 $\Delta$ 与变量 $u$ 的乘积.

对于一个函数 $y = f(x)$,由于它有自变量和因变量这两个变量,因此可以如下定义其增量:

**定义 1** 设函数 $y = f(x)$ 在点 $x_0$ 的某一邻域 $U(x_0)$ 内有定义. 当自变量 $x$ 从 $x_0$ 变到 $x_0 + \Delta x \in U(x_0)$ 时,称
$$\Delta y = f(x_0 + \Delta x) - f(x_0)$$
为 $y = f(x)$ 的增量 $\Delta y$.

### 二、函数的连续性

在定义 1 中,如果点 $x_0$ 保持不变,让自变量的增量 $\Delta x$ 变化,一般来讲,函数的增量 $\Delta y$ 也会随之变化. 基于这一认识,人们将函数在一点处的连续性定义如下:

**定义 2** 当 $\Delta x \to 0$ 时,若函数 $y = f(x)$ 相应的增量满足条件
$$\Delta y \to 0,$$
则称 $y = f(x)$ 在点 $x_0$ 处**连续**.

如图 1.16 所示,因为
$$\Delta y = f(x_0 + \Delta x) - f(x_0),$$
记
$$x = x_0 + \Delta x, \quad 即 \quad \Delta x = x - x_0,$$
所以

$$\lim_{\Delta x \to 0} f(x_0 + \Delta x) = \lim_{x \to x_0} f(x) = f(x_0).$$

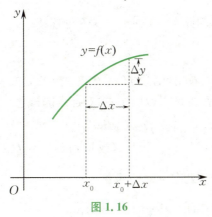

图 1.16

因此，函数 $y = f(x)$ 在点 $x_0$ 处连续的定义又可叙述如下：

**定义 2'**　如果函数 $y = f(x)$ 满足条件
$$\lim_{x \to x_0} f(x) = f(x_0),$$
则称 $y = f(x)$ 在点 $x_0$ 处**连续**.

上述定义也可用"ε-δ"语言表述如下：

**定义 2''**　对于函数 $y = f(x)$，任给 ε>0，如果总可以找到一个正数 δ，使得当 $|x - x_0| < \delta$ 时，有
$$|f(x) - f(x_0)| < \varepsilon,$$
则称 $y = f(x)$ 在点 $x_0$ 处**连续**.

**例 1**　证明：函数 $f(x) = x^2$ 在点 $x = 3$ 处连续.

**证**　不妨限制 $|x - 3| < 1$，即 $2 < x < 4$，则有
$$|f(x) - 9| = |x^2 - 9| = |(x+3)(x-3)| < 7|x-3| < \varepsilon,$$
即 $|x - 3| < \dfrac{\varepsilon}{7}$. 因此，取 $\delta = \min\left\{\dfrac{\varepsilon}{7}, 1\right\}$，则当 $|x - x_0| < \delta$ 时，有
$$|f(x) - 9| < \varepsilon, \quad 即 \quad \lim_{x \to 3} f(x) = 9 = f(3).$$
所以，函数 $f(x) = x^2$ 在点 $x = 3$ 处连续.

**例 2**　设函数
$$f(x) = \begin{cases} \cos 2x, & x \leqslant 0, \\ \dfrac{\ln(1+x)}{x}, & x > 0, \end{cases}$$
讨论 $f(x)$ 在点 $x = 0$ 处的连续性.

**解**　这里需要讨论分段函数在分段点处的连续性. 考虑函数 $f(x)$ 在点 $x = 0$ 处的左、右极限：
$$\lim_{x \to 0^-} f(x) = \lim_{x \to 0^-} \cos 2x = \cos 0 = 1,$$

$$\lim_{x \to 0^+} f(x) = \lim_{x \to 0^+} \frac{\ln(1+x)}{x} = \lim_{x \to 0^+} \frac{x}{x} = 1.$$

可见，$\lim\limits_{x \to 0^-} f(x) = \lim\limits_{x \to 0^+} f(x) = 1 = f(0)$，因此 $f(x)$ 在点 $x = 0$ 处连续.

从例 2 中可以看出，函数 $f(x)$ 在点 $x = 0$ 处的左、右极限分别与函数值 $f(0)$ 相等. 由此可以引出左、右连续的概念.

**定义 3** 如果函数 $f(x)$ 满足条件

$$\lim_{x \to x_0^-} f(x) = f(x_0) \quad (\text{或} \lim_{x \to x_0^+} f(x) = f(x_0)),$$

则称 $f(x)$ 在点 $x_0$ 处**左**（或**右**）**连续**.

## 三、函数的间断性

若函数 $f(x)$ 在点 $x_0$ 处不连续，则称点 $x_0$ 为 $f(x)$ 的**间断点**.

由函数在一点处连续的定义，如果函数 $f(x)$ 在点 $x_0$ 处有下列三种情况之一，则点 $x_0$ 为 $f(x)$ 的间断点：

(1) 在点 $x_0$ 处无定义；

(2) 在点 $x_0$ 处有定义，但 $\lim\limits_{x \to x_0} f(x)$ 不存在；

(3) 在点 $x_0$ 处有定义，且 $\lim\limits_{x \to x_0} f(x)$ 存在，但

$$\lim_{x \to x_0} f(x) \neq f(x_0).$$

下面举例说明几种常见的间断点类型.

**例 3** 函数 $f(x) = \dfrac{x-2}{x^2-4}$ 在点 $x = 2$ 处无定义，但

$$\lim_{x \to 2} \frac{x-2}{x^2-4} = \lim_{x \to 2} \frac{1}{x+2} = \frac{1}{4},$$

故点 $x = 2$ 为函数 $f(x)$ 的间断点.

**例 4** 对于函数

$$f(x) = \begin{cases} x-1, & x < 0, \\ 0, & x = 0, \\ x+1, & x > 0, \end{cases}$$

在点 $x = 0$ 处有

$$\lim_{x \to 0^+} f(x) = \lim_{x \to 0^+} (x+1) = 1,$$

$$\lim_{x \to 0^-} f(x) = \lim_{x \to 0^-} (x-1) = -1,$$

故 $\lim\limits_{x \to 0} f(x)$ 不存在，点 $x = 0$ 为 $f(x)$ 的间断点.

在例3和例4中,函数在间断点处的左、右极限都存在. 一般地,如果当 $x \to x_0$ 时,函数 $f(x)$ 的左、右极限都存在,但 $f(x)$ 在点 $x_0$ 处不连续,则称点 $x_0$ 为**第一类间断点**. 例3和例4中的间断点均为第一类间断点.

在第一类间断点中,当 $x \to x_0$ 时,若函数 $f(x)$ 的左、右极限相等($\lim\limits_{x \to x_0} f(x)$ 存在),则称点 $x_0$ 为**可去间断点**;若函数 $f(x)$ 的左、右极限不相等($\lim\limits_{x \to x_0} f(x)$ 不存在),则称点 $x_0$ 为**跳跃间断点**. 例3和例4中函数的间断点分别为可去间断点和跳跃间断点.

非第一类间断点的任何间断点称为**第二类间断点**.

**例5** 正切函数 $y = \tan x$ 在点 $x = \dfrac{\pi}{2}$ 处无定义,故点 $x = \dfrac{\pi}{2}$ 是正切函数 $y = \tan x$ 的间断点. 而

$$\lim_{x \to \frac{\pi}{2}} \tan x = \infty,$$

此时称点 $x = \dfrac{\pi}{2}$ 为正切函数 $y = \tan x$ 的**无穷间断点**.

**例6** 函数 $y = \sin \dfrac{1}{x}$ 在点 $x = 0$ 处无定义,且当 $x \to 0$ 时,函数值在 $-1$ 和 $1$ 之间无限次地振荡(见图1.17),于是 $\lim\limits_{x \to 0} \sin \dfrac{1}{x}$ 不存在,此时称点 $x = 0$ 为函数 $y = \sin \dfrac{1}{x}$ 的**振荡间断点**.

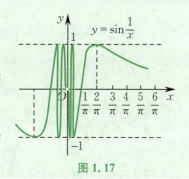

图 1.17

无穷间断点和振荡间断点都是第二类间断点.

## 四、闭区间上连续函数的性质

若函数 $f(x)$ 在开区间 $(a,b)$ 内任一点处连续,则称 $f(x)$ 在 $(a,b)$ 内连续,或称 $f(x)$ 为 $(a,b)$ 上的**连续函数**. 若函数 $f(x)$ 在开区间 $(a,b)$ 内连续,且在左端点 $a$ 处右连续,即

$$\lim_{x \to a^+} f(x) = f(a),$$

在右端点 $b$ 处左连续,即

$$\lim_{x \to b^-} f(x) = f(b),$$

则称 $f(x)$ 在闭区间 $[a,b]$ 上连续,或称 $f(x)$ 为 $[a,b]$ 上的**连续函数**.

关于闭区间上的连续函数,有以下定理:

**定理 1（最值定理）** 设函数 $y=f(x)$ 在闭区间 $[a,b]$ 上连续，则函数 $y=f(x)$ 在此区间上一定存在最大值 $M$ 和最小值 $m$.

证明从略.

**注** 此定理的两个充分条件：闭区间与连续性，缺一不可. 例如：

(1) 函数 $y=x-1$ 在开区间 $(0,2)$ 内连续，它没有最大值 $M$ 和最小值 $m$；

(2) 函数 $y=\begin{cases}-x+1, & 0\leqslant x<1,\\ 1, & x=1,\\ -x+3, & 1<x\leqslant 2\end{cases}$ 在闭区间 $[0,2]$ 上有间断点 $x=1$，它没有最大值 $M$ 和最小值 $m$.

**定理 2（介值定理）** 设函数 $f(x)$ 在闭区间 $[a,b]$ 上连续，且 $m\leqslant c\leqslant M$，则在此区间上至少存在一点 $\xi$，使得
$$f(\xi)=c.$$

证明从略.

由介值定理，容易得到下面应用广泛的零点定理.

**定理 3（零点定理）** 设函数 $f(x)$ 在闭区间 $[a,b]$ 上连续，且 $f(a)$ 与 $f(b)$ 异号，则在开区间 $(a,b)$ 内至少存在一点 $\xi$，使得
$$f(\xi)=0.$$

**例 7** 证明：方程 $x^3-4x^2+1=0$ 在开区间 $(0,1)$ 内至少有一个根 $k$.

**证** 令函数 $f(x)=x^3-4x^2+1$，则 $f(x)$ 在闭区间 $[0,1]$ 上连续. 因为
$$f(0)=1>0,\quad f(1)=-2<0,$$
由零点定理知，在开区间 $(0,1)$ 内至少存在一点 $k$，使得 $f(k)=0\ (0<k<1)$，即
$$k^3-4k^2+1=0\quad(0<k<1).$$
这就证明了方程 $x^3-4x^2+1=0$ 在 $(0,1)$ 内至少有一个根 $k$.

## 五、初等函数的连续性

由函数连续的定义和极限的四则运算法则，可以得到如下定理：

**定理 4** 设函数 $f(x),g(x)$ 在区间 $I$ 上均连续，则它们的和、差、积、商（分母不为零）在此区间上也连续.

**证** 只证 $f(x)+g(x)$ 连续，其他情形类似可证.

已知函数 $f(x),g(x)$ 均在 $I$ 上连续，任取 $x_0\in I$，则
$$\lim_{x\to x_0}f(x)=f(x_0),\quad \lim_{x\to x_0}g(x)=g(x_0).$$
由极限的四则运算法则得

$$\lim_{x \to x_0}[f(x)+g(x)] = \lim_{x \to x_0}f(x) + \lim_{x \to x_0}g(x)$$
$$= f(x_0) + g(x_0),$$

故 $f(x)+g(x)$ 在点 $x_0$ 处连续. 由点 $x_0$ 在 $I$ 内的任意性知, $f(x)+g(x)$ 在 $I$ 上连续.

对于反函数的连续性,有如下结论:

**定理 5** 如果函数 $y=f(x)$ 在区间 $I_x$ 上单调且连续,那么其反函数 $x=\varphi(y)$ 在对应的区间 $I_y = \{y \mid y=f(x), x \in I_x\}$ 上也单调且连续.

定理 5 的正确性容易从几何图形中看出,证明从略.

对于复合函数的连续性,有如下结论:

**定理 6** 如果函数 $u=\varphi(x)$ 在点 $x=x_0$ 处连续,且 $\varphi(x_0)=u_0$,而函数 $y=f(u)$ 在点 $u=u_0$ 处连续,那么复合函数 $y=f[\varphi(x)]$ 在点 $x=x_0$ 处也连续.

用函数连续的定义可证明定理 6 成立,这里从略.

由关于函数极限的讨论及函数连续的定义可知,基本初等函数在其定义域内是连续的. 由以上定理可以进一步得到初等函数的连续性.

**定理 7** 一切初等函数在其定义区间(包含在定义域内的区间)内都是连续的.

**例 8** 求极限 $\lim\limits_{x \to 2} f(x)$,其中 $f(x) = \dfrac{1}{\sqrt{x^2-3x+3}}$.

**解** 由于 $f(x)$ 是初等函数,因此
$$\lim_{x \to 2} f(x) = f(2) = \frac{1}{\sqrt{1}} = 1.$$

**例 9** 求极限 $\lim\limits_{x \to 0}(e^x + 1)$.

**解** 由于 $e^x+1$ 是初等函数,因此
$$\lim_{x \to 0}(e^x+1) = \lim_{x \to 0} e^x + \lim_{x \to 0} 1 = 1+1 = 2.$$

## 习 题 1.8

1. 判断下列函数在给定点处是否连续,若不连续,指出间断点的类型:

(1) $y = \dfrac{x}{\tan x}, x=0, x=\dfrac{\pi}{2}, x=\pi$;

(2) $y = \begin{cases} x-1, & x \leqslant 1, \\ 3-x, & x > 1, \end{cases} x=1.$

2. 求下列函数的间断点并判断其类型:

(1) $y = \dfrac{1}{x+3}$;

(2) $y = \dfrac{x-1}{x^2-5x+4}$.

3. 函数 $f(x) = \dfrac{x^3+3x^2-x-3}{x^2+x-6}$ 在哪些区间上连续？求极限 $\lim\limits_{x\to 0} f(x), \lim\limits_{x\to -3} f(x), \lim\limits_{x\to 2} f(x)$.

4. 已知函数
$$f(x) = \dfrac{\sqrt{2+x}-\sqrt{2-x}}{2x}$$
在点 $x=0$ 处无定义，试补充定义 $f(0)$ 的值，使得函数 $f(x)$ 在点 $x=0$ 处连续.

5. 设函数
$$f(x) = \begin{cases} e^{2x}, & x<0, \\ a+x, & x\geqslant 0, \end{cases}$$
求常数 $a$，使得函数 $f(x)$ 在区间 $(-\infty, +\infty)$ 上连续.

# 综合练习一

1. 选择题：

(1) 设函数 $f(x) = \begin{cases} 2, & |x|\leqslant 2, \\ 1, & |x|>2, \end{cases}$ 则 $f[f(x)] = (\qquad)$；

A. 2                                              B. 1

C. $f(x)$                                D. $f^2(x)$

(2) 设数列 $\{x_n\}$ 与 $\{y_n\}$ 满足 $\lim\limits_{n\to\infty} x_n y_n = 0$，则下列选项中正确的是 ( )；

A. 若 $\{x_n\}$ 发散,则 $\{y_n\}$ 必发散      B. 若 $\{x_n\}$ 无界,则 $\{y_n\}$ 必有界

C. 若 $\{x_n\}$ 有界,则 $\{y_n\}$ 必为无穷小    D. 若 $\left\{\dfrac{1}{x_n}\right\}$ 为无穷小,则 $\{y_n\}$ 必为无穷小

(3) 当 $x\to 0$ 时,下列无穷小中与 $x$ 不等价的是 ( )；

A. $x-10x^2$                        B. $\dfrac{\ln(1+x^2)}{x}$

C. $e^x - 2x^2 - 1$              D. $\sin(2\sin x + x^2)$

(4) 设函数 $f(x) = \dfrac{e^{\frac{1}{x}}-1}{e^{\frac{1}{x}}+1}$，则点 $x=0$ 是函数 $f(x)$ 的 ( ).

A. 可去间断点                    B. 跳跃间断点

C. 第二类间断点                 D. 连续点

2. 填空题：

(1) 设 $f(\sin x) = 1 + \cos 2x$，则函数 $f(x) = $ _____；

(2) 设函数 $f(x) = \begin{cases} 1-x^2, & x\geqslant 0, \\ (1-x)^2, & x<0, \end{cases}$ 则 $f^{-1}(-3) = $ _____；

(3) 极限 $\lim\limits_{n\to\infty}\left(\dfrac{n-2}{n+1}\right)^{2n} = $ _____；

(4) 设当 $x \to -1$ 时,$x^2+ax+5$ 与 $x+1$ 是同阶无穷小,则 $a = $ _____;

(5) 设函数 $f(x) = \begin{cases} (\cos x)^{-x^2}, & 0 < |x| < \dfrac{\pi}{2}, \\ a, & x = 0 \end{cases}$ 在点 $x = 0$ 处连续,则 $a = $ _____.

3. 设函数 $f(x)$ 的定义域是区间 $[0,1]$,求下列函数的定义域:

(1) $f(e^x)$;    (2) $f(\ln x)$;

(3) $f(\arctan x)$;    (4) $f(\cos x)$.

4. 求下列极限:

(1) $\lim\limits_{n \to \infty} \left( \dfrac{1}{n^2} + \dfrac{2}{n^2} + \cdots + \dfrac{n}{n^2} \right)$;    (2) $\lim\limits_{n \to \infty} \sqrt{n}(\sqrt{n+1} - \sqrt{n})$;

(3) $\lim\limits_{x \to \infty} \dfrac{x^2+x}{x^4-3x^2+1}$;    (4) $\lim\limits_{x \to \infty} \dfrac{x^2-6x+8}{x-5}$;

(5) $\lim\limits_{x \to \infty} \left( \dfrac{x}{1+x} \right)^x$;    (6) $\lim\limits_{x \to 0} (1-2x)^{\frac{3}{\sin x}}$;

(7) $\lim\limits_{x \to 0} \dfrac{1-\cos x^2}{x^2 \sin x^2}$;    (8) $\lim\limits_{x \to 0} \dfrac{e^{5x}-1}{x}$;

(9) $\lim\limits_{x \to 0} \dfrac{\tan x - \sin x}{\arcsin^3 x}$;    (10) $\lim\limits_{x \to +\infty} \left( e^{\frac{2}{x}} - 1 \right) x$;

(11) $\lim\limits_{x \to 1} \dfrac{\sqrt{3-x} - \sqrt{1+x}}{x^2+x-2}$;    (12) $\lim\limits_{x \to 1} \left( \dfrac{2}{x^2-1} - \dfrac{1}{x-1} \right)$.

5. 设函数
$$f(x) = \begin{cases} \dfrac{\sin 2x}{x}, & x < 0, \\ b, & x = 0, \\ 3x+2, & x > 0, \end{cases}$$
当 $b$ 为何值时,$f(x)$ 是处处连续的?

6. 讨论如下函数的连续性:
$$f(x) = \begin{cases} e^{\frac{1}{x}}, & x < 0, \\ x, & 0 \leqslant x \leqslant 2, \\ \dfrac{\sin(2x-4)}{x-2}, & x > 2. \end{cases}$$

7. 证明:方程 $x^5 - 3x - 2 = 0$ 在开区间 $(1,2)$ 内至少有一个根。

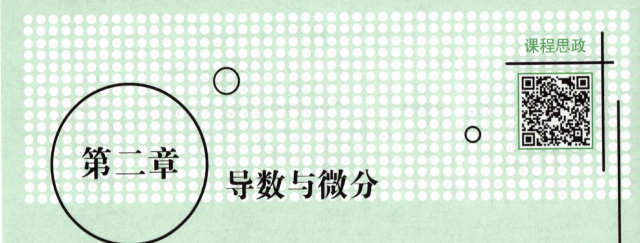

# 第二章 导数与微分

**微**分学的研究内容包括导数和微分及其应用.导数反映函数相对于自变量变化的快慢程度,微分反映当自变量有微小变化时函数大概变化多少.本章主要讨论导数和微分的概念、基本公式与求法.

## §2.1 导数的概念

### 一、导数的定义

导数的概念是牛顿在研究做变速直线运动的物体的瞬时速度和莱布尼茨(Leibniz)在研究曲线上某点处切线的斜率时引出的,故本节先介绍引出导数概念的两个问题.

**1. 瞬时速度问题**

当物体做匀速直线运动时,速度等于位移与时间的比值. 当物体做变速直线运动时,此比值只表示平均速度. 但在许多实际问题中,需知道某个时刻的速度,即所谓的瞬时速度.

设一物体做变速直线运动,它的运动直线为数轴,在物体运动过程中,对每一时刻 $t$,物体的位置可用数轴上的一个坐标 $s$ 表示,即 $s$ 与 $t$ 之间存在函数关系 $s = s(t)$.

已知在 $t_0$ 时刻物体的位置为 $s(t_0)$,当时间变量 $t$ 在 $t_0$ 时刻获得增量 $\Delta t$ 时,物体的位置函数 $s$ 相应的增量为

$$\Delta s = s(t_0 + \Delta t) - s(t_0),$$

这也就是物体在时间段 $\Delta t$ 内的位移,于是

$$\frac{\Delta s}{\Delta t} = \frac{s(t_0 + \Delta t) - s(t_0)}{\Delta t}$$

是物体在时间段 $\Delta t$ 内的平均速度,记作 $v_{平}$,即 $v_{平} = \frac{\Delta s}{\Delta t}$. 因速度是连续变化的,在时间段 $\Delta t$ 内速度变化不大时,可近似看作匀速,当 $\Delta t \to 0$ 时, $v_{平}$ 的极限即为 $t_0$ 时刻的瞬时速度,即

$$v(t_0) = \lim_{\Delta t \to 0} v_{平} = \lim_{\Delta t \to 0} \frac{\Delta s}{\Delta t} = \lim_{\Delta t \to 0} \frac{s(t_0 + \Delta t) - s(t_0)}{\Delta t}.$$

**2. 切线斜率问题**

设一曲线的方程为 $y = f(x)$, $M(x_0, y_0)$ 和 $M_1(x_0 + \Delta x, y_0 + \Delta y)$ 为该曲线上的两点(见图 2.1),过点 $M$ 和 $M_1$ 的直线称为该曲线的割线,其斜率为

$$\frac{\Delta y}{\Delta x} = \frac{f(x_0 + \Delta x) - f(x_0)}{\Delta x}.$$

当点 $M_1$ 沿曲线趋于点 $M$ 而割线趋于极限位置时,割线化为点 $M$ 处的切线,于是该点处切线的斜率为

$$\tan \alpha = \lim_{\Delta x \to 0} \frac{\Delta y}{\Delta x} = \lim_{\Delta x \to 0} \frac{f(x_0 + \Delta x) - f(x_0)}{\Delta x},$$

其中 $\alpha$ 为切线的倾角.

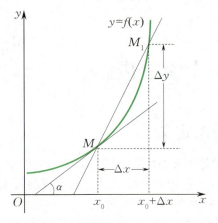

图 2.1

上面两个问题虽然是不同的具体问题,但是都归结为求函数增量与自变量增量的比值的极限(函数变化率),即

$$\lim_{\Delta x \to 0} \frac{f(x_0 + \Delta x) - f(x_0)}{\Delta x}.$$

此时,我们可以寻求一种统一的方法来处理这类函数变化率问题,从而引出导数的概念.

**定义1** 设函数 $y = f(x)$ 在点 $x_0$ 的某一邻域内有定义.当自变量 $x$ 在点 $x_0$ 处有增量 $\Delta x$(点 $x_0 + \Delta x$ 仍在该邻域内)时,相应地,函数有增量 $\Delta y = f(x_0 + \Delta x) - f(x_0)$.若 $\Delta y$ 与 $\Delta x$ 的比值当 $\Delta x \to 0$ 时极限存在,则称 $y = f(x)$ 在点 $x_0$ 处**可导**,并称此极限值为 $y = f(x)$ 在点 $x_0$ 处的**导数**,记作

$$y'\Big|_{x=x_0}, \quad \frac{\mathrm{d}y}{\mathrm{d}x}\Big|_{x=x_0}, \quad \frac{\mathrm{d}f(x)}{\mathrm{d}x}\Big|_{x=x_0} \quad \text{或} \quad f'(x_0),$$

即

$$f'(x_0) = \lim_{\Delta x \to 0} \frac{\Delta y}{\Delta x} = \lim_{\Delta x \to 0} \frac{f(x_0 + \Delta x) - f(x_0)}{\Delta x}. \tag{2.1}$$

上面讲的是函数在某一点处可导,如果函数在某一区间内每一点处都可导,即得导函数的概念.

**定义2** 若函数 $y = f(x)$ 在区间 $(a, b)$ 内每一点处都可导,则称 $y = f(x)$ 在此区间内**可导**. 这时对于任一 $x \in (a, b)$,都对应着 $f(x)$ 的一个确定的导数值,这样就构成一个新的函数,称该函数为原来函数 $y = f(x)$ 的**导函数**(简称**导数**),记作

$$y', \quad \frac{\mathrm{d}y}{\mathrm{d}x}, \quad \frac{\mathrm{d}f(x)}{\mathrm{d}x} \quad \text{或} \quad f'(x).$$

**注** (1) 在(2.1)式中,把 $x_0$ 换成 $x$,得函数的导数的计算公式

$$y' = \lim_{\Delta x \to 0} \frac{\Delta y}{\Delta x} = \lim_{\Delta x \to 0} \frac{f(x + \Delta x) - f(x)}{\Delta x};$$

(2) 函数 $f(x)$ 在点 $x_0$ 处的导数就是导函数 $f'(x)$ 在点 $x = x_0$ 处

的函数值，即
$$f'(x_0) = f'(x)\Big|_{x=x_0}.$$

## 二、求导举例

**例 1** 求函数 $y = C$（$C$ 为常数）的导数.

**解** 由导数的定义可知
$$y' = \lim_{\Delta x \to 0} \frac{\Delta y}{\Delta x} = \lim_{\Delta x \to 0} \frac{0}{\Delta x} = 0,$$
即
$$(C)' = 0.$$

**例 2** 求函数 $y = x^2$ 的导数.

**解** 由于
$$\Delta y = f(x + \Delta x) - f(x) = (x + \Delta x)^2 - x^2 = 2x\Delta x + (\Delta x)^2,$$
故由导数的定义可知
$$y' = \lim_{\Delta x \to 0} \frac{\Delta y}{\Delta x} = \lim_{\Delta x \to 0} \frac{2x\Delta x + (\Delta x)^2}{\Delta x} = \lim_{\Delta x \to 0}(2x + \Delta x) = 2x,$$
即
$$(x^2)' = 2x.$$

更一般地，对幂函数 $y = x^\mu$（$\mu$ 为常数）有
$$(x^\mu)' = \mu x^{\mu-1}.$$

例如，当 $\mu = \frac{1}{2}$ 时，$y = x^{\frac{1}{2}} = \sqrt{x}$ 的导数为
$$\left(x^{\frac{1}{2}}\right)' = \frac{1}{2}x^{\frac{1}{2}-1} = \frac{1}{2}x^{-\frac{1}{2}} = \frac{1}{2\sqrt{x}};$$

当 $\mu = -1$ 时，$y = x^{-1} = \frac{1}{x}$ 的导数为
$$(x^{-1})' = (-1)x^{-1-1} = -x^{-2} = -\frac{1}{x^2}.$$

**例 3** 求函数 $y = \sin x$ 的导数.

**解** 我们有
$$\Delta y = \sin(x + \Delta x) - \sin x = 2\sin\frac{(x+\Delta x) - x}{2}\cos\frac{(x+\Delta x) + x}{2}$$
$$= 2\sin\frac{\Delta x}{2}\cos\left(x + \frac{\Delta x}{2}\right),$$

$$\frac{\Delta y}{\Delta x} = \frac{2\sin\frac{\Delta x}{2}\cos\left(x+\frac{\Delta x}{2}\right)}{\Delta x} = \frac{\sin\frac{\Delta x}{2}}{\frac{\Delta x}{2}}\cos\left(x+\frac{\Delta x}{2}\right).$$

令 $\frac{\Delta x}{2} = t$，则当 $\Delta x \to 0$ 时，$t \to 0$. 于是

$$y' = \lim_{\Delta x \to 0}\frac{\Delta y}{\Delta x} = \lim_{t\to 0}\frac{\sin t}{t}\cos(x+t) = \cos x,$$

即

$$(\sin x)' = \cos x.$$

用类似的方法可得

$$(\cos x)' = -\sin x.$$

**例 4** 求函数 $y = \ln x$ 的导数.

**解** 我们有

$$\Delta y = \ln(x+\Delta x) - \ln x = \ln\frac{x+\Delta x}{x} = \ln\left(1+\frac{\Delta x}{x}\right),$$

$$\frac{\Delta y}{\Delta x} = \frac{1}{\Delta x}\ln\left(1+\frac{\Delta x}{x}\right) = \ln\left(1+\frac{\Delta x}{x}\right)^{\frac{1}{\Delta x}}.$$

令 $\frac{x}{\Delta x} = t$，则当 $\Delta x \to 0$ 时，$t \to \infty$. 于是

$$y' = \lim_{\Delta x \to 0}\frac{\Delta y}{\Delta x} = \lim_{\Delta x \to 0}\ln\left(1+\frac{\Delta x}{x}\right)^{\frac{1}{\Delta x}}$$
$$= \lim_{t\to\infty}\ln\left(1+\frac{1}{t}\right)^{\frac{t}{x}} = \lim_{t\to\infty}\ln\left[\left(1+\frac{1}{t}\right)^t\right]^{\frac{1}{x}}$$
$$= \frac{1}{x}\lim_{t\to\infty}\ln\left(1+\frac{1}{t}\right)^t = \frac{1}{x}\ln e = \frac{1}{x},$$

即

$$(\ln x)' = \frac{1}{x}.$$

用类似的方法可得

$$(\log_a x)' = \frac{1}{x\ln a} \quad (a \text{ 为常数且 } a>0, a\neq 1).$$

## 三、导数的几何意义

函数 $f(x)$ 在点 $x_0$ 处的导数 $f'(x_0)$ 表示曲线 $y = f(x)$ 在点 $M(x_0, y_0)$ 处切线的斜率，即

$$f'(x_0) = \tan\alpha,$$

其中 $\alpha$ 为切线的倾角.

当函数 $f(x_0)$ 在点 $x_0$ 处的导数为无穷大，即 $\tan\alpha$ 不存在时，

图 2.1 中曲线 $y=f(x)$ 的割线 $MM_1$ 以垂直于 $x$ 轴的直线为极限位置,即曲线 $y=f(x)$ 在点 $M(x_0,y_0)$ 处有垂直于 $x$ 轴的切线.

当 $f'(x_0)$ 存在时,由直线的点斜式方程可知,曲线 $y=f(x)$ 在点 $M(x_0,y_0)$ 处的切线方程为

$$y-y_0=f'(x_0)(x-x_0).$$

**定义 3** 对于曲线 $y=f(x)$,过切点 $M$ 且与切线垂直的直线称为它在点 $M$ 处的**法线**.

如果 $f'(x_0)$ 存在且 $f'(x_0)\neq 0$,则曲线 $y=f(x)$ 在点 $(x_0,y_0)$ 处的法线斜率为 $-\dfrac{1}{f'(x_0)}$,从而法线方程为

$$y-y_0=-\dfrac{1}{f'(x_0)}(x-x_0).$$

**例 5** 求双曲线 $y=\dfrac{1}{x}$ 在点 $M\left(\dfrac{1}{3},3\right)$ 处的切线斜率,并写出双曲线在该点处的切线方程与法线方程.

**解** 双曲线 $y=\dfrac{1}{x}$ 在点 $M$ 处的切线斜率为

$$k=y'\Big|_{x=\frac{1}{3}}=-\dfrac{1}{x^2}\Big|_{x=\frac{1}{3}}=-9,$$

从而所求的切线方程为

$$y-3=-9\left(x-\dfrac{1}{3}\right), \quad 即 \quad y=-9x+6,$$

法线方程为

$$y-3=\dfrac{1}{9}\left(x-\dfrac{1}{3}\right), \quad 即 \quad y=\dfrac{1}{9}x+2\dfrac{26}{27}.$$

## 四、可导的必要条件

**定理 1** 设函数 $y=f(x)$ 在点 $x_0$ 处可导,则 $y=f(x)$ 在点 $x_0$ 处连续.

**证** 在点 $x_0$ 处,当 $x$ 有增量 $\Delta x\neq 0$ 时,函数 $y=f(x)$ 的增量为 $\Delta y=\dfrac{\Delta y}{\Delta x}\Delta x$. 由 $y=f(x)$ 在点 $x_0$ 处可导即有

$$y'=\lim_{\Delta x\to 0}\dfrac{\Delta y}{\Delta x}=f'(x_0),$$

从而有

$$\lim_{\Delta x\to 0}\Delta y=\lim_{\Delta x\to 0}\dfrac{\Delta y}{\Delta x}\Delta x=\lim_{\Delta x\to 0}\dfrac{\Delta y}{\Delta x}\cdot\lim_{\Delta x\to 0}\Delta x$$
$$=f'(x_0)\cdot 0=0,$$

即 $y = f(x)$ 在点 $x_0$ 处连续.

**注** 此定理的逆定理是不成立的,即函数连续是可导的必要条件,但不是充分条件.

为了说明此问题,下面引入左、右导数的定义.

**定义 4** 当 $\Delta x \to 0^-$ 时,若 $\dfrac{\Delta y}{\Delta x}$ 的极限存在,则称此极限值为函数 $y = f(x)$ 在点 $x_0$ 处的**左导数**,记作 $f'_-(x_0)$,即

$$f'_-(x_0) = \lim_{\Delta x \to 0^-} \frac{\Delta y}{\Delta x} = \lim_{\Delta x \to 0^-} \frac{f(x_0 + \Delta x) - f(x_0)}{\Delta x}.$$

当 $\Delta x \to 0^+$ 时,若 $\dfrac{\Delta y}{\Delta x}$ 的极限存在,则称此极限值为函数 $y = f(x)$ 在点 $x_0$ 处的**右导数**,记作 $f'_+(x_0)$,即

$$f'_+(x_0) = \lim_{\Delta x \to 0^+} \frac{\Delta y}{\Delta x} = \lim_{\Delta x \to 0^+} \frac{f(x_0 + \Delta x) - f(x_0)}{\Delta x}.$$

由极限存在的充要条件可得如下定理:

**定理 2** 函数 $y = f(x)$ 在点 $x_0$ 处可导的充要条件为

$$f'_+(x_0) = f'_-(x_0).$$

证明从略.

若函数 $y = f(x)$ 在开区间 $(a,b)$ 内可导,且左导数 $f'_-(b)$ 和右导数 $f'_+(a)$ 均存在,则称该函数在闭区间 $[a,b]$ 上**可导**.

**例 6** 讨论函数

$$y = f(x) = |x| = \begin{cases} -x, & x < 0, \\ x, & x \geqslant 0 \end{cases}$$

在点 $x = 0$ 处的连续性与可导性.

**解** 函数 $y = f(x)$ 在点 $x = 0$ 处连续,这是因为

$$f(0) = 0, \quad f(0+0) = \lim_{x \to 0^+} f(x) = 0, \quad f(0-0) = \lim_{x \to 0^-} f(x) = 0.$$

但

$$f'_+(0) = \lim_{\Delta x \to 0^+} \frac{\Delta y}{\Delta x} = \lim_{\Delta x \to 0^+} \frac{|0 + \Delta x| - |0|}{\Delta x}$$

$$= \lim_{\Delta x \to 0^+} \frac{|\Delta x|}{\Delta x} = \lim_{\Delta x \to 0^+} \frac{\Delta x}{\Delta x} = 1,$$

$$f'_-(0) = \lim_{\Delta x \to 0^-} \frac{\Delta y}{\Delta x} = \lim_{\Delta x \to 0^-} \frac{|0 + \Delta x| - |0|}{\Delta x}$$

$$= \lim_{\Delta x \to 0^-} \frac{|\Delta x|}{\Delta x} = \lim_{\Delta x \to 0^-} \frac{-\Delta x}{\Delta x} = -1,$$

故 $y = f(x)$ 在点 $x = 0$ 处不可导.

**例 7** 设函数

$$y = f(x) = \begin{cases} ax+1, & x \leqslant 2, \\ x^2+b, & x > 2 \end{cases}$$

在点 $x=2$ 处可导,试确定 $a,b$ 的值.

**解** 由题设可知,函数 $y=f(x)$ 在点 $x=2$ 处必连续.因
$$f(2) = 2a+1,$$
$$f(2-0) = \lim_{x \to 2^-} f(x) = 2a+1,$$
$$f(2+0) = \lim_{x \to 2^+} f(x) = 4+b,$$

故
$$2a+1 = 4+b.$$

又已知 $y=f(x)$ 在点 $x=2$ 处可导,而
$$f'_-(2) = \lim_{\Delta x \to 0^-} \frac{\Delta y}{\Delta x} = \lim_{\Delta x \to 0^-} \frac{[a(2+\Delta x)+1]-(2a+1)}{\Delta x} = \lim_{\Delta x \to 0^-} \frac{a\Delta x}{\Delta x} = a,$$
$$f'_+(2) = \lim_{\Delta x \to 0^+} \frac{\Delta y}{\Delta x} = \lim_{\Delta x \to 0^+} \frac{[(2+\Delta x)^2+b]-(2a+1)}{\Delta x} = \lim_{\Delta x \to 0^+} \frac{4\Delta x+(\Delta x)^2}{\Delta x}$$
$$= \lim_{\Delta x \to 0^+} (4+\Delta x) = 4,$$

故
$$a = 4, \quad b = 2a-3 = 5.$$

因此,当 $a=4, b=5$ 时,$y=f(x)$ 在点 $x=2$ 处可导.

## 习 题 2.1

1. 如果一物体的温度 $T$ 与时间 $t$ 的函数关系为 $T=T(t)$,那么该物体的温度在 $t$ 时刻的变化率是多少?

2. 按导数的定义求下列函数的导数:

(1) $y = 10x^2$,求 $\left.\dfrac{\mathrm{d}y}{\mathrm{d}x}\right|_{x=-2}$；  (2) $y = \mathrm{e}^x$,求 $\dfrac{\mathrm{d}y}{\mathrm{d}x}$.

3. 已知函数 $f(x)$ 在点 $x_0$ 处的导数为 $f'(x_0)=2$,求极限 $\lim\limits_{h \to 0} \dfrac{f(x_0+2h)-f(x_0)}{h}$.

4. 讨论下列函数在点 $x=0$ 处的连续性与可导性:

(1) $y = \begin{cases} x\sin\dfrac{1}{x}, & x \neq 0, \\ 0, & x = 0; \end{cases}$   (2) $y = \begin{cases} x^2\sin\dfrac{1}{x}, & x \neq 0, \\ 0, & x = 0. \end{cases}$

5. 求曲线 $y=\cos x$ 上点 $\left(\dfrac{\pi}{3}, \dfrac{1}{2}\right)$ 处的切线方程和法线方程.

6. 问:曲线 $y=\sqrt{x}$ 上哪一点处的切线与直线 $y=x+1$ 平行?

## §2.2 函数的求导法则

在 §2.1 中,我们利用导数的定义求出了几个基本初等函数的导数.但对于一般的初等函数,若根据定义求其导数,往往比较烦琐或困难.本节将讨论函数的求导法则,包括函数四则运算、复合函数及反函数的求导法则.借助这些求导法则,可以解决一般初等函数的求导问题.

### 一、函数四则运算的求导法则

**定理 1** 若函数 $u=u(x),v=v(x)$ 在点 $x$ 处均可导,则函数 $u\pm v=u(x)\pm v(x),uv=u(x)v(x),\dfrac{u}{v}=\dfrac{u(x)}{v(x)}(v(x)\neq 0)$ 在点 $x$ 处也可导,且有

(1) $(u\pm v)'=u'\pm v'$;

(2) $(uv)'=u'v+uv'$;

(3) $\left(\dfrac{u}{v}\right)'=\dfrac{u'v-uv'}{v^2}$.

**证** (1) 令函数 $f(x)=u(x)\pm v(x)$,因 $u(x),v(x)$ 在点 $x$ 处均可导,故

$$f'(x)=\lim_{\Delta x\to 0}\frac{f(x+\Delta x)-f(x)}{\Delta x}$$

$$=\lim_{\Delta x\to 0}\frac{[u(x+\Delta x)\pm v(x+\Delta x)]-[u(x)\pm v(x)]}{\Delta x}$$

$$=\lim_{\Delta x\to 0}\frac{[u(x+\Delta x)-u(x)]\pm[v(x+\Delta x)-v(x)]}{\Delta x}$$

$$=\lim_{\Delta x\to 0}\frac{u(x+\Delta x)-u(x)}{\Delta x}\pm\lim_{\Delta x\to 0}\frac{v(x+\Delta x)-v(x)}{\Delta x}$$

$$=u'(x)\pm v'(x),$$

即 $(u\pm v)'=u'\pm v'$.

(2) 令函数 $f(x)=u(x)v(x)$,因 $u(x),v(x)$ 在点 $x$ 处均可导,故

$$f'(x)=\lim_{\Delta x\to 0}\frac{f(x+\Delta x)-f(x)}{\Delta x}$$

$$=\lim_{\Delta x\to 0}\frac{u(x+\Delta x)v(x+\Delta x)-u(x)v(x)}{\Delta x}$$

$$=\lim_{\Delta x\to 0}\left[\frac{u(x+\Delta x)-u(x)}{\Delta x}v(x+\Delta x)+u(x)\frac{v(x+\Delta x)-v(x)}{\Delta x}\right]$$

$$=\lim_{\Delta x\to 0}\frac{u(x+\Delta x)-u(x)}{\Delta x}\cdot\lim_{\Delta x\to 0}v(x+\Delta x)$$

$$+ \lim_{\Delta x \to 0} u(x) \cdot \lim_{\Delta x \to 0} \frac{v(x+\Delta x)-v(x)}{\Delta x}$$
$$= u'(x)v(x) + u(x)v'(x),$$

即 $$(uv)' = u'v + uv'.$$

(3) 令函数 $f(x) = \dfrac{u(x)}{v(x)} (v(x) \neq 0)$，因 $u(x), v(x)$ 在点 $x$ 处均可导，故

$$f'(x) = \lim_{\Delta x \to 0} \frac{f(x+\Delta x)-f(x)}{\Delta x} = \lim_{\Delta x \to 0} \frac{\dfrac{u(x+\Delta x)}{v(x+\Delta x)} - \dfrac{u(x)}{v(x)}}{\Delta x}$$

$$= \lim_{\Delta x \to 0} \frac{u(x+\Delta x)v(x) - u(x)v(x+\Delta x)}{v(x+\Delta x)v(x)\Delta x}$$

$$= \lim_{\Delta x \to 0} \frac{[u(x+\Delta x)-u(x)]v(x) - u(x)[v(x+\Delta x)-v(x)]}{v(x+\Delta x)v(x)\Delta x}$$

$$= \lim_{\Delta x \to 0} \frac{\dfrac{u(x+\Delta x)-u(x)}{\Delta x}v(x) - u(x)\dfrac{v(x+\Delta x)-v(x)}{\Delta x}}{v(x+\Delta x)v(x)}$$

$$= \frac{u'(x)v(x) - u(x)v'(x)}{v^2(x)},$$

即 $$\left(\frac{u}{v}\right)' = \frac{u'v - uv'}{v^2}.$$

**例1** 求函数 $y = x^3 - \cos x$ 的导数.

**解** $y' = (x^3)' - (\cos x)' = 3x^2 + \sin x.$

**例2** 求函数 $y = \tan x$ 的导数.

**解** $y' = (\tan x)' = \left(\dfrac{\sin x}{\cos x}\right)' = \dfrac{(\sin x)' \cos x - \sin x (\cos x)'}{\cos^2 x}$

$$= \frac{\cos^2 x + \sin^2 x}{\cos^2 x} = \frac{1}{\cos^2 x} = \sec^2 x,$$

即 $$(\tan x)' = \sec^2 x.$$

同理可得
$$(\cot x)' = -\csc^2 x.$$

**例3** 求函数 $y = \sec x$ 的导数.

**解** $y' = (\sec x)' = \left(\dfrac{1}{\cos x}\right)' = \dfrac{-(\cos x)'}{\cos^2 x} = \dfrac{\sin x}{\cos^2 x} = \sec x \tan x,$

即 $$(\sec x)' = \sec x \tan x.$$

同理可得
$$(\csc x)' = -\csc x \cot x.$$

在定理 1 的 (2) 中,当 $v(x) = C$($C$ 为常数) 时,有
$$(Cu)' = Cu'.$$
定理 1 的 (1) 和 (2) 可推广到有限多个函数的情形. 例如,设函数 $u_1, u_2, \cdots, u_n$ 均可导,则有

(1) $(u_1 \pm u_2 \pm \cdots \pm u_n)' = u_1' \pm u_2' \pm \cdots \pm u_n'$;

(2) $(u_1 u_2 \cdots u_n)' = u_1' u_2 \cdots u_n + u_1 u_2' \cdots u_n + \cdots + u_1 u_2 \cdots u_n'.$

**例 4** 求函数 $y = \sqrt{x} \sin 2x$ 的导数.

**解** $y' = (2\sqrt{x} \sin x \cos x)' = 2[(\sqrt{x})' \sin x \cos x + \sqrt{x}(\sin x)' \cos x + \sqrt{x} \sin x (\cos x)']$

$= 2\left(\dfrac{1}{2\sqrt{x}} \sin x \cos x + \sqrt{x} \cos^2 x - \sqrt{x} \sin^2 x\right)$

$= \dfrac{1}{2\sqrt{x}} \sin 2x + 2\sqrt{x} \cos 2x.$

## 二、复合函数的求导法则

**定理 2** 设函数 $u = \varphi(x)$ 在点 $x$ 处可导,函数 $y = f(u)$ 在对应点 $u = \varphi(x)$ 处可导,则复合函数 $y = f[\varphi(x)]$ 在点 $x$ 处可导,且有
$$\dfrac{\mathrm{d}y}{\mathrm{d}x} = f'(u)\varphi'(x) \quad \text{或} \quad \dfrac{\mathrm{d}y}{\mathrm{d}x} = \dfrac{\mathrm{d}y}{\mathrm{d}u} \cdot \dfrac{\mathrm{d}u}{\mathrm{d}x}.$$

**证** 设自变量 $x$ 有增量 $\Delta x (\Delta x \neq 0)$ 时,中间变量 $u$ 相应地有增量 $\Delta u$,函数 $y$ 相应地有增量 $\Delta y$,则
$$\Delta u = \varphi(x + \Delta x) - \varphi(x), \quad \Delta y = f(u + \Delta u) - f(u).$$
下面只给出 $\Delta u \neq 0$ 时的证明. 这时有
$$\dfrac{\Delta y}{\Delta x} = \dfrac{\Delta y}{\Delta u} \cdot \dfrac{\Delta u}{\Delta x}.$$
又当 $\Delta x \to 0$ 时,有
$$\Delta u \to 0, \quad \Delta y \to 0 \quad (\text{函数 } u, y \text{ 均可导,必连续}),$$
故
$$\dfrac{\mathrm{d}y}{\mathrm{d}x} = \lim_{\Delta x \to 0} \dfrac{\Delta y}{\Delta x} = \lim_{\Delta x \to 0} \left(\dfrac{\Delta y}{\Delta u} \cdot \dfrac{\Delta u}{\Delta x}\right)$$
$$= \lim_{\Delta u \to 0} \dfrac{\Delta y}{\Delta u} \cdot \lim_{\Delta x \to 0} \dfrac{\Delta u}{\Delta x} = \dfrac{\mathrm{d}y}{\mathrm{d}u} \cdot \dfrac{\mathrm{d}u}{\mathrm{d}x}.$$

**例 5** 求函数 $y = (x^2 + 1)^{10}$ 的导数.

**解** 设 $y = u^{10}, u = x^2 + 1$,则
$$\dfrac{\mathrm{d}y}{\mathrm{d}x} = \dfrac{\mathrm{d}y}{\mathrm{d}u} \cdot \dfrac{\mathrm{d}u}{\mathrm{d}x} = 10u^9 \cdot 2x = 10(x^2 + 1)^9 \cdot 2x = 20x(x^2 + 1)^9.$$

**例 6** 求函数 $y = \ln \sin x$ 的导数.

**解** 设 $y = \ln u, u = \sin x$,则
$$\frac{\mathrm{d}y}{\mathrm{d}x} = \frac{\mathrm{d}y}{\mathrm{d}u} \cdot \frac{\mathrm{d}u}{\mathrm{d}x} = \frac{1}{u} \cos x = \frac{\cos x}{\sin x} = \cot x.$$

定理 2 也称为**链式法则**,它可以推广到有有限多个中间变量的情形. 例如,设复合函数 $y = f\{\varphi[\psi(x)]\}$,其中函数 $y = f(u), u = \varphi(v), v = \psi(x)$ 分别在点 $u, v, x$ 处可导,则复合函数 $y = f\{\varphi[\psi(x)]\}$ 在点 $x$ 处可导,且有
$$\frac{\mathrm{d}y}{\mathrm{d}x} = \frac{\mathrm{d}y}{\mathrm{d}u} \cdot \frac{\mathrm{d}u}{\mathrm{d}v} \cdot \frac{\mathrm{d}v}{\mathrm{d}x}.$$

**例 7** 求函数 $y = \sin \sqrt{x^2 - 1}$ 的导数.

**解** 函数 $y = \sin \sqrt{x^2 - 1}$ 可以看作由函数 $y = \sin u, u = \sqrt{v}, v = x^2 - 1$ 复合而成,因此
$$\frac{\mathrm{d}y}{\mathrm{d}x} = \frac{\mathrm{d}y}{\mathrm{d}u} \cdot \frac{\mathrm{d}u}{\mathrm{d}v} \cdot \frac{\mathrm{d}v}{\mathrm{d}x} = \cos u \cdot \frac{1}{2\sqrt{v}} \cdot 2x$$
$$= \frac{x \cos \sqrt{x^2 - 1}}{\sqrt{x^2 - 1}}.$$

## 三、反函数的求导法则

**定理 3** 若函数 $x = \varphi(y)$ 在某一区间内单调、可导,且 $\varphi'(y) \neq 0$,则它的反函数 $y = f(x)$ 在对应的区间内也单调、可导,且
$$f'(x) = \frac{1}{\varphi'(y)}.$$

**证** 当 $x$ 有增量 $\Delta x (\Delta x \neq 0)$ 时,由 $y = f(x)$ 的单调性可知
$$\Delta y = f(x + \Delta x) - f(x) \neq 0,$$
于是有
$$\frac{\Delta y}{\Delta x} = \frac{1}{\frac{\Delta x}{\Delta y}}.$$

而 $y = f(x)$ 连续,故当 $\Delta x \to 0$ 时,有 $\Delta y \to 0$. 又 $x = \varphi(y)$ 在点 $y$ 处可导,且
$$\lim_{\Delta y \to 0} \frac{\Delta x}{\Delta y} \neq 0,$$
故

$$f'(x) = \lim_{\Delta x \to 0} \frac{\Delta y}{\Delta x} = \lim_{\Delta y \to 0} \frac{1}{\frac{\Delta x}{\Delta y}} = \frac{1}{\varphi'(y)}.$$

**例 8** 求函数 $y = a^x$ ($a$ 为常数且 $a > 0, a \neq 1$) 的导数.

**解** 因函数 $y = a^x$ 是函数 $x = \log_a y$ 在区间 $(0, +\infty)$ 上的反函数,而函数 $x = \log_a y$ 在区间 $(0, +\infty)$ 上单调、可导,且

$$(\log_a y)' = \frac{1}{y \ln a} \neq 0,$$

故函数 $y = a^x$ 在对应的区间 $(-\infty, +\infty)$ 上单调、可导,且

$$\frac{dy}{dx} = (a^x)' = \frac{1}{\frac{dx}{dy}} = y \ln a = a^x \ln a.$$

特别地,当 $a = e$ 时,有

$$(e^x)' = e^x.$$

**例 9** 求函数 $y = \arcsin x$ 的导数.

**解** 因函数 $y = \arcsin x$ 是函数 $x = \sin y$ 在区间 $\left(-\frac{\pi}{2}, \frac{\pi}{2}\right)$ 上的反函数,而函数 $x = \sin y$ 在区间 $\left(-\frac{\pi}{2}, \frac{\pi}{2}\right)$ 内单调、可导,且

$$(\sin y)' = \cos y > 0,$$

故函数 $y = \arcsin x$ 在对应的区间 $(-1, 1)$ 内单调、可导,且

$$\frac{dy}{dx} = (\arcsin x)' = \frac{1}{\frac{dx}{dy}} = \frac{1}{\cos y} = \frac{1}{\sqrt{1-x^2}}.$$

同理可得

$$(\arccos x)' = -\frac{1}{\sqrt{1-x^2}}.$$

**例 10** 求函数 $y = \arctan x$ 的导数.

**解** 因函数 $y = \arctan x$ 是函数 $x = \tan y$ 在区间 $\left(-\frac{\pi}{2}, \frac{\pi}{2}\right)$ 上的反函数,而函数 $x = \tan y$ 在区间 $\left(-\frac{\pi}{2}, \frac{\pi}{2}\right)$ 内单调、可导,且

$$(\tan y)' = \sec^2 y > 0,$$

故函数 $y = \arctan x$ 在对应的区间 $(-\infty, +\infty)$ 上单调、可导,且

$$\frac{dy}{dx} = (\arctan x)' = \frac{1}{\frac{dx}{dy}} = \frac{1}{\sec^2 y} = \frac{1}{1+\tan^2 y} = \frac{1}{1+x^2}.$$

同理可得

$$(\text{arccot}\, x)' = -\frac{1}{1+x^2}.$$

**例 11** 求函数 $y = \arctan \dfrac{2}{x}$ 的导数.

**解** $\dfrac{dy}{dx} = \left(\arctan \dfrac{2}{x}\right)' = \dfrac{1}{1+\left(\dfrac{2}{x}\right)^2}\left(\dfrac{2}{x}\right)'$

$= \dfrac{x^2}{x^2+4}\left(-\dfrac{2}{x^2}\right) = -\dfrac{2}{x^2+4}.$

**例 12** 求函数 $y = \arcsin \sqrt[3]{x}$ 的导数.

**解** $\dfrac{dy}{dx} = (\arcsin \sqrt[3]{x})' = \dfrac{1}{\sqrt{1-(\sqrt[3]{x})^2}}(\sqrt[3]{x})'$

$= \dfrac{1}{\sqrt{1-\sqrt[3]{x^2}}} \cdot \dfrac{1}{3}x^{-\frac{2}{3}} = \dfrac{1}{3\sqrt[3]{x^2}\sqrt{1-\sqrt[3]{x^2}}}.$

**例 13** 证明:$(x^\mu)' = \mu x^{\mu-1}$ ($\mu$ 为常数,$x > 0$).

**证** 因为 $x > 0, x^\mu = e^{\ln x^\mu} = e^{\mu \ln x}$,所以

$(x^\mu)' = (e^{\mu \ln x})' = e^{\mu \ln x}(\mu \ln x)' = \mu e^{\mu \ln x}\dfrac{1}{x} = \mu x^\mu \dfrac{1}{x} = \mu x^{\mu-1}.$

**例 14** 求双曲余弦函数 $y = \text{ch } x$ 的导数.

**解** $\dfrac{dy}{dx} = (\text{ch } x)' = \left(\dfrac{e^x + e^{-x}}{2}\right)' = \dfrac{e^x - e^{-x}}{2} = \text{sh } x.$

同理可得

$(\text{sh } x)' = \text{ch } x.$

## 四、基本求导公式和求导法则

为便于查阅,下面将常数与基本初等函数的求导公式,函数四则运算、复合函数及反函数的求导法则归纳如下:

**1. 常数与基本初等函数的求导公式**

(1) $(C)' = 0$ ($C$ 为常数);

(2) $(x^\mu)' = \mu x^{\mu-1}$ ($\mu$ 为常数);

(3) $(a^x)' = a^x \ln a$ ($a$ 为常数且 $a > 0, a \neq 1$);

(4) $(e^x)' = e^x$;

(5) $(\log_a x)' = \dfrac{1}{x \ln a}$ ($a$ 为常数且 $a > 0, a \neq 1$);

(6) $(\ln x)' = \dfrac{1}{x}$;

(7) $(\sin x)' = \cos x$;

(8) $(\cos x)' = -\sin x$;

(9) $(\tan x)' = \sec^2 x$;

(10) $(\cot x)' = -\csc^2 x$;

(11) $(\sec x)' = \sec x \tan x$;

(12) $(\csc x)' = -\csc x \cot x$;

(13) $(\arcsin x)' = \dfrac{1}{\sqrt{1-x^2}}$;

(14) $(\arccos x)' = -\dfrac{1}{\sqrt{1-x^2}}$;

(15) $(\arctan x)' = \dfrac{1}{1+x^2}$;

(16) $(\operatorname{arccot} x)' = -\dfrac{1}{1+x^2}$.

**2. 函数四则运算的求导法则**

设函数 $u=u(x), v=v(x)$ 均可导，则

(1) $(u \pm v)' = u' \pm v'$;

(2) $(Cu)' = Cu'$ （$C$ 为常数）;

(3) $(uv)' = u'v + uv'$;

(4) $\left(\dfrac{u}{v}\right)' = \dfrac{u'v - uv'}{v^2}$ $(v \neq 0)$.

**3. 复合函数的求导法则（链式法则）**

(1) $\dfrac{dy}{dx} = \dfrac{dy}{du} \cdot \dfrac{du}{dx} = f'(u)\varphi'(x)$，其中 $y=f(u), u=\varphi(x)$ 均可导；

(2) $\dfrac{dy}{dx} = \dfrac{dy}{du} \cdot \dfrac{du}{dv} \cdot \dfrac{dv}{dx} = f'(u)\varphi'(v)\psi'(x)$，其中 $y=f(u), u=\varphi(v), v=\psi(x)$ 均可导.

**4. 反函数的求导法则**

$\dfrac{dy}{dx} = \dfrac{1}{\dfrac{dx}{dy}}$，即 $f'(x) = \dfrac{1}{\varphi'(y)}$，其中 $y=f(x)$ 是 $x=\varphi(y)$ 的反函数，且 $\varphi'(y) \neq 0$.

**例 15** 求函数 $y = e^{\sin^2(1-x)}$ 的导数.

**解** 设 $y = e^u, u = v^2, v = \sin w, w = 1-x$，则

$$\dfrac{dy}{dx} = (e^u)'(v^2)'(\sin w)'(1-x)' = e^u \cdot 2v \cdot \cos w \cdot (-1)$$

$$= -e^{\sin^2(1-x)} \cdot 2\sin(1-x)\cos(1-x) = -e^{\sin^2(1-x)} \sin 2(1-x).$$

也可以不设出中间变量，这时有

$$\dfrac{dy}{dx} = e^{\sin^2(1-x)} \left[\sin^2(1-x)\right]' = e^{\sin^2(1-x)} \cdot 2\sin(1-x) \cdot \left[\sin(1-x)\right]'$$

$$= e^{\sin^2(1-x)} \cdot 2\sin(1-x) \cdot \cos(1-x) \cdot (-1) = -e^{\sin^2(1-x)} \sin 2(1-x).$$

**例 16** 求函数 $y=(x+\sin^2 x)^3$ 的导数.

**解** $\dfrac{\mathrm{d}y}{\mathrm{d}x}=3(x+\sin^2 x)^2(x+\sin^2 x)'=3(x+\sin^2 x)^2[1+2\sin x\cdot(\sin x)']$
$=3(x+\sin^2 x)^2(1+\sin 2x).$

## 习 题 2.2

1. 求曲线 $y=2\sin x+x^2$ 上点 $(0,0)$ 处的切线方程与法线方程.

2. 求下列函数的导数:

(1) $y=2\sin x-2x$;　　　　　　　　(2) $y=\dfrac{3}{x}-3\ln x$;

(3) $y=x^3(3+3\sqrt{x})$;　　　　　　　(4) $y=\dfrac{x-2}{x+2}$;

(5) $y=\dfrac{\cos x}{2x^2}$;　　　　　　　　　(6) $y=2x\tan x-\sec x$.

3. 求下列函数的导数:

(1) $y=(3x+4)^3$;　　　　　　　　　(2) $y=\cot^3 3x$;

(3) $y=2a\sin^2(3\omega t+4\varphi)$ ($a,\omega,\varphi$ 为常数);　(4) $y=\sqrt{1+\sin x}$;

(5) $y=2x\mathrm{e}^{2x}+\mathrm{e}^2$;　　　　　　　　(6) $y=10^x+\ln 3$;

(7) $y=\dfrac{\arccos x}{x}$;　　　　　　　　(8) $y=10^{\sin x}$;

(9) $y=3^{\tan\frac{2}{x}}$.

4. 求下列函数在指定点处的导数:

(1) $y=\sin^2\dfrac{x}{3},y'\Big|_{x=\frac{3}{4}\pi}$;　　　　　(2) $y=1+\tan\dfrac{1}{x},y'\Big|_{x=\frac{4}{\pi}}$.

5. 求函数 $y=(3\sqrt[3]{x}+3\cos x)\log_a x$ ($a$ 为常数且 $a>0,a\neq 1$) 的导数.

6. 求函数 $y=\sqrt{x+\sqrt{x+\sqrt{x}}}$ 的导数.

7. 证明: $(\mathrm{th}\,x)'=\dfrac{1}{\mathrm{ch}^2 x}\left(\mathrm{th}\,x=\dfrac{\mathrm{sh}\,x}{\mathrm{ch}\,x},\text{称为} \textbf{双曲正切函数}\right)$.

## §2.3 高 阶 导 数

我们知道,变速直线运动的速度 $v(t)$ 是位置函数 $s(t)$ 对时间 $t$ 的

导数,即
$$v = \frac{ds}{dt} \quad \text{或} \quad v = s'.$$
而加速度 $a$ 又是速度 $v$ 对时间 $t$ 的变化率,即速度 $v$ 对时间 $t$ 的导数,亦即
$$a = \frac{dv}{dt} = \frac{d}{dt}\left(\frac{ds}{dt}\right) \quad \text{或} \quad a = (s')'.$$
$\frac{d}{dt}\left(\frac{ds}{dt}\right)$ 或 $(s')'$ 这种导数的导数叫作二阶导数,记作
$$\frac{d^2 s}{dt^2} \quad \text{或} \quad s''.$$
也就是说,变速直线运动的加速度 $a$ 就是位置函数 $s$ 对时间 $t$ 的二阶导数.

**定义 1** 函数 $y = f(x)$ 的导数 $y' = f'(x)$ 仍是 $x$ 的函数,我们把 $y' = f'(x)$ 的导数称为函数 $y = f(x)$ 的**二阶导数**,记作 $y''$ 或 $\frac{d^2 y}{dx^2}$,即
$$y'' = (y')' \quad \text{或} \quad \frac{d^2 y}{dx^2} = \frac{d}{dx}\left(\frac{dy}{dx}\right).$$

**定义 2** 函数 $y = f(x)$ 的二阶导数的导数称为**三阶导数**,三阶导数的导数称为**四阶导数**……$n-1$ 阶导数的导数称为 $n$ **阶导数**,分别记作
$$y''', y^{(4)}, \cdots, y^{(n)} \quad \text{或} \quad \frac{d^3 y}{dx^3}, \frac{d^4 y}{dx^4}, \cdots, \frac{d^n y}{dx^n}.$$
函数 $y = f(x)$ 的 $n$ 阶导数存在时称其 $n$ **阶可导**.

**定义 3** 二阶及二阶以上的导数统称为**高阶导数**. 函数 $y = f(x)$ 在点 $x_0$ 处的二阶、三阶……$n$ 阶导数分别记作
$$f''(x_0), \quad f'''(x_0), \quad \cdots, \quad f^{(n)}(x_0)$$
或
$$y''\big|_{x=x_0}, \quad y'''\big|_{x=x_0}, \quad \cdots, \quad y^{(n)}\big|_{x=x_0}.$$
相应于高阶导数,也称 $f'(x)$ 为一阶导数. 可见,求高阶导数就是多次接连地求一阶导数,因此只需应用前面学过的求导法则就能求高阶导数.

**例 1** 设函数 $s = \cos \omega t$ ($\omega$ 为常数),求 $\frac{d^2 s}{dt^2}$.

**解** $\frac{ds}{dt} = (-\sin \omega t)(\omega t)' = -\omega \sin \omega t$,

$\frac{d^2 s}{dt^2} = (-\omega \sin \omega t)' = (-\omega \cos \omega t)(\omega t)' = -\omega^2 \cos \omega t$.

**例 2** 求指数函数 $y = e^x$ 的 $n$ 阶导数.

**解** $y' = e^x$, $y'' = e^x$, $y''' = e^x$. 一般地,有

$$y^{(n)} = e^x,$$

即
$$(e^x)^{(n)} = e^x.$$

**例 3** 求幂函数 $y = x^\mu$（$\mu$ 为常数）的 $n$ 阶导数.

**解** $y' = \mu x^{\mu-1}$,

$y'' = \mu(\mu-1)x^{\mu-2}$,

……

$y^{(n)} = \mu(\mu-1)\cdots(\mu-n+1)x^{\mu-n}$,

即
$$(x^\mu)^{(n)} = \mu(\mu-1)\cdots(\mu-n+1)x^{\mu-n}.$$

当 $\mu = n$ 时,有
$$(x^n)^{(n)} = n(n-1)\cdot\cdots\cdot 2 \cdot 1 = n!, \quad (x^n)^{(n+1)} = 0.$$

**例 4** 求函数 $y = \ln(1+x)$ 的 $n$ 阶导数.

**解** $y' = \dfrac{1}{1+x} = (1+x)^{-1}$,

$y'' = (-1)(1+x)^{-2}$,

……

$y^{(n)} = (-1)^{n-1}(n-1)!(1+x)^{-n}$,

即
$$[\ln(1+x)]^{(n)} = (-1)^{n-1}(n-1)!(1+x)^{-n}.$$

**例 5** 求正弦函数 $y = \sin x$ 的 $n$ 阶导数.

**解** $y' = \cos x = \sin\left(x + \dfrac{\pi}{2}\right)$,

$y'' = \left[\sin\left(x + \dfrac{\pi}{2}\right)\right]' = \cos\left(x + \dfrac{\pi}{2}\right) = \sin\left(x + \dfrac{2\pi}{2}\right)$,

……

$y^{(n)} = \sin\left[x + \dfrac{(n-1)\pi}{2}\right]' = \cos\left[x + \dfrac{(n-1)\pi}{2}\right] = \sin\left(x + \dfrac{n\pi}{2}\right)$,

即
$$(\sin x)^{(n)} = \sin\left(x + \dfrac{n\pi}{2}\right).$$

同理可得
$$(\cos x)^{(n)} = \cos\left(x + \dfrac{n\pi}{2}\right).$$

## 习 题 2.3

1. 求下列函数的二阶导数：

(1) $y = x^3 + 8x - \cos x$；  (2) $y = e^{2x-1}$；

(3) $y = \cos^2 x \ln x$；  (4) $y = (1+x^2)\arctan x$.

2. 设函数 $f(x)$ 二阶可导，求下列函数的二阶导数：

(1) $y = f(\sin x)$；  (2) $y = \ln f(x)$.

3. 验证函数 $y = C_1 e^{3x} + C_2 e^{-4x}$ ($C_1, C_2$ 为任意常数) 满足关系式
$$y'' + y' - 12y = 0.$$

4. 求下列函数的 $n$ 阶导数：

(1) $y = \sin^2 x$；  (2) $y = \dfrac{1-x}{1+x}$；

(3) $y = x \ln x$；  (4) $y = x(x+1)(x+2)\cdots(x+n)$.

## §2.4 隐函数求导数

### 一、隐函数的导数

函数 $y = f(x)$ 表示两个变量 $y$ 与 $x$ 之间的对应关系，这种对应关系可以用各种不同的方式表达. 用式子 $y = f(x)$ 直接表示对应关系的这种函数称为**显函数**. 前面所讲的都是显函数的求导数方法.

有些函数的表达方式却不是这样的. 例如，方程 $x + y^3 - 1 = 0$ 也可以确定一个函数，因为当自变量 $x$ 在区间 $(-\infty, +\infty)$ 上取值时，因变量 $y$ 有唯一确定的值与之对应. 变量 $y$ 与 $x$ 之间的对应关系隐含在方程中.

一般地，如果变量 $y$ 与 $x$ 满足方程 $F(x, y) = 0$，当 $x$ 取某一区间的任一值时，相应地总有满足此方程的唯一确定的 $y$ 值存在，则方程 $F(x, y) = 0$ 在该区间上确定了一个函数 $y = y(x)$，称之为**隐函数**.

把一个隐函数化成显函数，叫作**隐函数显化**. 例如，从方程 $x + y^3 - 1 = 0$ 中解出 $y = \sqrt[3]{1-x}$，就是隐函数显化，即把隐函数化成显函数. 但隐函数显化有时是困难的，甚至是不可能的. 例如，方程 $y^5 + 3x^2y^2 + 5x^4 + x = 1$ 所确定的隐函数就很难化成显函数的形式.

对隐函数求导数，可用下列两种方法：

(1) 若能从方程 $F(x, y) = 0$ 中解出 $y = f(x)$，则可用前面对显

函数的求导数方法来处理. 但此方法有时用不上, 因为有些隐函数不能化为显函数.

（2）将方程 $F(x,y)=0$ 两边同时对自变量 $x$ 求导数, 计算时将 $y$ 看成 $x$ 的复合函数, 再解出 $\dfrac{\mathrm{d}y}{\mathrm{d}x}$ 的表达式.

**例 1** 求由方程 $x^2+y^3-3=0$ 所确定隐函数 $y=y(x)$ 的导数 $\dfrac{\mathrm{d}y}{\mathrm{d}x}$.

**解一** 由该方程解出显函数
$$y=\sqrt[3]{3-x^2},$$
则
$$\frac{\mathrm{d}y}{\mathrm{d}x}=\frac{1}{3}\cdot\frac{1}{\sqrt[3]{(3-x^2)^2}}(3-x^2)'=-\frac{2x}{3\sqrt[3]{(3-x^2)^2}}.$$

**解二** 该方程两边同时对 $x$ 求导数, 得
$$(x^2)'+(y^3)'-(3)'=0, \quad 即 \quad 2x+3y^2\frac{\mathrm{d}y}{\mathrm{d}x}=0,$$
从而
$$\frac{\mathrm{d}y}{\mathrm{d}x}=-\frac{2x}{3y^2}.$$

**例 2** 已知方程 $\ln\sqrt{x^2+y^2}=\arctan\dfrac{y}{x}$, 求 $\dfrac{\mathrm{d}y}{\mathrm{d}x}$.

**解** 该方程两边同时对 $x$ 求导数, 得
$$\left[\frac{1}{2}\ln(x^2+y^2)\right]'=\left(\arctan\frac{y}{x}\right)',$$
即
$$\frac{1}{2}\cdot\frac{1}{x^2+y^2}(x^2+y^2)'=\frac{1}{1+\left(\dfrac{y}{x}\right)^2}\left(\frac{y}{x}\right)',$$

$$\frac{1}{2}\cdot\frac{1}{x^2+y^2}\left(2x+2y\frac{\mathrm{d}y}{\mathrm{d}x}\right)=\frac{1}{1+\left(\dfrac{y}{x}\right)^2}\cdot\frac{x\dfrac{\mathrm{d}y}{\mathrm{d}x}-y}{x^2},$$

$$x+y\frac{\mathrm{d}y}{\mathrm{d}x}=x\frac{\mathrm{d}y}{\mathrm{d}x}-y,$$
从而
$$\frac{\mathrm{d}y}{\mathrm{d}x}=\frac{x+y}{x-y}.$$

**例 3** 求曲线 $\dfrac{x^2}{4}+\dfrac{y^2}{9}=1$ 在点 $\left(1,\dfrac{3\sqrt{3}}{2}\right)$ 处的切线方程.

**解** 该曲线的方程两边同时对 $x$ 求导数, 得
$$\left(\frac{x^2}{4}\right)'+\left(\frac{y^2}{9}\right)'=(1)',$$
即

$$\frac{x}{2} + \frac{2y}{9} \cdot \frac{dy}{dx} = 0,$$

从而

$$\frac{dy}{dx} = -\frac{9x}{4y}.$$

将 $x=1, y=\frac{3\sqrt{3}}{2}$ 代入上式,得该曲线在点 $\left(1, \frac{3\sqrt{3}}{2}\right)$ 处的切线斜率为

$$k = \frac{dy}{dx}\bigg|_{\left(1, \frac{3\sqrt{3}}{2}\right)} = -\frac{\sqrt{3}}{2}.$$

于是,所求的切线方程为

$$y - \frac{3\sqrt{3}}{2} = -\frac{\sqrt{3}}{2}(x-1),$$

即

$$\sqrt{3}x + 2y - 4\sqrt{3} = 0.$$

**例 4** 求由方程 $x - y + \cos y = 0$ 所确定隐函数 $y = y(x)$ 的二阶导数 $\frac{d^2 y}{dx^2}$.

**解** 该方程两边同时对 $x$ 求导数,得

$$1 - \frac{dy}{dx} - \sin y \cdot \frac{dy}{dx} = 0, \tag{2.2}$$

其中 $y$ 与 $\frac{dy}{dx}$ 均为 $x$ 的函数. 上式两边同时对 $x$ 求导数,得

$$-\frac{d^2 y}{dx^2} - \cos y \cdot \left(\frac{dy}{dx}\right)^2 - \sin y \cdot \frac{d^2 y}{dx^2} = 0,$$

从而

$$\frac{d^2 y}{dx^2} = \frac{-\cos y \cdot \left(\frac{dy}{dx}\right)^2}{1 + \sin y}.$$

又由(2.2)式得

$$\frac{dy}{dx} = \frac{1}{1 + \sin y},$$

故

$$\frac{d^2 y}{dx^2} = \frac{-\cos y \cdot \left(\frac{1}{1+\sin y}\right)^2}{1+\sin y} = -\frac{\cos y}{(1+\sin y)^3}.$$

## 二、对数求导法

在某些情形下,利用**对数求导法**比通常的方法简便些,即先对所给的函数 $y = f(x)$ 两边同时取对数,再按隐函数求导数的方法求出导数 $\frac{dy}{dx}$. 在最后结果 $\left(\frac{dy}{dx}\right.$ 的表达式 $\left.\right)$ 中,不允许保留 $y$,应该用相应 $x$ 的函数代入.

**例 5**  求函数 $y = \sqrt{\dfrac{(x+7)(x+8)}{(x+5)(x+6)}}$ 的导数 $\dfrac{\mathrm{d}y}{\mathrm{d}x}$.

**解**  此函数表达式两边同时取对数,得
$$\ln y = \frac{1}{2}[\ln(x+7) + \ln(x+8) - \ln(x+5) - \ln(x+6)],$$
再两边同时对 $x$ 求导数,得
$$\frac{1}{y} \cdot \frac{\mathrm{d}y}{\mathrm{d}x} = \frac{1}{2}\left(\frac{1}{x+7} + \frac{1}{x+8} - \frac{1}{x+5} - \frac{1}{x+6}\right),$$
故
$$\frac{\mathrm{d}y}{\mathrm{d}x} = \frac{1}{2}\sqrt{\frac{(x+7)(x+8)}{(x+5)(x+6)}}\left(\frac{1}{x+7} + \frac{1}{x+8} - \frac{1}{x+5} - \frac{1}{x+6}\right).$$

**注**  在例 5 中,严格地说应分为 $x < -8$, $-7 < x < -6$ 和 $x > -5$ 三种情形进行讨论,但这三种情形的结果是相同的,故习惯上略去讨论.

**例 6**  求函数 $y = x^x (x > 0)$ 的导数 $\dfrac{\mathrm{d}y}{\mathrm{d}x}$.

**解**  此函数为**幂指函数**(函数表达式中幂和指数的位置均含有自变量 $x$),其表达式两边同时取对数,得
$$\ln y = x \ln x,$$
再两边同时对 $x$ 求导数,得
$$\frac{1}{y} \cdot \frac{\mathrm{d}y}{\mathrm{d}x} = 1 \cdot \ln x + x \cdot \frac{1}{x} = \ln x + 1,$$
故
$$\frac{\mathrm{d}y}{\mathrm{d}x} = y(\ln x + 1) = x^x(\ln x + 1).$$

## 三、由参数方程所确定函数的导数

若参数方程
$$\begin{cases} x = \varphi(t), \\ y = \psi(t) \end{cases}$$
确定变量 $y$ 与 $x$ 之间的函数关系,则称此函数由该参数方程所确定.

在实际问题中,有时需要计算由参数方程所确定函数的导数. 但要从参数方程中消去参数 $t$ 可能会很困难. 因此,需要寻找一种方法,它能直接从参数方程求所确定函数的导数.

求由参数方程所确定函数的导数的方法为:设函数 $x = \varphi(t)$ 有单调、连续的反函数 $t = \varphi^{-1}(x)$,则由参数方程所确定的函数 $y = y(x)$

可看成由函数 $y = \psi(t)$ 与 $t = \varphi^{-1}(x)$ 复合而成的. 若 $x = \varphi(t), y = \psi(t)$ 均可导,且 $\varphi'(t) \neq 0$, 则有

$$\frac{\mathrm{d}y}{\mathrm{d}x} = \frac{\mathrm{d}y}{\mathrm{d}t} \cdot \frac{\mathrm{d}t}{\mathrm{d}x} = \frac{\mathrm{d}y}{\mathrm{d}t} \cdot \frac{1}{\frac{\mathrm{d}x}{\mathrm{d}t}} = \frac{\psi'(t)}{\varphi'(t)}.$$

此式就是由参数方程所确定函数的导数公式.

如果 $x = \varphi(t), y = \psi(t)$ 均二阶可导,由此可进一步推导由参数方程所确定函数的二阶导数公式. 事实上,因为

$$\frac{\mathrm{d}y}{\mathrm{d}x} = \frac{\psi'(t)}{\varphi'(t)},$$

所以

$$\frac{\mathrm{d}^2 y}{\mathrm{d}x^2} = \frac{\mathrm{d}}{\mathrm{d}x}\left(\frac{\mathrm{d}y}{\mathrm{d}x}\right) = \frac{\mathrm{d}}{\mathrm{d}x}\left[\frac{\psi'(t)}{\varphi'(t)}\right] = \frac{\mathrm{d}}{\mathrm{d}t}\left[\frac{\psi'(t)}{\varphi'(t)}\right] \cdot \frac{\mathrm{d}t}{\mathrm{d}x}$$

$$= \frac{\mathrm{d}}{\mathrm{d}t}\left[\frac{\psi'(t)}{\varphi'(t)}\right] \cdot \frac{1}{\frac{\mathrm{d}x}{\mathrm{d}t}}$$

$$= \frac{\psi''(t)\varphi'(t) - \psi'(t)\varphi''(t)}{[\varphi'(t)]^2} \cdot \frac{1}{\varphi'(t)}$$

$$= \frac{\psi''(t)\varphi'(t) - \psi'(t)\varphi''(t)}{[\varphi'(t)]^3}.$$

**例 7** 已知椭圆的参数方程为

$$\begin{cases} x = a\cos t, \\ y = b\sin t, \end{cases}$$

其中 $a, b$ 为大于零的常数,求 $\dfrac{\mathrm{d}y}{\mathrm{d}x}$ 和 $\dfrac{\mathrm{d}^2 y}{\mathrm{d}x^2}$.

**解**
$$\frac{\mathrm{d}y}{\mathrm{d}x} = \frac{\dfrac{\mathrm{d}y}{\mathrm{d}t}}{\dfrac{\mathrm{d}x}{\mathrm{d}t}} = \frac{(b\sin t)'}{(a\cos t)'} = -\frac{b\cos t}{a\sin t} = -\frac{b}{a}\cot t,$$

$$\frac{\mathrm{d}^2 y}{\mathrm{d}x^2} = \frac{\dfrac{\mathrm{d}}{\mathrm{d}t}\left(\dfrac{\mathrm{d}y}{\mathrm{d}x}\right)}{\dfrac{\mathrm{d}x}{\mathrm{d}t}} = \frac{\left(-\dfrac{b}{a}\cot t\right)'}{(a\cos t)'} = -\frac{b\csc^2 t}{a^2 \sin t} = -\frac{b}{a^2 \sin^3 t}.$$

**例 8** 设一炮弹运动轨迹的参数方程为

$$\begin{cases} x = v_1 t, \\ y = v_2 t - \dfrac{1}{2}gt^2 \end{cases} \quad (v_1, v_2 \text{ 为非零常数}),$$

其中 $g$ 为重力加速度,求该炮弹在任何 $t$ 时刻速度的大小和方向.

**解** 求速度的大小:因水平方向速度为 $\dfrac{\mathrm{d}x}{\mathrm{d}t} = v_1$,垂直方向速度为 $\dfrac{\mathrm{d}y}{\mathrm{d}t} = v_2 - gt$,故速度的大小为

$$v = \sqrt{\left(\frac{dx}{dt}\right)^2 + \left(\frac{dy}{dt}\right)^2} = \sqrt{v_1^2 + (v_2 - gt)^2}.$$

求速度的方向,即运动轨迹的切线方向:设 $\alpha$ 为切线的倾角,由导数的几何意义可知

$$\tan \alpha = \frac{dy}{dx} = \frac{\frac{dy}{dt}}{\frac{dx}{dt}} = \frac{v_2 - gt}{v_1}.$$

### 习 题 2.4

1. 求由下列方程所确定隐函数的导数 $\frac{dy}{dx}$:

(1) $y^2 - 2xy + 9 = 0$;  (2) $x^3 + y^3 - 3axy = 0$ ($a$ 为常数);

(3) $xy = e^{x+y}$;  (4) $y = 1 - xe^y$.

2. 求曲线 $x^3 + 3xy + y^3 = 5$ 在点 $(1,1)$ 处的切线方程和法线方程.

3. 用对数求导法求下列函数的导数 $\frac{dy}{dx}$:

(1) $y = x^{\sin x}$ ($x > 0$);  (2) $y = x^a + a^x + x^x$ ($a$ 为常数且 $a > 0, a \neq 1$);

(3) $y = \sqrt{\frac{(x-1)(x-2)}{(x-3)(x-4)}}$;  (4) $(\sin x)^y = (\cos y)^x$.

4. 已知参数方程 $\begin{cases} x = t - t^2, \\ y = 1 - t^2, \end{cases}$ 求 $\frac{dy}{dx}$ 和 $\frac{d^2 y}{dx^2}$.

5. 求由下列方程所确定隐函数的二阶导数 $\frac{d^2 y}{dx^2}$:

(1) $y = \sin(x + y)$;  (2) $e^y + xy = e^2$.

## §2.5 微 分

前面所讨论的函数导数,实际上表示因变量相对于自变量的变化快慢程度. 这一节将研究函数的微分. 函数的微分实际上是函数的导数与自变量增量的乘积. 对于可微函数,当自变量有微小增量时,可用微分来近似代替因变量的增量.

## 一、微分的概念

图 2.2

**例 1** 设有一正方形金属薄片,若该薄片被加热,其边长 $x_0$ 取得增量 $\Delta x$(见图 2.2),则其面积有增量
$$\Delta y = (x_0 + \Delta x)^2 - x_0^2$$
$$= 2x_0 \Delta x + (\Delta x)^2.$$

在 $\Delta y$ 中,第一项 $2x_0 \Delta x$ 是 $\Delta x$ 的线性(一次)项,即图 2.2 中的斜线部分(两个小矩形面积之和),称为 $\Delta y$ 的**线性主部**;第二项 $(\Delta x)^2$ 是 $\Delta x$ 的非线性(二次)项,即图 2.2 中右上角小正方形的面积,且当 $\Delta x \to 0$ 时,第二项 $(\Delta x)^2$ 是 $\Delta x$ 的高阶无穷小,称为 $\Delta y$ 的**次要部分**.由此可见,如果边长改变很小,即 $\Delta x$ 很小,面积的增量 $\Delta y$ 可近似地用线性主部 $2x_0 \Delta x$ 来代替.

**定义 1** 设函数 $y = f(x)$ 在某一区间内有定义.当自变量在该区间内某一点 $x_0$ 处有增量 $\Delta x$ 时,如果函数的增量
$$\Delta y = f(x_0 + \Delta x) - f(x_0)$$
可表示为
$$\Delta y = A \Delta x + o(\Delta x),$$
其中 $A$ 是不依赖于 $\Delta x$ 的常数,而 $o(\Delta x)$ 是 $\Delta x$ 当 $\Delta x \to 0$ 时的高阶无穷小,则称函数 $y = f(x)$ 在点 $x_0$ 处**可微**,并称 $A \Delta x$ 为该函数在点 $x_0$ 处的**微分**,记作 $\mathrm{d}y$,即
$$\mathrm{d}y = A \Delta x.$$

下面讨论可微的条件.

**定理 1** 函数 $y = f(x)$ 在点 $x_0$ 处可微的充要条件是该函数在点 $x_0$ 处可导.

**证　必要性** 设函数 $y = f(x)$ 在点 $x_0$ 处可微,则由可微的定义知
$$\Delta y = A \Delta x + o(\Delta x).$$
上式两边同时除以 $\Delta x$,得
$$\frac{\Delta y}{\Delta x} = A + \frac{o(\Delta x)}{\Delta x},$$
当 $\Delta x \to 0$ 时,取极限得
$$A = \lim_{\Delta x \to 0} \frac{\Delta y}{\Delta x} = f'(x_0).$$
因此,函数 $y = f(x)$ 在点 $x_0$ 处可导.

**充分性** 设函数 $y = f(x)$ 在点 $x_0$ 处可导,则由可导的定义知
$$\lim_{\Delta x \to 0} \frac{\Delta y}{\Delta x} = f'(x_0),$$

即
$$\Delta y = f'(x_0)\Delta x + \alpha \Delta x = f'(x_0)\Delta x + o(\Delta x),$$
其中 $\alpha$ 为当 $\Delta x \to 0$ 时的无穷小. 故 $\Delta y$ 可表示成两项之和:第一项为 $\Delta x$ 的线性主部 $f'(x_0)\Delta x$,第二项为 $\Delta x$ 的高阶无穷小. 因此,函数 $y = f(x)$ 在点 $x_0$ 处可微.

函数 $y = f(x)$ 在任意点 $x$ 处的微分,称为该函数的微分,记作 $\mathrm{d}y$ 或 $\mathrm{d}f(x)$,即
$$\mathrm{d}y = f'(x)\Delta x.$$
由于当函数为 $y = x$ 时,有 $\mathrm{d}y = \mathrm{d}x = \Delta x$,所以将自变量 $x$ 的增量 $\Delta x$ 称为**自变量的微分**,记作 $\mathrm{d}x$,即
$$\mathrm{d}x = \Delta x.$$
于是函数的微分
$$\mathrm{d}y = f'(x)\Delta x = f'(x)\mathrm{d}x,$$
从而
$$\frac{\mathrm{d}y}{\mathrm{d}x} = f'(x).$$

**注** 函数的微分 $\mathrm{d}y$ 与自变量的微分 $\mathrm{d}x$ 之商等于该函数的导数,故导数也称为**微商**.

**例 2** 求函数 $y = f(x) = x^3$ 当 $x = 2, \Delta x = 0.02$ 时的增量和微分.

**解** 当 $x = 2, \Delta x = 0.02$ 时,函数 $y = f(x)$ 的增量为
$$\Delta y = f(2 + 0.02) - f(2) = (2 + 0.02)^3 - 2^3$$
$$= 3 \times 2^2 \times 0.02 + 3 \times 2 \times (0.02)^2 + (0.02)^3$$
$$= 0.24 + 0.0024 + 0.000008 = 0.242408.$$
又
$$\mathrm{d}y = (x^3)'\Delta x = 3x^2 \Delta x,$$
故当 $x = 2, \Delta x = 0.02$ 时,$y = f(x)$ 的微分为
$$\mathrm{d}y \Big|_{\substack{x=2 \\ \Delta x = 0.02}} = 3x^2 \Delta x \Big|_{\substack{x=2 \\ \Delta x = 0.02}} = 3 \times 2^2 \times 0.02 = 0.24.$$

## 二、微分的几何意义

如图 2.3 所示,在曲线 $y = f(x)$ 上取一点 $M(x, y)$,再在该曲线上点 $M$ 的附近取一点 $M_1(x + \Delta x, y + \Delta y)$. 过点 $M_1$ 作平行于 $y$ 轴的直线,它与过点 $M$ 的切线交于点 $T$,与过点 $M$ 且平行于 $x$ 轴的直线交于点 $N$. 称 $\triangle MNT$ 为**微分三角形**,它的底边长为 $\Delta x$,高 $|NT|$ 为函数 $y = f(x)$ 在点 $x$ 处的微分 $\mathrm{d}y$.

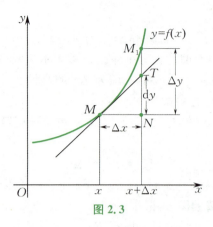

图 2.3

由此可见,函数微分 $dy$ 的几何意义就是微分三角形的高 $|NT|$. 线段 $NM_1$ 的长度为函数的增量 $\Delta y$,线段 $TM_1$ 的长度为 $\Delta y - dy$,它是次要部分 $o(\Delta x)$.

### 三、微分公式

由公式 $dy = f'(x)dx$ 知,要求函数的微分,只要求出函数的导数 $f'(x)$,再乘以 $dx$ 即可,故由前面已知的导数公式可得如下微分公式:

(1) $dC = 0$ ($C$ 为常数);

(2) $d(x^\mu) = \mu x^{\mu-1} dx$ ($\mu$ 为常数);

(3) $d(a^x) = a^x \ln a\, dx$ ($a$ 为常数且 $a > 0, a \neq 1$);

(4) $d(e^x) = e^x dx$;

(5) $d(\log_a x) = \dfrac{1}{x \ln a} dx$ ($a$ 为常数且 $a > 0, a \neq 1$);

(6) $d(\ln x) = \dfrac{1}{x} dx$;

(7) $d(\sin x) = \cos x\, dx$;

(8) $d(\cos x) = -\sin x\, dx$;

(9) $d(\tan x) = \sec^2 x\, dx$;

(10) $d(\cot x) = -\csc^2 x\, dx$;

(11) $d(\sec x) = \sec x \tan x\, dx$;

(12) $d(\csc x) = -\csc x \cot x\, dx$;

(13) $d(\arcsin x) = \dfrac{1}{\sqrt{1-x^2}} dx$;

(14) $d(\arccos x) = -\dfrac{1}{\sqrt{1-x^2}} dx$;

(15) $d(\arctan x) = \dfrac{1}{1+x^2} dx$;

(16) $d(\text{arccot}\, x) = -\dfrac{1}{1+x^2} dx$;

(17) $d(u \pm v) = du \pm dv$;

(18) $d(uv) = udv + vdu$；

(19) $d(Cu) = Cdu$ （$C$ 为常数）；

(20) $d\left(\dfrac{u}{v}\right) = \dfrac{vdu - udv}{v^2}$ （$v \neq 0$）.

## 四、微分形式不变性

设函数 $y = f(u), u = \varphi(x)$ 都可导，则复合函数 $y = f[\varphi(x)]$ 的微分为

$$dy = \frac{dy}{dx}dx = f'(u)\varphi'(x)dx.$$

而 $\varphi'(x)dx = du$，故复合函数 $y = f[\varphi(x)]$ 的微分也可写成

$$dy = f'(u)du \quad 或 \quad dy = \frac{dy}{du}du.$$

由此可见，不论 $u$ 是自变量还是中间变量，函数 $y = f(u)$ 的微分 $dy$ 总可写成 $f'(u)$ 与 $du$ 乘积的形式. 这一性质称为**微分形式不变性**.

**例 3** 设函数 $y = f(x) = e^{3x^2+3x+3}$，求 $dy$.

**解一** 因

$$y' = f'(x) = e^{3x^2+3x+3}(6x+3),$$

故

$$dy = f'(x)dx = e^{3x^2+3x+3}(6x+3)dx.$$

**解二** $dy = e^{3x^2+3x+3}d(3x^2+3x+3) = e^{3x^2+3x+3}(6x+3)dx.$

**例 4** 设函数 $y = f(x) = \ln\cos(3x+3)$，求 $dy$.

**解一** 因

$$y' = f'(x) = \frac{-\sin(3x+3)\cdot 3}{\cos(3x+3)} = -3\tan(3x+3),$$

故

$$dy = f'(x)dx = -3\tan(3x+3)dx.$$

**解二** $dy = \dfrac{1}{\cos(3x+3)}d[\cos(3x+3)] = \dfrac{-\sin(3x+3)}{\cos(3x+3)}d(3x+3)$

$= -\tan(3x+3)\cdot 3dx = -3\tan(3x+3)dx.$

## 五、微分的应用

### 1. 近似计算

由前面的内容我们容易知道，如果函数 $y = f(x)$ 在点 $x_0$ 处可导，当 $|\Delta x|$ 很小时，有近似公式

$$\Delta y \approx \mathrm{d}y.$$

因此，由近似公式可做近似计算

$$\Delta y = f(x_0 + \Delta x) - f(x_0) \approx \mathrm{d}y = f'(x_0)\Delta x,$$

故

$$f(x_0 + \Delta x) \approx f(x_0) + f'(x_0)\Delta x.$$

于是，当 $|\Delta x|$ 很小时，有

(1) 函数的微分 $\mathrm{d}y$ 可作为函数增量 $\Delta y$ 的近似值；

(2) $f(x_0)$ 加上函数的微分 $\mathrm{d}y$ 可作为 $f(x_0 + \Delta x)$ 的近似值.

**例 5** 设一球的半径从 20 cm 增加到 20.1 cm，利用微分近似计算该球的体积增加多少.

**解** 球的体积 $V$ 与半径 $r$ 的函数关系为 $V = \dfrac{4}{3}\pi r^3$，则

$$\mathrm{d}V = \frac{\mathrm{d}V}{\mathrm{d}r}\mathrm{d}r = \frac{4}{3}\pi \cdot 3r^2 \mathrm{d}r = 4\pi r^2 \mathrm{d}r.$$

又根据题意，有 $r = 20$ cm, $\mathrm{d}r = \Delta r = 0.1$ cm，故

$$\Delta V \approx \mathrm{d}V = 4\pi \times 20^2 \text{ cm}^2 \times 0.1 \text{ cm} = 160\pi \text{ cm}^3,$$

即该球的体积约增加 $160\pi \text{ cm}^3$.

**例 6** 求 $\sqrt[3]{1.025}$ 的近似值.

**解** 设函数 $f(x) = \sqrt[3]{x}$，则 $f'(x) = \dfrac{1}{3}x^{-\frac{2}{3}}$，且当 $\Delta x$ 充分小时，有公式

$$f(x_0 + \Delta x) \approx f(x_0) + f'(x_0)\Delta x.$$

取 $x_0 = 1, \Delta x = 0.025$，可得

$$f(x_0) = 1, \quad f'(x_0) = \frac{1}{3}, \quad f'(x_0)\Delta x = \frac{1}{3} \times 0.025,$$

故

$$\sqrt[3]{1.025} = f(1.025) \approx 1 + \frac{1}{3} \times 0.025 \approx 1.008\,3.$$

**定理 2** 当 $|x|$ 很小时，有

(1) $f(x) \approx f(0) + f'(0)x$；

(2) $\sqrt[n]{1+x} \approx 1 + \dfrac{1}{n}x$；

(3) $\sin x \approx x$；

(4) $\tan x \approx x$；

(5) $\mathrm{e}^x \approx 1 + x$；

(6) $\ln(1+x) \approx x$.

仅以 (1),(2) 为例做证明.

**证** (1) 因

$$f(x_0 + \Delta x) \approx f(x_0) + f'(x_0)\Delta x,$$
故取 $x_0 = 0$ 便得结论成立.

（2）取函数 $f(x) = \sqrt[n]{1+x}$，则
$$f(0) = 1, \quad f'(0) = \frac{1}{n}(1+x)^{\frac{1}{n}-1}\Big|_{x=0} = \frac{1}{n}.$$
代入(1)即得结论成立.

**例 7** 求 $\sqrt{9\,999}$ 的近似值.

**解** $\sqrt{9\,999} = \sqrt{10\,000 - 1} = 100\sqrt{1 - 0.000\,1}$
$$\approx 100\left[1 + \frac{1}{2} \times (-0.000\,1)\right]$$
$$= 100 \times 0.999\,95 = 99.995.$$

**例 8** 求 $\sin 1°$ 的近似值.

**解** $\sin 1° = \sin\dfrac{\pi}{180} \approx \dfrac{\pi}{180} \approx 0.017\,453.$

### 2. 误差估计

**定义 2** 设函数 $y = f(x)$，自变量 $x$ 的值是经过测量而得到的，若测量自变量的值时产生的误差为 $\Delta x$，则计算因变量的值时产生的误差为
$$\Delta y = f(x + \Delta x) - f(x).$$
称 $|\Delta x|$ 为自变量 $x$ 的**绝对误差**，称 $|\Delta y|$ 为因变量 $y$ 的**绝对误差**；称 $\left|\dfrac{\Delta x}{x}\right|$ 为自变量 $x$ 的**相对误差**，称 $\left|\dfrac{\Delta y}{y}\right|$ 为因变量 $y$ 的**相对误差**.

当 $|\Delta x|$ 很小时，可用 $|\mathrm{d}y|$ 近似代替绝对误差 $|\Delta y|$.

**注** 相对误差表示误差量在总量中所占的比例.

**例 9** 某种机械轴的设计直径为 $1\,\mathrm{cm}$，测得车床加工出的这种机械轴的直径为 $1.01\,\mathrm{cm}$，求这种机械轴截面积的绝对误差.

**解** 记这种机械轴的直径为 $x$（单位：cm），截面积为 $S$（单位：$\mathrm{cm}^2$），则
$$S = \frac{\pi}{4}x^2,$$
故
$$\mathrm{d}S = \frac{\mathrm{d}S}{\mathrm{d}x}\mathrm{d}x = \frac{\pi x}{2}\mathrm{d}x.$$
这里 $x = 1\,\mathrm{cm}, \mathrm{d}x = 0.01\,\mathrm{cm}$，则这种机械轴截面积的绝对误差为

$$|\Delta S| \approx |dS| = \frac{\pi \times 1}{2} \times 0.01 \text{ cm}^2$$
$$\approx 0.015\ 7 \text{ cm}^2.$$

**例 10** 设一立方体的体积为 $V$,其边长为 $x$,则 $V = x^3$. 问:测量边长的相对误差不超过多少时能使该立方体实际体积的相对误差不超过 1%?

**解** 由 $V = x^3$ 得 $dV = 3x^2 dx$, $\dfrac{dV}{V} = \dfrac{3x^2}{x^3}dx = \dfrac{3}{x}dx$, 即

$$\left|\frac{\Delta V}{V}\right| \approx \left|\frac{dV}{V}\right| = 3\left|\frac{\Delta x}{x}\right|.$$

要求该立方体实际体积的相对误差不超过 1%,即要求

$$\left|\frac{\Delta V}{V}\right| \leqslant 1\% = \frac{1}{100},$$

则

$$3\left|\frac{\Delta x}{x}\right| \leqslant \frac{1}{100}, \quad \text{即} \quad \left|\frac{\Delta x}{x}\right| \leqslant \frac{1}{300}.$$

所以,测量边长的相对误差不超过 $\dfrac{1}{300}$ 时能达到要求.

## 习 题 2.5

1. 设函数 $y = x^2$,求在点 $x = 3$ 处当 $\Delta x = 0.1, 0.01$ 时的 $\Delta y$ 与 $dy$.

2. 求下列函数的微分:

(1) $y = \dfrac{1}{x^2} + \sqrt{x}$;  
(2) $y = \cos 2x$;  
(3) $y = \ln^3(1-2x)$;  
(4) $y = e^{-2x}\sin(2-x)$;  
(5) $y = \tan^3(1+3x^2)$;  
(6) $y = \arctan\dfrac{1-x}{1+x}$.

3. 在下列括号内填入适当的函数,使得等式成立:

(1) $d(\quad) = 3dx$;  
(2) $d(\quad) = 2x dx$;  
(3) $d(\quad) = \cos x dx$;  
(4) $d(\quad) = \dfrac{1}{1+x}dx$;  
(5) $d(\quad) = e^{-4x}dx$;  
(6) $d(\quad) = \dfrac{1}{\sqrt{x}}dx$.

4. 用微分求 $x$ 由 45° 变到 45°20′ 时函数 $y = \cos x$ 的增量的近似值.

5. 求下列数值的近似值:

(1) $\cos 29°$;  
(2) $\arcsin 0.500\ 2$;  
(3) $\sqrt[6]{65}$.

## 综合练习二

1. 选择题:

(1) 函数 $f(x)$ 在点 $x_0$ 处的左导数 $f'_-(x_0)$ 及右导数 $f'_+(x_0)$ 都存在且相等是 $f(x)$ 在点 $x_0$ 处可导的( )条件;

　A. 充分　　　　　　　　　　　　B. 必要
　C. 充要　　　　　　　　　　　　D. 既非充分也非必要

(2) 函数 $f(x)$ 在点 $x_0$ 处可导是 $f(x)$ 在点 $x_0$ 处可微的( )条件;

　A. 充分　　　　　　　　　　　　B. 必要
　C. 充要　　　　　　　　　　　　D. 既非充分也非必要

(3) 下列函数中,在点 $x=0$ 处可导的是( );

　A. $f(x)=x|x|$　　　　　　　　　B. $f(x)=|\sin x|$

　C. $f(x)=\begin{cases} x^2, & x\geqslant 0, \\ x, & x<0 \end{cases}$　　　D. $f(x)=\begin{cases} x\sin\dfrac{1}{x}, & x\neq 0, \\ 0, & x=0 \end{cases}$

(4) 下列命题中正确的是( );

　A. 若函数 $f(x)$ 在点 $x_0$ 处可导,函数 $g(x)$ 在点 $x_0$ 处不可导,则函数 $f(x)+g(x)$ 在点 $x_0$ 处必不可导
　B. 若函数 $f(x)$ 与函数 $g(x)$ 在点 $x_0$ 处都不可导,则函数 $f(x)+g(x)$ 在点 $x_0$ 处必不可导
　C. 若函数 $f(x)$ 在点 $x_0$ 处可导,则函数 $|f(x)|$ 在点 $x_0$ 处必可导
　D. 若函数 $|f(x)|$ 在点 $x_0$ 处可导,则函数 $f(x)$ 在点 $x_0$ 处必可导

(5) 已知函数 $\varphi(x)=\begin{cases} x^2-1, & x>2, \\ ax+b, & x\leqslant 2, \end{cases}$ 且 $\varphi'(2)$ 存在,则常数 $a,b$ 的值为( ).

　A. $a=2, b=1$　　　　　　　　　B. $a=-1, b=5$
　C. $a=4, b=-5$　　　　　　　　D. $a=3, b=-3$

2. 填空题:

(1) 函数 $f(x)$ 在点 $x_0$ 处可导是 $f(x)$ 在点 $x_0$ 处连续的_____条件, $f(x)$ 在点 $x_0$ 处连续是 $f(x)$ 在点 $x_0$ 处可导的_____条件;

(2) 设函数 $2y^3+t^3y=1$,且 $\dfrac{\mathrm{d}t}{\mathrm{d}x}=\dfrac{1}{t}$,则 $\dfrac{\mathrm{d}y}{\mathrm{d}x}=$_____;

(3) 设函数 $f(x)=\sin\dfrac{x}{2}+\cos 2x$,则 $f''(\pi)=$_____;

(4) 设函数 $y=\mathrm{e}^{-x}\cos(3-x)$,则 $\mathrm{d}y=$_____;

(5) 若函数 $f(x)$ 在点 $x=1$ 处可导且极限 $\lim\limits_{x\to 1}f(x)=\dfrac{1}{6}$,则 $f(1)=$_____.

3. 求下列函数的导数:

(1) $y=3\cos\dfrac{3}{x}$;　　　　　　　　(2) $y=\dfrac{1}{3}\tan^3 x$;

(3) $y = \sqrt{1-x^2}\arctan x$;  (4) $y = 3\arcsin(\ln 3x)$.

4. 设方程 $e^{xy} + y^2 = \cos x$ 确定 $y$ 为 $x$ 的函数，求 $\dfrac{dy}{dx}$.

5. 设函数 $y = y(x)$ 由方程 $y = 1 + xe^y$ 所确定，求 $\dfrac{d^2 y}{dx^2}$.

6. 设参数方程 $\begin{cases} x = 1 + t^2, \\ y = \cos t, \end{cases}$ 求 $\dfrac{dy}{dx}$ 和 $\dfrac{d^2 y}{dx^2}$.

7. 设函数 $f(x) = \begin{cases} \ln(1-2x), & x \leqslant 0, \\ \dfrac{\cos 2x - 1}{x}, & x > 0, \end{cases}$ 求 $f'(x)$.

8. 求曲线 $y = x\ln x$ 的平行于直线 $y = x + 2$ 的切线方程.

课程思政

# 第三章 微分中值定理与导数的应用

在第二章中,我们讨论了函数的导数与微分概念,以及求导数和微分的方法.本章将在研究微分中值定理的基础上,讨论导数的应用,包括洛必达(L'Hospital)法则(求极限的一种方法),函数的单调性,函数的极值与最值,曲线的凹凸性、拐点与曲率,以及函数的图形等.

## §3.1 微分中值定理

要利用导数来研究函数的性质,首先要了解导数与函数值之间的联系.反映这些联系的是微分学中的几个中值定理(统称为**微分中值定理**),这些定理有明显的直观几何解释,且相互之间有着内在的联系.

### 一、罗尔中值定理

先观察一个几何现象.如图 3.1 所示,设曲线弧 $\overset{\frown}{AB}$ 是函数 $y = f(x)$ 在闭区间 $[a,b]$ 上的图形,且两个端点 $A$ 与 $B$ 处的纵坐标相等,即 $f(a) = f(b)$.可以看出,在曲线弧 $\overset{\frown}{AB}$ 的最低点 $D$ 或最高点 $C$ 处有水平的切线.如果记点 $C$ 处的横坐标为 $\xi$,那么就有 $f'(\xi) = 0$.由这个几何现象可以归纳出一个定理,即罗尔(Rolle)中值定理.

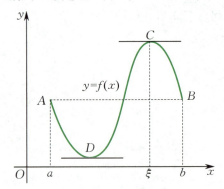

图 3.1

**罗尔中值定理** 若函数 $f(x)$ 满足条件:
(1) 在闭区间 $[a,b]$ 上连续;
(2) 在开区间 $(a,b)$ 内可导;
(3) $f(a) = f(b)$,
则在 $(a,b)$ 内至少存在一点 $\xi$,使得
$$f'(\xi) = 0.$$

**证** 由条件(1),函数 $f(x)$ 在闭区间 $[a,b]$ 上连续,故 $f(x)$ 在 $[a,b]$ 上必存在最大值 $M$ 和最小值 $m$.这时有两种情形:

(1) 若 $M = m$,即 $f(x) = M = m$,故在开区间 $(a,b)$ 内任意一点都可成为 $\xi$,使得 $f'(\xi) = 0$;

(2) 若 $M \neq m$,则 $m$ 和 $M$ 两个数中至少有一个不等于端点的函数值 $f(a) = f(b)$.不妨设 $M \neq f(a)$,则在开区间 $(a,b)$ 内至少存在有一点 $\xi$,使得 $f(\xi) = M$.下面证明 $f'(\xi) = 0$.

设 $\Delta x$ 为 $x$ 在点 $\xi$ 处的增量,因为 $f(\xi) = M$,所以总有
$$f(\xi + \Delta x) - f(\xi) \leqslant 0.$$
当 $\Delta x > 0$ 时,$\dfrac{f(\xi + \Delta x) - f(\xi)}{\Delta x} \leqslant 0$,根据函数极限局部保号性的推论,有
$$f'_+(\xi) = \lim_{\Delta x \to 0^+} \frac{f(\xi + \Delta x) - f(\xi)}{\Delta x} \leqslant 0;$$
当 $\Delta x < 0$ 时,$\dfrac{f(\xi + \Delta x) - f(\xi)}{\Delta x} \geqslant 0$,同理可得
$$f'_-(\xi) = \lim_{\Delta x \to 0^-} \frac{f(\xi + \Delta x) - f(\xi)}{\Delta x} \geqslant 0.$$
又 $f'(\xi)$ 存在,即 $f'_-(\xi) = f'_+(\xi)$,故
$$f'(\xi) = 0.$$

罗尔中值定理的几何意义是:若连续曲线 $y = f(x)$ 上的一段弧 $\overset{\frown}{AB}$ 除端点外处处有不垂直于 $x$ 轴的切线,且两端点的纵坐标相等,则在此曲线弧上至少存在一点 $C$(横坐标为 $\xi$),使得该曲线弧在点 $C$ 处的切线平行于 $x$ 轴.

**例1** 设函数
$$f(x) = x^2 - 2x + 1,$$
检验该函数在闭区间 $[-1, 3]$ 上是否满足罗尔中值定理的条件,若满足,求出 $\xi$,使得 $f'(\xi) = 0$.

**解** (1) $f(x)$ 是初等函数,在其定义区间 $(-\infty, +\infty)$ 上连续,故在闭区间 $[-1, 3]$ 上连续;
(2) $f'(x) = 2x - 2$ 在开区间 $(-1, 3)$ 内存在,故 $f(x)$ 在 $(-1, 3)$ 内可导;
(3) $f(-1) = 4, f(3) = 4$.
因此,$f(x)$ 在 $[-1, 3]$ 上满足罗尔中值定理的条件. 由 $f'(\xi) = 2\xi - 2 = 0$,解得 $\xi = 1$,即在 $(-1, 3)$ 内存在一点 $\xi = 1$,使得 $f'(\xi) = 0$.

## 二、拉格朗日中值定理

由罗尔中值定理的几何意义可以看出,由于 $f(a) = f(b)$,则弦 $\overline{AB}$ 平行于 $x$ 轴,因此在点 $C$ 处的切线平行于弦 $\overline{AB}$. 若连续函数 $y = f(x)$ 在闭区间 $[a, b]$ 上虽不满足条件 $f(a) = f(b)$,但在 $[a, b]$ 上对应的曲线弧 $\overset{\frown}{AB}$ 除端点外处处有不垂直于 $x$ 轴的切线,那么曲线弧 $\overset{\frown}{AB}$ 上是否存在一点 $C$,使得点 $C$ 处的切线也平行于弦 $\overline{AB}$?从几何上看,这样的点 $C$ 显然是存在的(见图 3.2). 下面的拉格朗日 (Lagrange) 中值定理证实了点 $C$ 的存在性.

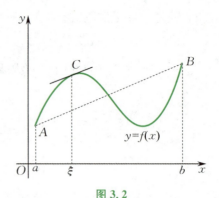

**图 3.2**

**拉格朗日中值定理**　若函数 $y=f(x)$ 满足条件：

(1) 在闭区间 $[a,b]$ 上连续；

(2) 在开区间 $(a,b)$ 内可导，

则在 $(a,b)$ 内至少存在一点 $\xi$，使得

$$f'(\xi)=\frac{f(b)-f(a)}{b-a},\tag{3.1}$$

即

$$f(b)-f(a)=f'(\xi)(b-a).$$

**证**　作辅助函数

$$\varphi(x)=f(x)-f(a)-\frac{f(b)-f(a)}{b-a}(x-a).$$

显然，$\varphi(x)$ 在闭区间 $[a,b]$ 上连续，在开区间 $(a,b)$ 内可导，又 $\varphi(a)=\varphi(b)=0$，故 $\varphi(x)$ 在 $[a,b]$ 上满足罗尔中值定理的条件. 于是，在 $(a,b)$ 内至少存在一点 $\xi$，使得 $\varphi'(\xi)=0.$ 而

$$\varphi'(x)=f'(x)-\frac{f(b)-f(a)}{b-a},$$

即

$$f'(\xi)=\frac{f(b)-f(a)}{b-a}.$$

**注**　设曲线弧 $\overset{\frown}{AB}$ 为函数 $y=f(x)$ 在闭区间 $[a,b]$ 上的图形. 在几何上，辅助函数 $\varphi(x)$ 表示曲线弧 $\overset{\frown}{AB}$ 上点的纵坐标 $f(x)$ 与弦 $\overline{AB}$ 上点的纵坐标 $f(a)+\dfrac{f(b)-f(a)}{b-a}(x-a)$ 之差.

拉格朗日中值定理的几何意义是：若连续曲线 $y=f(x)$ 上的一段弧 $\overset{\frown}{AB}$ 上除端点 $A(a,f(a))$，$B(b,f(b))$ 外，处处有不垂直于 $x$ 轴的切线，则在曲线弧 $\overset{\frown}{AB}$ 上至少存在一点 $C$（横坐标为 $\xi$），使得该曲线弧在点 $C$ 处的切线平行于弦 $\overline{AB}\left(\text{弦}\,\overline{AB}\,\text{的斜率等于}\,\dfrac{f(b)-f(a)}{b-a}\right).$

**例 2** 证明:当 $x > 0$ 时,$\dfrac{x}{1+x} < \ln(1+x) < x$.

**证** 设函数 $f(x) = \ln(1+x)$,显然 $f(x)$ 在 $[0,x]$ 上满足拉格朗日中值定理的条件,即
$$f(x) - f(0) = f'(\xi)(x - 0) \quad (0 < \xi < x).$$
而 $f(0) = 0, f'(\xi) = \dfrac{1}{1+\xi}$,代入上式,得
$$\ln(1+x) = \dfrac{x}{1+\xi}.$$
又 $0 < \xi < x$,则 $\dfrac{x}{1+x} < \dfrac{x}{1+\xi} < x$,故
$$\dfrac{x}{1+x} < \ln(1+x) < x.$$

由拉格朗日中值定理可推出两个重要的结论.

**推论 1** 若函数 $f(x)$ 在区间 $I$ 上的导数恒为零,则 $f(x)$ 在区间 $I$ 上为常数.

**证** 在区间 $I$ 上任取两点 $x_1, x_2 (x_1 < x_2)$,由拉格朗日中值定理得
$$f(x_2) - f(x_1) = f'(\xi)(x_2 - x_1) \quad (x_1 < \xi < x_2).$$
由假设知 $f'(\xi) = 0$,则
$$f(x_2) - f(x_1) = 0, \quad 即 \quad f(x_1) = f(x_2).$$
由 $x_1, x_2$ 的任意性有
$$f(x) = C \quad (C 为常数).$$

**推论 2** 若函数 $f(x), g(x)$ 在区间 $I$ 上均可导,且
$$f'(x) = g'(x),$$
则
$$f(x) - g(x) = C \quad (C 为常数).$$

**证** 在区间 $I$ 上任取一点 $x$,有 $f'(x) = g'(x)$,即
$$[f(x) - g(x)]' = f'(x) - g'(x) = 0.$$
根据推论 1,有
$$f(x) - g(x) = C \quad (C 为常数).$$

**例 3** 证明:当 $-1 \leqslant x \leqslant 1$ 时,有 $\arcsin x + \arccos x = \dfrac{\pi}{2}$.

**证** 设函数 $f(x) = \arcsin x + \arccos x \ (-1 \leqslant x \leqslant 1)$. 因为
$$f'(x) = \dfrac{1}{\sqrt{1-x^2}} + \left(-\dfrac{1}{\sqrt{1-x^2}}\right) = 0,$$
所以由推论 1 得 $f(x) = C(C 为常数), x \in [-1, 1]$. 又
$$f(0) = \arcsin 0 + \arccos 0 = 0 + \dfrac{\pi}{2} = \dfrac{\pi}{2},$$

得 $C = \dfrac{\pi}{2}$. 故当 $-1 \leqslant x \leqslant 1$ 时,有
$$\arcsin x + \arccos x = \dfrac{\pi}{2}.$$

拉格朗日中值定理中的(3.1)式也称为**拉格朗日中值公式**,它还有另外两种表示形式:

(1) 令 $\xi = a + \theta(b-a)\ (0 < \theta < 1)$,则 $\xi$ 在开区间 $(a,b)$ 内,从而 (3.1) 式可写成
$$f(b) - f(a) = f'[a + \theta(b-a)](b-a) \quad (0 < \theta < 1).$$

(2) 设 $x$ 为开区间 $(a,b)$ 内一点,$x + \Delta x$ 为该区间内另一点,则在闭区间 $[x, x+\Delta x]\ (\Delta x > 0)$ 或 $[x+\Delta x, x]\ (\Delta x < 0)$ 上有
$$f(x + \Delta x) - f(x) = f'(x + \theta \Delta x) \Delta x \quad (0 < \theta < 1),$$
即
$$\Delta y = f'(x + \theta \Delta x) \Delta x \quad (0 < \theta < 1). \tag{3.2}$$

我们知道,当自变量的增量 $\Delta x$ 很小时,函数的微分 $\mathrm{d}y = f'(x) \Delta x$ 可以作为函数增量 $\Delta y$ 的近似表达式 $\Delta y \approx f'(x) \Delta x$. 一般情况下,用 $\mathrm{d}y$ 近似代替 $\Delta y$ 时所产生的误差只有当 $\Delta x \to 0$ 时才趋于零. 而(3.2)式则说明,在自变量的增量 $\Delta x$ 限制在一定范围内时,$f'(x + \theta \Delta x) \Delta x$ 就是函数增量 $\Delta y$ 的精确表达式. 也就是说,(3.2)式精确地表达了函数在一个区间上的增量与函数在这个区间上某点处的导数之间的关系. 因此,拉格朗日中值定理也称为**有限增量定理**,在微积分学中有重要应用.

## 三、柯西中值定理

将拉格朗日中值定理进一步推广,可得到柯西(Cauchy)中值定理.

**柯西中值定理** 若函数 $f(x), g(x)$ 满足条件:

(1) 在闭区间 $[a,b]$ 上连续;

(2) 在开区间 $(a,b)$ 内可导;

(3) $g'(x) \neq 0$,

则在 $(a,b)$ 内至少存在一点 $\xi$,使得
$$\dfrac{f(b) - f(a)}{g(b) - g(a)} = \dfrac{f'(\xi)}{g'(\xi)}.$$

**证** 作辅助函数
$$\varphi(x) = [f(x) - f(a)] - \dfrac{f(b) - f(a)}{g(b) - g(a)}[g(x) - g(a)].$$

容易验证 $\varphi(x)$ 在 $[a,b]$ 上满足罗尔中值定理的条件,则在 $(a,b)$ 内至

少存在一点 $\xi$,使得
$$\varphi'(\xi) = f'(\xi) - \frac{f(b)-f(a)}{g(b)-g(a)} g'(\xi) = 0,$$
即
$$\frac{f(b)-f(a)}{g(b)-g(a)} = \frac{f'(\xi)}{g'(\xi)}.$$

柯西中值定理的几何意义是:若由参数方程
$$\begin{cases} X = g(x), \\ Y = f(x) \end{cases} (a \leqslant x \leqslant b)$$
所确定的连续曲线弧 $\stackrel{\frown}{AB}$ 上除端点外处处有不垂直于横轴($X$ 为横轴坐标,$Y$ 为纵轴坐标)的切线,则在曲线弧 $\stackrel{\frown}{AB}$ 上至少存在一点 $C$,使得该曲线弧在点 $C$ 处的切线平行于弦 $\overline{AB}$.

在柯西中值定理中,若设 $g(x) = x$,则
$$g(b) - g(a) = b - a,$$
$$g'(x) = 1,$$
于是
$$f(b) - f(a) = f'(\xi)(b-a).$$
这表明拉格朗日中值定理是柯西中值定理的一种特例.

## 习 题 3.1

1.(1) 验证:函数 $f(x) = \cos 2x$ 在闭区间 $\left[-\frac{\pi}{4}, \frac{\pi}{4}\right]$ 上满足罗尔中值定理;

(2) 验证:函数 $f(x) = \sqrt{x}$ 在闭区间 $[4,9]$ 上满足拉格朗日中值定理.

2.设 $f(x)$ 是定义在区间 $(-\infty, +\infty)$ 上处处可导的奇函数,证明:对于任意正数 $a$,存在 $\xi \in (-a, a)$,使得 $f(a) = af'(\xi)$.

3.设函数 $f(x) = (x-1)(x-2)(x-3)$,不用求出其导数,说明方程 $f'(x) = 0$ 有几个实根,并指出所在的区间.

4.证明下列不等式:

(1) $\frac{a-b}{a} < \ln \frac{a}{b} < \frac{a-b}{b}$  $(a > b > 0)$;

(2) $e^x > ex$  $(x > 1)$.

5.证明:方程 $x^5 + x - 1 = 0$ 只有一个正实根.

6.证明:$\arctan x + \arctan \frac{1}{x} = \frac{\pi}{2}$  $(x > 0)$.

7.若方程 $a_0 x^n + a_1 x^{n-1} + a_2 x^{n-2} + \cdots + a_{n-1} x = 0$ 有一个正实根 $x = x_0$,证明:方程 $a_0 n x^{n-1} + a_1(n-1)x^{n-2} + a_2(n-2)x^{n-3} + \cdots + a_{n-1} = 0$ 必有一个小于 $x_0$ 的正实根.

提示:令函数 $f(x) = a_0 x^n + a_1 x^{n-1} + a_2 x^{n-2} + \cdots + a_{n-1} x$,在闭区间 $[0, x_0]$ 上应用罗尔

中值定理.

8.已知函数 $f(x)$ 可导,且 $f(1)=1$.

(1) 若 $f(x)$ 满足方程 $f(x)+xf'(x)=0$,求 $f(2)$;

(2) 若 $f(x)$ 满足方程 $f(x)-xf'(x)=0$,求 $f(2)$.

## §3.2 洛必达法则

数学家简介

如果当 $x \to x_0$(或 $x \to \infty$)时,函数 $f(x), g(x)$ 均趋于零或趋于无穷大,那么极限 $\lim\limits_{\substack{x \to x_0 \\ (x \to \infty)}} \dfrac{f(x)}{g(x)}$ 可能存在,也可能不存在. 通常将这种极限称为 **未定式**,且当 $f(x), g(x)$ 均趋于零时,称为 $\dfrac{0}{0}$ 型未定式; 当 $f(x), g(x)$ 均趋于无穷大时,称为 $\dfrac{\infty}{\infty}$ 型未定式.

例如,极限 $\lim\limits_{x \to 0} \dfrac{e^x + \sin x - 1}{\ln(1+x)}$ 是 $\dfrac{0}{0}$ 型未定式,极限 $\lim\limits_{x \to +\infty} \dfrac{\ln x}{x}$ 是 $\dfrac{\infty}{\infty}$ 型未定式.

### 一、$\dfrac{0}{0}$ 型未定式

**定理 1**  若函数 $f(x), g(x)$ 满足条件:

(1) $\lim\limits_{x \to x_0} f(x) = 0, \lim\limits_{x \to x_0} g(x) = 0$;

(2) 在点 $x_0$ 的某一去心邻域内可导,且 $g'(x) \neq 0$;

(3) $\lim\limits_{x \to x_0} \dfrac{f'(x)}{g'(x)} = A$(或 $\infty$),

则

$$\lim_{x \to x_0} \dfrac{f(x)}{g(x)} = \lim_{x \to x_0} \dfrac{f'(x)}{g'(x)} = A \text{(或 } \infty\text{).}$$

**证**  因为 $\lim\limits_{x \to x_0} \dfrac{f(x)}{g(x)}$ 是否存在与 $f(x), g(x)$ 在点 $x_0$ 处的值无关,所以可设

$$f(x_0) = g(x_0) = 0.$$

于是,由定理条件知 $f(x), g(x)$ 在点 $x_0$ 的某一邻域内均连续. 若在该邻域内任取异于 $x_0$ 的一点 $x$,则在闭区间 $[x_0, x]$ 或 $[x, x_0]$ 上 $f(x), g(x)$ 满足柯西中值定理的条件,于是在开区间 $(x_0, x)$ 或 $(x, x_0)$ 内至少存在一点 $\xi$,使得

$$\dfrac{f(x)}{g(x)} = \dfrac{f(x) - f(x_0)}{g(x) - g(x_0)} = \dfrac{f'(\xi)}{g'(\xi)} \quad (\xi \text{ 介于 } x_0 \text{ 与 } x \text{ 之间}).$$

当 $x \to x_0$ 时,有 $\xi \to x_0$,故对上式两边同时取极限有
$$\lim_{x \to x_0} \frac{f(x)}{g(x)} = \lim_{\xi \to x_0} \frac{f'(\xi)}{g'(\xi)} = A \text{ (或 } \infty\text{)}.$$

定理 1 给出的这种在一定条件下通过分子与分母分别求导数再求极限来确定未定式值的方法,称为**洛必达法则**.

**例 1** 求极限 $\lim\limits_{x \to 1} \dfrac{3x^2-3}{3x^2-2x-1}$.

**解** 这是 $\dfrac{0}{0}$ 型未定式,故

$$\lim_{x \to 1} \frac{3x^2-3}{3x^2-2x-1} = \lim_{x \to 1} \frac{(3x^2-3)'}{(3x^2-2x-1)'} = \lim_{x \to 1} \frac{6x}{6x-2} = \frac{3}{2}.$$

**注** 例 1 中的 $\lim\limits_{x \to 1} \dfrac{6x}{6x-2}$ 不是未定式.

**例 2** 求极限 $\lim\limits_{x \to 0} \dfrac{e^x + \sin x - 1}{\ln(1+x)}$.

**解** 这是 $\dfrac{0}{0}$ 型未定式,故

$$\lim_{x \to 0} \frac{e^x + \sin x - 1}{\ln(1+x)} = \lim_{x \to 0} \frac{e^x + \cos x}{\dfrac{1}{1+x}} = \frac{\lim\limits_{x \to 0}(e^x + \cos x)}{\lim\limits_{x \to 0} \dfrac{1}{1+x}} = \frac{1+1}{1} = 2.$$

**例 3** 求极限 $\lim\limits_{x \to 0} \dfrac{\sin^3 2x}{x^3}$.

**解一** 这是 $\dfrac{0}{0}$ 型未定式,故

$$\lim_{x \to 0} \frac{\sin^3 2x}{x^3} = \lim_{x \to 0} \frac{3\sin^2 2x \cdot \cos 2x \cdot 2}{3x^2} = \lim_{x \to 0} 2\cos 2x \cdot \lim_{x \to 0} \frac{\sin^2 2x}{x^2}$$

$$= 2 \lim_{x \to 0} \frac{2\sin 2x \cos 2x \cdot 2}{2x} = 8 \lim_{x \to 0} \cos 2x \cdot \lim_{x \to 0} \frac{\sin 2x}{2x}$$

$$= 8.$$

**解二** $\lim\limits_{x \to 0} \dfrac{\sin^3 2x}{x^3} = \lim\limits_{x \to 0} 8 \dfrac{\sin^3 2x}{(2x)^3} = 8 \left( \lim\limits_{x \to 0} \dfrac{\sin 2x}{2x} \right)^3 = 8.$

在定理 1 中,若将 $x \to x_0$ 改为 $x \to \infty$,条件(2)改为"存在常数 $M > 0$,当 $|x| > M$ 时,$f(x)$,$g(x)$ 都可导,且 $g'(x) \neq 0$",结论亦成立. 显然,对于 $x \to x_0^+$,$x \to x_0^-$,$x \to +\infty$,$x \to -\infty$,也有相应的结论

成立.

## 二、$\dfrac{\infty}{\infty}$ 型未定式

**定理 2**　若函数 $f(x), g(x)$ 满足条件：

(1) $\lim\limits_{x \to x_0} f(x) = \infty, \lim\limits_{x \to x_0} g(x) = \infty$；

(2) 在点 $x_0$ 的某一去心邻域内可导，且 $g'(x) \neq 0$；

(3) $\lim\limits_{x \to x_0} \dfrac{f'(x)}{g'(x)} = A$（或 $\infty$），

则

$$\lim_{x \to x_0} \frac{f(x)}{g(x)} = \lim_{x \to x_0} \frac{f'(x)}{g'(x)} = A \text{（或 } \infty\text{)}.$$

证明从略.

在定理 2 中，若把 $x \to x_0$ 改为 $x \to x_0^+, x \to x_0^-, x \to \infty, x \to +\infty$ 或 $x \to -\infty$，只要将条件(2)做相应的修改，结论亦成立.

**例 4**　求极限 $\lim\limits_{x \to +\infty} \dfrac{\ln x}{x}$.

**解**　这是 $\dfrac{\infty}{\infty}$ 型未定式，故

$$\lim_{x \to +\infty} \frac{\ln x}{x} = \lim_{x \to +\infty} \frac{\dfrac{1}{x}}{1} = 0.$$

**例 5**　求极限 $\lim\limits_{x \to 0} \dfrac{\ln \sin ax}{\ln \sin bx}$.

**解**　这是 $\dfrac{\infty}{\infty}$ 型未定式，故

$$\lim_{x \to 0} \frac{\ln \sin ax}{\ln \sin bx} = \lim_{x \to 0} \frac{a\cos ax \cdot \sin bx}{b\cos bx \cdot \sin ax} = \lim_{x \to 0} \frac{a\sin bx}{b\sin ax} = \lim_{x \to 0} \frac{\cos bx}{\cos ax} = 1.$$

**例 6**　求极限 $\lim\limits_{x \to +\infty} \dfrac{x^n}{e^{\mu x}}$（$n$ 为正整数，$\mu > 0$）.

**解**　这是 $\dfrac{\infty}{\infty}$ 型未定式，故

$$\lim_{x \to +\infty} \frac{x^n}{e^{\mu x}} = \lim_{x \to +\infty} \frac{nx^{n-1}}{\mu e^{\mu x}} = \lim_{x \to +\infty} \frac{n(n-1)x^{n-2}}{\mu^2 e^{\mu x}} = \cdots = \lim_{x \to +\infty} \frac{n!}{\mu^n e^{\mu x}} = 0.$$

**注**　若 $\lim\limits_{x \to x_0} \dfrac{f'(x)}{g'(x)}$ 仍为 $\dfrac{0}{0}$ 型或 $\dfrac{\infty}{\infty}$ 型未定式，一般可继续使用洛必达法则，直到可以求出极限值为止.

**例 7** 分析下列极限可用洛必达法则求出的可能性：

(1) $\lim\limits_{x\to\infty}\dfrac{x+\sin x}{x-\sin x}$;  (2) $\lim\limits_{x\to+\infty}\dfrac{e^x-e^{-x}}{e^x+e^{-x}}$.

**解** (1) 这是 $\dfrac{\infty}{\infty}$ 型未定式，用洛必达法则得

$$\lim_{x\to\infty}\frac{x+\sin x}{x-\sin x}=\lim_{x\to\infty}\frac{1+\cos x}{1-\cos x}.$$

上式右端的极限不存在，且不是无穷大，也不是未定式，不符合洛必达法则的条件. 但原极限是存在的，即

$$\lim_{x\to\infty}\frac{x+\sin x}{x-\sin x}=\lim_{x\to\infty}\frac{1+\dfrac{\sin x}{x}}{1-\dfrac{\sin x}{x}}=\frac{1}{1}=1.$$

(2) 这是 $\dfrac{\infty}{\infty}$ 型未定式，用洛必达法则得

$$\lim_{x\to+\infty}\frac{e^x-e^{-x}}{e^x+e^{-x}}=\lim_{x\to+\infty}\frac{e^x+e^{-x}}{e^x-e^{-x}}=\lim_{x\to+\infty}\frac{e^x-e^{-x}}{e^x+e^{-x}},$$

又回到原极限，故洛必达法则不能用. 若将需求极限的分式的分子、分母同时除以 $e^x$，则有

$$\lim_{x\to+\infty}\frac{e^x-e^{-x}}{e^x+e^{-x}}=\lim_{x\to+\infty}\frac{1-e^{-2x}}{1+e^{-2x}}=\frac{1}{1}=1.$$

**注** 例 7(1) 说明，极限 $\lim\dfrac{f'(x)}{g'(x)}$ 不存在，不能断定原极限 $\lim\dfrac{f(x)}{g(x)}$ 不存在.

## 三、其他类型的未定式

除 $\dfrac{0}{0}$ 型未定式和 $\dfrac{\infty}{\infty}$ 型未定式外，还有一些其他类型的未定式，例如

$$\lim_{x\to 0^+}x\ln x,\quad \lim_{x\to\frac{\pi}{2}}(\tan x-\sec x),\quad \lim_{x\to 0^+}x^x,$$

$$\lim_{x\to 0}(1+\sin x)^{\frac{1}{x}},\quad \lim_{x\to 0^+}\left(\frac{1}{x}\right)^{\tan x}$$

依次为 $0\cdot\infty$ 型、$\infty-\infty$ 型、$0^0$ 型、$1^\infty$ 型和 $\infty^0$ 型未定式. 这些类型的未定式通常可转化为 $\dfrac{0}{0}$ 型或 $\dfrac{\infty}{\infty}$ 型未定式来计算，下面通过例子进行说明.

**例 8** 求极限 $\lim\limits_{x\to 0^+}x\ln x$.

**解** 这是 $0\cdot\infty$ 型未定式. 我们有

$$\lim_{x\to 0^+}x\ln x=\lim_{x\to 0^+}\frac{\ln x}{\dfrac{1}{x}}=\lim_{x\to 0^+}\frac{\dfrac{1}{x}}{-\dfrac{1}{x^2}}=\lim_{x\to 0^+}(-x)=0.$$

**例 9** 求极限 $\lim\limits_{x \to \frac{\pi}{2}}(\tan x - \sec x)$.

**解** 这是 $\infty - \infty$ 型未定式. 我们有

$$\lim_{x \to \frac{\pi}{2}}(\tan x - \sec x) = \lim_{x \to \frac{\pi}{2}} \frac{\sin x - 1}{\cos x} = \lim_{x \to \frac{\pi}{2}} \frac{\cos x}{-\sin x} = 0.$$

对于 $0^0$ 型、$1^\infty$ 型和 $\infty^0$ 型未定式,计算时通常将其看成 $\lim u^v$ 形式的极限,利用公式变形与指数函数的连续性,有

$$\lim u^v = \lim e^{\ln u^v} = \lim e^{v \ln u} = e^{\lim v \ln u}.$$

求出 $\lim v \ln u$ 的值之后,再将其代入上式即可.

**例 10** 求极限 $\lim\limits_{x \to 0^+} x^x$.

**解** 这是 $0^0$ 型未定式. 我们有

$$\lim_{x \to 0^+} x^x = \lim_{x \to 0^+} e^{\ln x^x} = \lim_{x \to 0^+} e^{x \ln x} = e^{\lim\limits_{x \to 0^+} x \ln x}.$$

而 $\lim\limits_{x \to 0^+} x \ln x = 0$,故

$$\lim_{x \to 0^+} x^x = e^0 = 1.$$

**例 11** 求极限 $\lim\limits_{x \to 0}(1 + \sin x)^{\frac{1}{x}}$.

**解** 这是 $1^\infty$ 型未定式. 我们有

$$\lim_{x \to 0}(1 + \sin x)^{\frac{1}{x}} = \lim_{x \to 0} e^{\ln(1+\sin x)^{\frac{1}{x}}} = \lim_{x \to 0} e^{\frac{\ln(1+\sin x)}{x}} = e^{\lim\limits_{x \to 0} \frac{\ln(1+\sin x)}{x}}.$$

而

$$\lim_{x \to 0} \frac{\ln(1+\sin x)}{x} = \lim_{x \to 0} \frac{\frac{\cos x}{1+\sin x}}{1} = 1,$$

故

$$\lim_{x \to 0}(1 + \sin x)^{\frac{1}{x}} = e^1 = e.$$

**例 12** 求极限 $\lim\limits_{x \to 0^+} \left(\frac{1}{x}\right)^{\tan x}$.

**解** 这是 $\infty^0$ 型未定式. 我们有

$$\lim_{x \to 0^+} \left(\frac{1}{x}\right)^{\tan x} = \lim_{x \to 0^+} e^{\ln\left(\frac{1}{x}\right)^{\tan x}} = \lim_{x \to 0^+} e^{\tan x \ln \frac{1}{x}} = e^{\lim\limits_{x \to 0^+} \tan x \ln \frac{1}{x}}.$$

而

$$\lim_{x \to 0^+} \tan x \ln \frac{1}{x} = \lim_{x \to 0^+} \frac{\ln \frac{1}{x}}{\cot x} = \lim_{x \to 0^+} \frac{-\ln x}{\cot x} = \lim_{x \to 0^+} \frac{-\frac{1}{x}}{-\csc^2 x}$$

$$= \lim_{x \to 0^+} \frac{\sin^2 x}{x} = \lim_{x \to 0^+} \frac{2\sin x \cos x}{1} = 0,$$

故
$$\lim_{x \to 0^+} \left(\frac{1}{x}\right)^{\tan x} = e^0 = 1.$$

## 习 题 3.2

1. 求下列极限：

(1) $\lim\limits_{x \to 0} \dfrac{\ln(1+2x)}{2x}$;

(2) $\lim\limits_{x \to \infty} \dfrac{x + \ln x}{x \ln x}$;

(3) $\lim\limits_{x \to 0} \dfrac{e^x - e^{-x}}{\tan 2x}$;

(4) $\lim\limits_{x \to +\infty} \dfrac{\ln\left(1 + \dfrac{1}{x}\right)}{\operatorname{arccot} x}$;

(5) $\lim\limits_{x \to 2} \left(\dfrac{4}{x^2 - 4} - \dfrac{1}{x - 2}\right)$;

(6) $\lim\limits_{x \to 0} \left[\dfrac{1}{\ln(1+x)} - \dfrac{1}{x}\right]$;

(7) $\lim\limits_{x \to +\infty} \left(\dfrac{\pi}{2} - \arctan x\right) x$;

(8) $\lim\limits_{x \to \pi} (\pi - x) \tan \dfrac{x}{2}$;

(9) $\lim\limits_{x \to 0^+} x^{\tan x}$;

(10) $\lim\limits_{x \to 0^+} \left(\dfrac{1}{x}\right)^{\sin x}$;

(11) $\lim\limits_{x \to 0} (1 + x)^{\cot x}$.

2. 验证极限 $\lim\limits_{x \to \infty} \dfrac{x - \sin x}{x}$ 存在，但不能用洛必达法则求出.

3. 设函数 $f(x)$ 满足 $f(0) = 0, f'(0) = 2, f''(0) = 6$，求极限 $\lim\limits_{x \to 0} \dfrac{f(x) - 2x}{x^2}$.

## §3.3 函数的单调性与曲线的凹凸性

### 一、函数的单调性及其判定

对于一般函数而言，直接用定义来判断函数的单调性比较困难. 本节利用拉格朗日中值定理，导出判断函数单调性的定理.

从导数为函数变化率的实际意义来看，若函数 $f(x)$ 的导数 $f'(x)$ 在闭区间 $[a,b]$ 上是正（或负）的，则表明该函数在 $[a,b]$ 上处处有正（或负）的增长率，即该函数在 $[a,b]$ 上必定是单调增加（或减少的. 从几何上来看,如果 $f(x)$ 在 $[a,b]$ 上连续、单调增加(或减少),那么它的图形是一条沿 $x$ 轴正向上升(或下降)的曲线(见图 3.3). 这时曲线在各点处的切线斜率 $k = \tan\alpha > 0$(或 $\tan\alpha < 0$),即 $f'(x) > 0$(或 $f'(x) < 0$). 因此,函数的单调性与其导数的符号有着密切的关系.

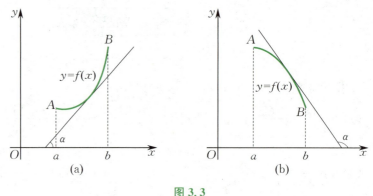

图 3.3

**定理 1** 设函数 $f(x)$ 在闭区间 $[a,b]$ 上连续,在开区间 $(a,b)$ 内可导.

(1) 如果在 $(a,b)$ 内 $f'(x) > 0$,则 $f(x)$ 在 $[a,b]$ 上单调增加;

(2) 如果在 $(a,b)$ 内 $f'(x) < 0$,则 $f(x)$ 在 $[a,b]$ 上单调减少.

**证** (1) 在 $[a,b]$ 上任取两点 $x_1, x_2 (x_1 < x_2)$,应用拉格朗日中值定理得

$$f(x_2) - f(x_1) = f'(\xi)(x_2 - x_1) \quad (x_1 < \xi < x_2).$$

由 $f'(x) > 0$,得 $f'(\xi) > 0$. 又 $x_2 - x_1 > 0$,则

$$f(x_2) > f(x_1),$$

即 $f(x)$ 在 $[a,b]$ 上单调增加.

同理可证(2).

**注** 在定理 1 中,将闭区间 $[a,b]$ 换成其他任意区间(包括无限区间)时,结论也成立.

**例 1** 讨论函数 $y = e^x - x - 1$ 的单调性.

**解** 函数 $y = e^x - x - 1$ 的定义域为区间 $(-\infty, +\infty)$,$y' = e^x - 1$. 在区间 $(-\infty, 0)$ 上,$y' < 0$;在区间 $(0, +\infty)$ 上,$y' > 0$,故该函数在区间 $(-\infty, 0]$ 上单调减少,在区间 $[0, +\infty)$ 上单调增加.

**例 2** 讨论函数 $v(x) = x(30 - 2x)^2 (0 < x < 30)$ 的单调性.

**解** $v'(x) = (30 - 2x)^2 + x \cdot 2(30 - 2x) \cdot (-2) = (30 - 2x)(30 - 6x)$
$= 12(x - 15)(x - 5) = 0.$

在区间 $(0, 30)$ 内,由 $v'(x) = 0$ 解得 $x = 5, x = 15$.

在区间$(0,5)$内有$v'(x)>0$,故函数$v(x)$在区间$[0,5]$上单调增加;在区间$(5,15)$内有$v'(x)<0$,故函数$v(x)$在区间$[5,15]$上单调减少;在区间$(15,30)$内有$v'(x)>0$,故函数$v(x)$在区间$[15,30]$上单调增加.

**例3** 讨论函数$y=\sqrt[3]{x^2}$的单调性.

**解** 函数$y=\sqrt[3]{x^2}$的定义域为区间$(-\infty,+\infty)$.由$y'=\dfrac{2}{3\sqrt[3]{x}}$知,当$x=0$时,该函数的导数不存在.点$x=0$将定义域分为两部分.

在区间$(-\infty,0)$上有$y'<0$,故该函数在$(-\infty,0]$上单调减少;在区间$(0,+\infty)$上有$y'>0$,故该函数在区间$[0,+\infty)$上单调增加.

**注** 单调性是函数在某个区间上的特征,要用导数在这一区间上的符号来判定,而不能用其中某一点处的导数符号来判定.

**例4** 证明:当$x>1$时,$\dfrac{1}{x}>3-2\sqrt{x}$.

**解** 令函数$f(x)=\dfrac{1}{x}-(3-2\sqrt{x})$,则

$$f'(x)=-\dfrac{1}{x^2}+\dfrac{1}{\sqrt{x}}=\dfrac{x\sqrt{x}-1}{x^2}.$$

当$x>1$时,有$f'(x)>0$,因此$f(x)$在区间$[1,+\infty)$上单调增加,从而$f(x)>f(1)$.又$f(1)=0$,故

$$f(x)>f(1)=0,\quad 即\quad \dfrac{1}{x}>3-2\sqrt{x}.$$

## 二、曲线的凹凸性及其判定

函数的单调性在几何上的反映是函数图形的上升与下降.在函数图形的上升与下降过程中,还有一个弯曲方向的特征,称之为函数图形的凹凸性,它是函数变化率的一种几何直观反映.

**定义1** (1)若一连续曲线弧位于该曲线弧每一点处切线的上方,则称该曲线弧为**凹**的(见图3.4);

(2)若一连续曲线弧位于该曲线弧每一点处切线的下方,则称该曲线弧为**凸**的(见图3.5).

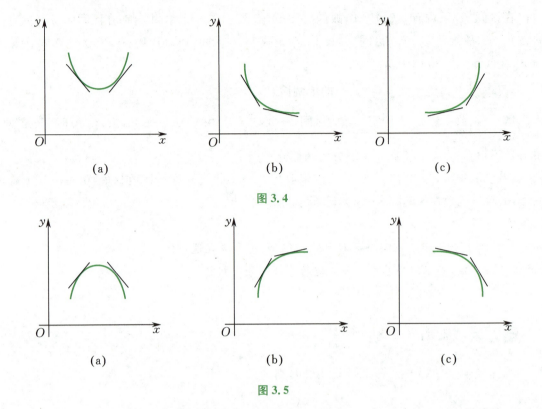

图 3.4

图 3.5

观察图 3.4 和图 3.5 可以发现，若曲线弧为凹的，则曲线弧的切线斜率沿着 $x$ 轴正向增加. 反之，若曲线弧为凸的，则曲线弧的切线斜率沿着 $x$ 轴正向减少. 若将图 3.4 和图 3.5 中的曲线弧看作某个函数 $f(x)$ 在一个区间 $I$ 上的图形，则切线斜率的增加或减少反映在函数 $f(x)$ 上就是导数 $f'(x)$ 在区间 $I$ 上单调增加或减少. 因此，可以利用函数的二阶导数来判定曲线的凹凸性.

**定理 2** 设函数 $f(x)$ 在闭区间 $[a,b]$ 上连续，在开区间 $(a,b)$ 内有二阶导数 $f''(x)$，那么

(1) 若在 $(a,b)$ 内每一点 $x$ 处都有 $f''(x) > 0$，则 $f(x)$ 的图形在 $(a,b)$ 上是凹的；

(2) 若在 $(a,b)$ 内每一点 $x$ 处都有 $f''(x) < 0$，则 $f(x)$ 的图形在 $(a,b)$ 上是凸的.

**证** (1) 因在 $(a,b)$ 内每一点 $x$ 处都有 $f''(x) > 0$，故导数 $f'(x)$ 单调增加. 取 $(a,b)$ 内任意两点 $x_1, x_2$，当 $x_1 < x_2$ 时，有
$$f'(x_1) < f'(x_2).$$
如图 3.6 所示，过点 $M_1(x_1, f(x_1))$ 作曲线 $y = f(x)$ 的切线，再过点 $M_2(x_2, f(x_2))$ 作垂直于 $x$ 轴的直线，交切线于点 $T$，记点 $T$ 的纵坐标为 $y_T$，则
$$y_T - f(x_1) = f'(x_1)(x_2 - x_1),$$
即

$$y_T = f(x_1) + f'(x_1)(x_2 - x_1).$$

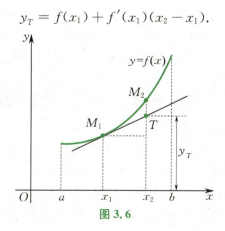

图 3.6

又由拉格朗日中值定理知,在区间 $(x_1, x_2)$ 内至少存在一点 $\xi$,使得
$$f(x_2) - f(x_1) = f'(\xi)(x_2 - x_1).$$
因 $\xi > x_1$,故
$$f(x_2) = f(x_1) + f'(\xi)(x_2 - x_1)$$
$$> f(x_1) + f'(x_1)(x_2 - x_1),$$
从而
$$f(x_2) > y_T.$$
当 $x_1 > x_2$,即 $M_2$ 在 $M_1$ 左边时,亦有上式同样的结论. 这就证明了在 $(a,b)$ 内 $f(x)$ 的图形位于每一点处切线的上方,即是凹的.

同理可证 (2).

**例 5** 讨论曲线
$$f(x) = x^3 - 3x^2 - 5x + 9$$
的凹凸性.

**解** 函数 $f(x) = x^3 - 3x^2 - 5x + 9$ 的定义域为区间 $(-\infty, +\infty)$,又
$$f'(x) = 3x^2 - 6x - 5,$$
$$f''(x) = 6x - 6 = 6(x-1).$$
令 $f''(x) = 0$,得 $x = 1$. 当 $x > 1$ 时,$f''(x) > 0$,故该曲线在区间 $(1, +\infty)$ 上是凹的;当 $x < 1$ 时,$f''(x) < 0$,故该曲线在区间 $(-\infty, 1)$ 上是凸的.

一般地,若连续曲线 $y = f(x)$ 在点 $(x_0, f(x_0))$ 两侧的凹凸性不同,则称点 $(x_0, f(x_0))$ 为曲线 $y = f(x)$ 的**拐点**.

**推论** 若函数 $f(x)$ 在点 $x_0$ 处的二阶导数 $f''(x_0)$ 存在,且点 $(x_0, f(x_0))$ 为曲线 $y = f(x)$ 的拐点,则 $f''(x_0) = 0$.

证明从略.

值得注意的是，$f''(x_0) = 0$ 是点 $(x_0, f(x_0))$ 为拐点的必要条件，而非充分条件. 例如，对于函数 $y = x^4$，有 $y'' = 12x^2$，于是当 $x = 0$ 时，$y''(0) = 0$，但是点 $(0,0)$ 不是曲线 $y = x^4$ 的拐点，因为点 $x = 0$ 两侧的二阶导数不变号.

另外，函数 $f(x)$ 的二阶导数不存在的点也可能是曲线 $y = f(x)$ 的凹凸性发生变化的分界点. 例如函数 $y = \sqrt[3]{x}$，$y''(0)$ 不存在，但点 $(0,0)$ 是曲线 $y = \sqrt[3]{x}$ 的凹凸性的分界点. 因此，如果函数 $f(x)$ 在点 $x_0$ 的某一邻域内连续，但在点 $x_0$ 处的二阶导数等于零或不存在，而在点 $x_0$ 两侧的二阶导数存在且符号相反，则点 $(x_0, f(x_0))$ 是曲线 $y = f(x)$ 的拐点；如果在点 $x_0$ 两侧二阶导数的符号相同，则点 $(x_0, f(x_0))$ 不是拐点.

综上所述，判定曲线 $y = f(x)$ 的凹凸性和求出拐点的步骤归纳如下：

(1) 确定函数 $f(x)$ 的定义域；

(2) 求出二阶导数 $f''(x)$ 为零的点和不存在的点；

(3) 用上面这些点将函数 $f(x)$ 的定义域分成若干小区间，根据 $f''(x)$ 在各小区间的符号，确定曲线 $y = f(x)$ 的凹凸性，并求出拐点.

**例 6** 讨论曲线 $y = x^4 - 2x^3 + 1$ 的凹凸性，并求出拐点.

**解** 设函数 $f(x) = x^4 - 2x^3 + 1$，其定义域为区间 $(-\infty, +\infty)$，又有
$$f'(x) = 4x^3 - 6x^2, \quad f''(x) = 12x^2 - 12x = 12x(x-1).$$
令 $f''(x) = 0$，解得 $x = 0$ 和 $x = 1$. 它们将定义域分成三个小区间，列表 3.1 讨论.

表 3.1

| $x$ | $(-\infty, 0)$ | 0 | $(0,1)$ | 1 | $(1, +\infty)$ |
|---|---|---|---|---|---|
| $f''(x)$ | + | 0 | − | 0 | + |
| $y = f(x)$ | 凹 | $(0,1)$ | 凸 | $(1,0)$ | 凹 |

由表 3.1 可见，曲线 $y = f(x) = x^4 - 2x^3 + 1$ 在区间 $(-\infty, 0)$ 和 $(1, +\infty)$ 上为凹的，在区间 $(0,1)$ 内为凸的，拐点为 $(0,1)$ 和 $(1,0)$.

## 三、曲线凹凸性的等价定义

可以证明，下面曲线凹凸性的定义与定义 1 是等价的.

**定义 2** 设函数 $f(x)$ 在区间 $I$ 上连续. 若对于任意 $x_1, x_2 \in I$，均有

$$f\left(\frac{x_1+x_2}{2}\right) < \frac{f(x_1)+f(x_2)}{2}$$

$$\left(\text{或 } f\left(\frac{x_1+x_2}{2}\right) > \frac{f(x_1)+f(x_2)}{2}\right),$$

则称曲线 $y=f(x)$ 在区间 $I$ 上为凹(或凸)的,如图 3.7 所示.

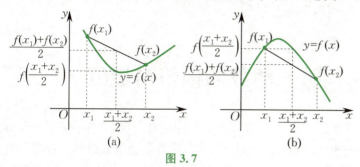

图 3.7

应用定义 2 和定理 2,可以证明一些不等式.

**例 7** 证明: $\frac{1}{2}(x^n+y^n) > \left(\frac{x+y}{2}\right)^n$,其中 $x,y>0, x\neq y, n>1$.

**证** 设函数 $f(t)=t^n, t>0$. 由 $f''(t)=n(n-1)t^{n-2}>0$,则 $f(t)=t^n$ 的图形在区间 $(0,+\infty)$ 上为凹的. 故当 $x,y>0$ 时,有

$$f\left(\frac{x+y}{2}\right) < \frac{f(x)+f(y)}{2},$$

即

$$\frac{1}{2}(x^n+y^n) > \left(\frac{x+y}{2}\right)^n.$$

## 习 题 3.3

1. 讨论下列函数的单调性:

   (1) $y=2x^3+3x^2-12x+1$;

   (2) $y=x-e^x$;

   (3) $y=x-\ln x$;

   (4) $y=\dfrac{10}{3x^2+3x}$.

2. 利用函数的单调性证明下列不等式:

   (1) 当 $x>0$ 时, $x+2>2\sqrt{x+1}$;

   (2) 当 $x>0$ 时, $x>\ln(x+1)>x-\dfrac{1}{2}x^2$.

3. 讨论下列曲线的凹凸性,并求出拐点:

   (1) $y=x^3-9x^2+3x-40$;

(2) $y = x + x^{\frac{5}{3}}$;

(3) $y = xe^{-x}$.

4. 利用曲线的凹凸性证明不等式:
$$e^{\frac{x+y}{2}} \leqslant \frac{1}{2}(e^x + e^y) \quad (x, y \in \mathbf{R}).$$

## §3.4 函数的极值与最值

在实际生产中,常常需要讨论最优化问题,即在一定条件下,如何使产量最大、用料最省、成本最低、配方最合理和效率最高等问题. 这些问题可归结为求某一函数(通常称为**目标函数**)的最大值或最小值(最大值和最小值统称为**最值**). 一般函数的最值可以利用极值来讨论,为此先介绍函数极值的概念及其求法.

### 一、函数的极值

**定义** 设函数 $f(x)$ 在区间 $(a,b)$ 内有定义,$x_0 \in (a,b)$.

(1) 如果存在点 $x_0$ 的某一邻域,使得对此邻域内的任一点 $x$ $(x \neq x_0)$,总有
$$f(x) < f(x_0),$$
则称 $f(x_0)$ 为函数 $f(x)$ 的**极大值**,并称点 $x_0$ 为函数 $f(x)$ 的**极大值点**;

(2) 如果存在点 $x_0$ 的某一邻域,使得对此邻域内的任一点 $x$ $(x \neq x_0)$,总有
$$f(x) > f(x_0),$$
则称 $f(x_0)$ 为函数 $f(x)$ 的**极小值**,并称点 $x_0$ 为函数 $f(x)$ 的**极小值点**.

函数的极大值与极小值统称为**极值**,极大值点与极小值点统称为**极值点**.

设函数 $f(x)$ 的图形如图 3.8 所示. 可见,在点 $x_1$ 与 $x_4$ 处有极大值 $f(x_1)$ 与 $f(x_4)$,在点 $x_3$ 与 $x_5$ 处有极小值 $f(x_3)$ 与 $f(x_5)$.

若函数 $f(x)$ 在极值点处可导,从几何上来看,其图形在极值点处的切线平行于 $x$ 轴,如图 3.8 中的点 $x_1, x_3, x_5$. 但函数 $f(x)$ 的图形在某点处的切线平行于 $x$ 轴时,该点却不一定是极值点,如图 3.8 中的点 $x_2$. 此外,函数 $f(x)$ 在某点处的导数不存在时,该点也可能是极值点,如图 3.8 中的点 $x_4$. 由此,我们得到下面的定理.

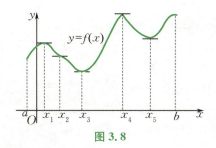

**图 3.8**

**定理 1(必要条件)** 设函数 $y=f(x)$ 在点 $x_0$ 的某一邻域内有定义. 若 $f(x_0)$ 为极值, 且 $f'(x_0)$ 存在,则必有
$$f'(x_0) = 0.$$

**证** 不妨设 $f(x_0)$ 为极大值, $\Delta x(\Delta x \neq 0)$ 为自变量 $x$ 在点 $x_0$ 处的增量. 因为 $f(x_0)$ 为极大值,所以
$$f(x_0) > f(x_0 + \Delta x),$$
即
$$\Delta y = f(x_0 + \Delta x) - f(x_0) < 0.$$
当 $\Delta x > 0$ 时,有 $\dfrac{\Delta y}{\Delta x} < 0$,则
$$f'_+(x_0) = \lim_{\Delta x \to 0^+} \frac{\Delta y}{\Delta x} \leqslant 0;$$
当 $\Delta x < 0$ 时,有 $\dfrac{\Delta y}{\Delta x} > 0$,则
$$f'_-(x_0) = \lim_{\Delta x \to 0^-} \frac{\Delta y}{\Delta x} \geqslant 0.$$
又 $f'(x_0)$ 存在,即
$$f'_-(x_0) = f'_+(x_0),$$
故 $f'(x_0) = 0$.

同理可证 $f(x_0)$ 为极小值的情形.

将使 $f'(x_0) = 0$ 的点 $x_0$ 称为函数 $f(x)$ 的**驻点**.

定理 1 表明,可导函数的极值点必定是其驻点. 反之,函数的驻点不一定是其极值点.

例如,点 $x = 0$ 是函数 $f(x) = x^3$ 的驻点,但不是极值点.

**定理 2(第一充分条件)** 设函数 $f(x)$ 在点 $x_0$ 处连续,且在点 $x_0$ 的某一邻域 $(x_0 - \delta, x_0 + \delta)$ 内可导.

(1) 若在 $(x_0 - \delta, x_0)$ 内任一点 $x$ 处有 $f'(x) > 0$,在 $(x_0, x_0 + \delta)$ 内任一点 $x$ 处有 $f'(x) < 0$,则 $f(x_0)$ 为极大值,点 $x_0$ 为极大值点;

(2) 若在 $(x_0 - \delta, x_0)$ 内任一点 $x$ 处有 $f'(x) < 0$,在 $(x_0, x_0 + \delta)$ 内任一点 $x$ 处有 $f'(x) > 0$,则 $f(x_0)$ 为极小值,点 $x_0$ 为极小值点;

(3) 若在 $(x_0 - \delta, x_0)$ 与 $(x_0, x_0 + \delta)$ 内每一点处, $f'(x)$ 的符号

相同,则 $f(x_0)$ 不是极值,点 $x_0$ 不是极值点.

**证** (1) 在 $(x_0-\delta, x_0)$ 内任一点 $x$ 处有 $f'(x) > 0$,于是
$$f(x) < f(x_0);$$
在 $(x_0, x_0+\delta)$ 内任一点 $x$ 处有 $f'(x) < 0$,于是
$$f(x) < f(x_0).$$
故在 $(x_0-\delta, x_0+\delta)$ 内任一点 $x$ 处有
$$f(x) < f(x_0),$$
从而 $f(x_0)$ 为极大值,点 $x_0$ 为极大值点.

同理可证(2)和(3).

**例 1** 求函数 $y = \sqrt[3]{x^2}$ 的极值.

**解** 函数 $y = \sqrt[3]{x^2}$ 的定义域为区间 $(-\infty, +\infty)$. 因
$$y' = \frac{2}{3\sqrt[3]{x}} \quad (x \neq 0),$$
即函数 $y = \sqrt[3]{x^2}$ 在点 $x = 0$ 处不可导. 当 $x < 0$ 时, $y' < 0$; 当 $x > 0$ 时, $y' > 0$. 所以, 点 $x = 0$ 是函数 $y = \sqrt[3]{x^2}$ 的极小值点, 极小值是 $y\big|_{x=0} = 0$.

**定理 3(第二充分条件)** 设函数 $f(x)$ 在点 $x_0$ 处存在二阶导数, 且 $f'(x_0) = 0$, $f''(x_0) \neq 0$, 则

(1) 当 $f''(x_0) < 0$ 时, $f(x_0)$ 为极大值, 点 $x_0$ 为极大值点;

(2) 当 $f''(x_0) > 0$ 时, $f(x_0)$ 为极小值, 点 $x_0$ 为极小值点.

**证** 对于情形(2), 因 $f''(x_0) > 0$, 根据二阶导数的定义, 有
$$f''(x_0) = \lim_{\Delta x \to 0} \frac{f'(x_0 + \Delta x) - f'(x_0)}{\Delta x}$$
$$= \lim_{x \to x_0} \frac{f'(x) - f'(x_0)}{x - x_0} = \lim_{x \to x_0} \frac{f'(x)}{x - x_0} > 0.$$

根据函数极限的性质, 存在点 $x_0$ 的某一邻域, 使得当点 $x(x \neq x_0)$ 在此邻域内时, 恒有
$$\frac{f'(x)}{x - x_0} > 0,$$
即当 $x > x_0$ 时, 有 $f'(x) > 0$; 当 $x < x_0$ 时, 有 $f'(x) < 0$. 于是, 由定理 2 知 $f(x_0)$ 为极小值, 点 $x_0$ 为极小值点.

类似可证(1).

根据前面的讨论, 求函数 $f(x)$ 的极值的步骤如下:

(1) 确定函数 $f(x)$ 的定义域;

(2) 求出驻点及 $f'(x)$ 不存在的点;

(3) 判定(2)中求得的点是否为极值点, 并求出极值.

**例 2** 求函数 $f(x) = x^3 - \dfrac{15}{2}x^2 + 12x + 9$ 的极值.

**解** 函数 $f(x)$ 的定义域为区间 $(-\infty, +\infty)$. 令
$$f'(x) = 3x^2 - 15x + 12 = 3(x^2 - 5x + 4)$$
$$= 3(x-1)(x-4) = 0,$$
求得驻点 $x_1 = 1, x_2 = 4$.

用第一充分条件判定:当 $x$ 在点 $x_1 = 1$ 附近从 $x_1$ 的左侧变到右侧时,$f'(x)$ 由正变负,故
$$f(1) = 1 - \dfrac{15}{2} + 12 + 9 = \dfrac{44-15}{2} = \dfrac{29}{2}$$
为极大值;当 $x$ 在点 $x_2 = 4$ 附近从 $x_2$ 的左侧变到右侧时,$f'(x)$ 由负变正,故
$$f(4) = 64 - 120 + 48 + 9 = 1$$
为极小值.

用第二充分条件判定:$f''(x) = 6x - 15$. 因 $f''(1) = -9 < 0$,故 $f(1) = \dfrac{29}{2}$ 为极大值;因 $f''(4) = 9 > 0$,故 $f(4) = 1$ 为极小值.

## 二、函数的最值

设函数 $f(x)$ 在闭区间 $[a,b]$ 上连续,则 $f(x)$ 的最大值和最小值一定存在. 这时,$f(x)$ 的最大值和最小值可能在区间的端点处取得,也可能在开区间 $(a,b)$ 内取得. 显然,$f(x)$ 在 $[a,b]$ 上的最大值就是所有极大值以及在区间端点处函数值中最大的那一个. 同样,$f(x)$ 在 $[a,b]$ 上的最小值一定是所有极小值以及在区间端点处函数值中最小的那一个.

综上所述,可得求闭区间 $[a,b]$ 上连续函数 $f(x)$ 的最值的步骤:

(1) 求出 $f(x)$ 在开区间 $(a,b)$ 内的驻点及导数不存在的点;

(2) 求出(1)中所得点处的函数值以及 $f(a), f(b)$;

(3) 比较(2)中所得函数值的大小,其中最大的函数值就是所求的最大值,最小的函数值就是所求的最小值.

**注** 函数的最值与极值是两个不同的概念.

**例 3** 求函数 $f(x) = 3x^4 - 4x^3 - 12x^2 + 1$ 在闭区间 $[-3,3]$ 上的最值.

**解** 由
$$f'(x) = 12x^3 - 12x^2 - 24x = 12x(x+1)(x-2) = 0,$$
得驻点
$$x_1 = -1, \quad x_2 = 0, \quad x_3 = 2.$$
计算得
$$f(-1) = -4, \quad f(0) = 1, \quad f(2) = -31,$$
又
$$f(a) = f(-3) = 244, \quad f(b) = f(3) = 28,$$
故最大值为 $f(-3) = 244$,最小值为 $f(2) = -31$.

在一般问题中,设函数 $f(x)$ 的最大值或最小值在区间 $I$ 上存在且在 $I$ 的内部取得. 如果 $f(x)$ 在 $I$ 上可导,且只有一个驻点 $x_0$,那么驻点 $x_0$ 就是 $f(x)$ 的极值点. 这时,若 $f(x_0)$ 是极大值,则 $f(x_0)$ 就是 $f(x)$ 在 $I$ 上的最大值[见图 3.9(a)];若 $f(x_0)$ 是极小值,则 $f(x_0)$ 就是 $f(x)$ 在 $I$ 上的最小值[见图 3.9(b)].

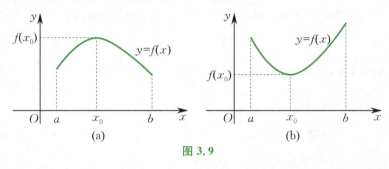

图 3.9

**例 4** 将边长为 $a$ 的正方形铁片的四个角各剪去相同的小方形,然后将四边折起做成无盖的方盒. 问:剪去的小方形的边长为多少时,可使方盒的容积最大?

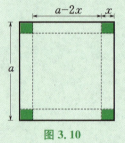

图 3.10

**解** 设剪去的小方形的边长为 $x$(见图 3.10),则方盒的容积为

$$V = x(a-2x)^2 \quad \left(0 < x < \frac{a}{2}\right).$$

由

$$\begin{aligned} V' &= (a-2x)^2 + 2x(a-2x)(-2) \\ &= (a-2x)(a-6x) = 0, \end{aligned}$$

得驻点 $x = \dfrac{a}{6}$. 因为 $V'$ 在 $\left(0, \dfrac{a}{2}\right)$ 内只有一个驻点,且方盒容积的最大值一定存在,所以当 $x = \dfrac{a}{6}$ 时,$V$ 最大. 故当剪去的小方形的边长为 $\dfrac{a}{6}$ 时,方盒的容积最大,这时 $V = \dfrac{2}{27}a^3$.

**注** 在实际问题中,若确定函数 $f(x)$ 有最值,且 $f(x)$ 在定义区间内只有一个驻点 $x_0$,可不必讨论 $f(x_0)$ 是否为极值,一般可以确定 $f(x_0)$ 是所求的最值.

**例 5** 一铁路线上有 A,B 两城,相距 100 km,距 A 城 20 km 处有工厂 C,A 城与工厂 C 所在的直线垂直于 A 城与 B 城所在的直线. 为了方便运输,需要在该铁路线上选定一地点 D,修建一条连接工厂 C 的公路. 已知铁路运费与公路运费之比为 3∶5,为了使货物从 B 城运到工厂 C 的运费最省,问:地点 D 应选在何处?

图 3.11

**解** 设 A 城与地点 D 的距离为 $|AD|=x$（单位：km）（见图 3.11），则 B 城与地点 D 的距离 $|BD|$ 及工厂 C 与地点 D 的距离 $|CD|$ 分别为

$$|BD|=100-x\ (\text{单位：km}),$$
$$|CD|=\sqrt{20^2+x^2}=\sqrt{400+x^2}\ (\text{单位：km}).$$

因铁路运费与公路运费之比为 3∶5，故不妨设铁路运费为 $3k$（单位：元/km），公路运费为 $5k$（单位：元/km），从 B 城到工厂 C 的总运费为 $y$（单位：元），则

$$y=5k|CD|+3k|BD|$$
$$=5k\sqrt{400+x^2}+3k(100-x)\quad (0\leqslant x\leqslant 100).$$

由

$$y'=5k\frac{2x}{2\sqrt{400+x^2}}-3k=k\left(\frac{5x}{\sqrt{400+x^2}}-3\right)=0,$$

得唯一驻点 $x=15$ km. 故当地点 D 与 A 城相距 15 km 时，总运费最省。

**例 6** 在一鱼塘中投放鱼苗（一般投放鱼苗数量越多，鱼苗的生长速度也越慢）的研究中，依据试验数据，可得某个季度内每尾鱼苗的增重量 $w$（单位：g）与投放鱼苗数量 $x$（单位：尾）的关系为 $w=1\,200-0.3x$. 若以鱼塘中全部鱼苗的增重总量为经济指标，求最优投放鱼苗数量及增重总量（假定投放鱼苗数量 $x$ 是连续变量）。

**解** 设增重总量为 $y$（单位：g），则有

$$y=wx=1\,200x-0.3x^2,\quad x\in[0,+\infty).$$

由

$$y'=1\,200-0.6x=0,$$

得唯一驻点 $x=2\,000$ 尾. 于是，最优投放鱼苗数量是 $2\,000$ 尾，且此时增重总量为

$$y(2\,000)=1\,200\,000\ \text{g}=1\,200\ \text{kg}.$$

## 习 题 3.4

1. 求下列函数的极值：

(1) $f(x)=2x^3-3x^2$；

(2) $f(x)=x-\sin x\ (-\pi\leqslant x\leqslant\pi)$；

(3) $f(x)=\dfrac{10}{3x^2+3x}$；

(4) $f(x)=\mathrm{e}^x-\mathrm{e}^{-x}$；

(5) $f(x)=2x^2-\ln x$；

(6) $f(x)=\sqrt[3]{(2-x)^2(x-1)}$；

(7) $f(x)=x+\sqrt{x-1}$.

2. 设点 $x = \dfrac{\pi}{3}$ 是函数 $f(x) = a\sin x + \dfrac{1}{3}\sin 3x$ 的极值点,问:常数 $a$ 为何值?此时的极值点是极大值点还是极小值点?并求出对应的极值.

3. 求下列函数在指定区间上的最大值与最小值:

(1) $y = x^4 - 8x^2 + 1, [-1, 3]$;     (2) $y = x + 2\sqrt{x}, [0, 4]$.

4. 需建造一体积为 $V$ 的圆柱形油罐,问:底圆半径和高各为多少时,油罐的表面积 $S$ 最小?

5. 甲船位于乙船的正东方向 75 n mile 处以 12 n mile/h 的速度向西行驶,乙船以 6 n mile/h 的速度向北行驶.问:经过多长时间,两船间的距离最近?

6. 一房屋租赁公司有 50 套公寓要出租.当月租金为 2 000 元/套时,公寓可全部租出去;月租金每增加 100 元,就会多一套公寓租不出去.租出去的公寓每套每月的维修费为 200 元.问:月租金定为多少时可获得最大利润,最大利润为多少?

7. 一企业生产某种商品,每批产量为 $x$(单位:台)时的费用是 $C(x) = 5x + 200$(单位:万元),获得的收益是 $R(x) = 10x - 0.01x^2$(单位:万元).问:每批产量为多少时,能使利润最大?

## §3.5 函数图形的描绘

函数的单调性和极值点以及函数图形的凹凸性和拐点,都是函数图形的重要形态特征,是描绘函数图形的重要基础.

为更好地描绘出函数的图形,先讨论渐近线问题.

### 一、渐近线

**定义** 若曲线上的动点沿曲线无限移动时,动点到某直线 $l$ 的距离趋于零,则称直线 $l$ 为曲线的**渐近线**.

渐近线可分为三种类型:垂直渐近线、水平渐近线和斜渐近线.

#### 1. 垂直渐近线

设函数 $y = f(x)$ 在某个以 $c$ 为端点的区间上有定义.若

$$\lim_{x \to c^-} f(x) = \infty, \quad \lim_{x \to c^+} f(x) = \infty \quad \text{或} \quad \lim_{x \to c} f(x) = \infty,$$

则称直线 $x = c$ 为曲线 $y = f(x)$ 的**垂直渐近线**.

显然,垂直渐近线是垂直于 $x$ 轴的渐近线.

**例 1** 求曲线 $y = \ln(x - 3)$ 的垂直渐近线.

**解** 因

$$\lim_{x \to 3^+} \ln(x - 3) = -\infty,$$

故直线 $x = 3$ 为曲线 $y = \ln(x - 3)$ 的垂直渐近线.

## 2. 水平渐近线

设函数 $y = f(x)$ 在某个无限区间上有定义. 若
$$\lim_{x \to -\infty} f(x) = a, \quad \lim_{x \to +\infty} f(x) = a \quad \text{或} \quad \lim_{x \to \infty} f(x) = a,$$
则称直线 $y = a$ 为曲线 $y = f(x)$ 的**水平渐近线**.

显然,水平渐近线是平行于 $x$ 轴的渐近线(重合看作平行的特殊情形).

**例 2** 求曲线 $y = x\sin\dfrac{1}{x}$ 的水平渐近线.

**解** 因
$$\lim_{x \to \infty} x\sin\frac{1}{x} \xlongequal{\text{令 } t = \frac{1}{x}} \lim_{t \to 0} \frac{\sin t}{t} = 1,$$
故直线 $y = 1$ 为曲线 $y = x\sin\dfrac{1}{x}$ 的水平渐近线.

## 3. 斜渐近线

**斜渐近线**,是指既不垂直于 $x$ 轴也不平行于 $x$ 轴的渐近线.

设曲线 $y = f(x)$ 有一条斜渐近线 $l$,其方程为
$$y = ax + b \quad (a \neq 0),$$
则曲线 $y = f(x)$ 上任一点 $P(x, y)$ 到斜渐近线 $l$ 的距离是
$$d = |f(x) - (ax + b)|\cos\alpha,$$
其中 $\alpha$ 是 $l$ 与 $x$ 轴的夹角(见图 3.12).

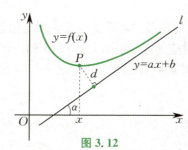

图 3.12

由渐近线的定义知,当 $x \to \infty$ 时,$d \to 0$,因此
$$\lim_{x \to \infty}[f(x) - (ax + b)] = 0, \tag{3.3}$$
即 $\lim\limits_{x \to \infty} \dfrac{f(x) - (ax + b)}{x} = 0.$ 于是
$$\lim_{x \to \infty} \frac{f(x) - ax - b}{x} = \lim_{x \to \infty}\left[\frac{f(x)}{x} - a - \frac{b}{x}\right] = \lim_{x \to \infty}\left[\frac{f(x)}{x} - a\right] = 0,$$
故
$$a = \lim_{x \to \infty} \frac{f(x)}{x}.$$

又由(3.3)式,有
$$b = \lim_{x\to\infty}[f(x)-ax].$$

**例3** 求曲线 $f(x) = \dfrac{x^2}{x+1}$ 的渐近线.

**解** 函数 $f(x) = \dfrac{x^2}{x+1}$ 的定义域为 $(-\infty,-1)\cup(-1,+\infty)$. 因为
$$\lim_{x\to -1}\dfrac{x^2}{x+1}=\infty,$$
所以该曲线有垂直渐近线 $x=-1$. 又
$$a = \lim_{x\to\infty}\dfrac{f(x)}{x} = \lim_{x\to\infty}\dfrac{x}{x+1}=1,$$
$$b = \lim_{x\to\infty}[f(x)-ax] = \lim_{x\to\infty}\left(\dfrac{x^2}{x+1}-x\right) = \lim_{x\to\infty}\left(-\dfrac{x}{x+1}\right)=-1,$$
所以该曲线有斜渐近线 $y=x-1$.

## 二、函数图形的描绘

描绘函数 $f(x)$ 的图形的步骤如下:
(1) 确定 $f(x)$ 的定义域,判定 $f(x)$ 的奇偶性、周期性;
(2) 求出满足 $f'(x)=0, f''(x)=0$ 的点及 $f'(x), f''(x)$ 不存在的点,用这些点把定义域划分为若干小区间;
(3) 确定 $f(x)$ 在各小区间上的单调性和它的图形的凹凸性,并求出极值点和拐点;
(4) 确定 $f(x)$ 的图形的渐近线以及其他变化趋势;
(5) 描出极值对应的点、拐点以及 $f(x)$ 的图形与坐标轴的交点等,结合所得到的单调性和凹凸性,描绘出 $f(x)$ 的图形.

**例4** 描绘函数 $y=\dfrac{2x}{1+x^2}$ 的图形.

**解** (1) 该函数的定义域为区间 $(-\infty,+\infty)$. 因该函数为奇函数,故其图形关于原点对称,无周期性.

(2) 该函数的一阶、二阶导数分别为
$$y' = \dfrac{2[(1+x^2)-x\cdot 2x]}{(1+x^2)^2} = \dfrac{-2(x^2-1)}{(1+x^2)^2},$$
$$y'' = \dfrac{-4x[(1+x^2)^2]+2(x^2-1)\cdot 2(1+x^2)\cdot 2x}{(1+x^2)^4} = \dfrac{4x(x^2-3)}{(1+x^2)^3}.$$

令 $y'=0$,得驻点 $x_1=-1, x_2=1$;令 $y''=0$,得 $x_3=0, x_4=\sqrt{3}, x_5=-\sqrt{3}$.

（3）上述五个点将定义域$(-\infty,+\infty)$分成六个小区间.该函数的图形关于原点对称,故将$x \geqslant 0$部分列表 3.2 讨论,其中⌒表示凸且上升的,⌐表示凸且下降的,⌣表示凹且下降的.

表 3.2

| $x$ | 0 | (0,1) | 1 | $(1,\sqrt{3})$ | $\sqrt{3}$ | $(\sqrt{3},+\infty)$ |
|---|---|---|---|---|---|---|
| $y'$ | + | + | 0 | − | − | − |
| $y''$ | 0 | − | − | − | 0 | + |
| $y$ | 0 拐点 | ⌒ | 1 极大值 | ⌐ | $\frac{\sqrt{3}}{2}$ 拐点 | ⌣ |

（4）因为
$$\lim_{x\to\infty}\frac{2x}{1+x^2}=\lim_{x\to\infty}\frac{2}{2x}=0,$$
所以 $y=0$ 为该函数图形的水平渐近线.

（5）极大值对应的点为 $(1,1)$,拐点为 $(0,0)$,$\left(\sqrt{3},\frac{\sqrt{3}}{2}\right)$,补充点 $\left(2,\frac{4}{5}\right)$.

根据以上讨论,描绘出该函数的图形,如图 3.13 所示.

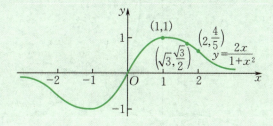

图 3.13

**例 5** 描绘函数 $y=\dfrac{(x-3)^2}{4(x-1)}$ 的图形.

**解** （1）该函数的定义域为 $(-\infty,1)\cup(1,+\infty)$,其无奇偶性和周期性.

（2）该函数的一阶、二阶导数分别为
$$y'=\frac{(x+1)(x-3)}{4(x-1)^2},\quad y''=\frac{2}{(x-1)^3}.$$

令 $y'=0$,得驻点 $x_1=-1, x_2=3$.

（3）上述两个点及点 $x=1$ 将定义域分成四个小区间,列表 3.3 讨论单调性和凹凸性,其中⌒表示凹且上升的.

表 3.3

| $x$ | $(-\infty,-1)$ | $-1$ | $(-1,1)$ | $(1,3)$ | $3$ | $(3,+\infty)$ |
|---|---|---|---|---|---|---|
| $y'$ | + | 0 | − | − | 0 | + |
| $y''$ | − | − | − | + | + | + |
| $y$ | ⌒ | $-2$ 极大值 | ⌐ | ⌣ | 0 极小值 | ⌣ |

113

(4) 因为
$$\lim_{x\to 1}\frac{(x-3)^2}{4(x-1)}=\infty,$$
所以该函数的图形有垂直渐近线 $x=1$.

又因为
$$a=\lim_{x\to\infty}\frac{(x-3)^2}{4x(x-1)}=\frac{1}{4},$$
$$b=\lim_{x\to\infty}\left[\frac{(x-3)^2}{4(x-1)}-\frac{x}{4}\right]=-\frac{5}{4},$$
所以该函数的图形有斜渐近线
$$y=\frac{1}{4}x-\frac{5}{4}.$$

(5) 极大值对应的点为 $(-1,-2)$,极小值对应的点为 $(3,0)$,补充点 $\left(0,-\dfrac{9}{4}\right)$ 和 $\left(2,\dfrac{1}{4}\right)$.

根据以上讨论,描绘出该函数的图形,如图 3.14 所示.

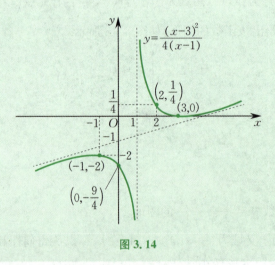

图 3.14

## 习 题 3.5

1. 求下列曲线的渐近线:

(1) $y=\dfrac{4(x+1)}{x^2}-1$;  (2) $y=2x+\arctan\dfrac{x}{2}$.

2. 描绘函数 $y=\dfrac{x^2}{x+1}$ 的图形.

3. 描绘函数 $y=\dfrac{1}{\sqrt{2\pi}}\mathrm{e}^{-\frac{x^2}{2}}$ 的图形.

# §3.6 曲 率

在实际生产和工程技术中,常常需要考虑曲线的弯曲程度.例如,设计铁轨或高速公路的弯道时,为了使火车或车辆转弯(由直道转入弯道)时能平稳行驶,需要根据最高限速来确定弯道的弯曲程度.一般弯曲程度较小时就需要提供较大的铺设空间,弯曲程度较大时就需要限制交通工具的行驶速度.曲率就是刻画曲线弯曲程度的量.本节主要介绍曲率的概念及其计算公式.

## 一、弧微分

### 1. 弧 $s$ 的概念

**定义 1** 设函数 $f(x)$ 在区间 $(a,b)$ 内有连续导数,在曲线 $y=f(x)$ 上取一定点 $M_0(x_0,y_0)$ 作为度量弧长的基点(见图 3.15).对于该曲线上任一点 $M(x,y)$,记数 $s$ 为由基点 $M_0$ 到点 $M$ 的带符号的弧长(点 $M$ 在点 $M_0$ 右边时取正号,点 $M$ 在点 $M_0$ 左边时取负号),并称 $s$ 为弧 $s$.

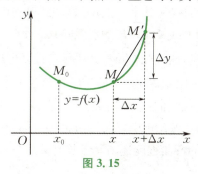

图 3.15

### 2. 弧微分公式

如图 3.15 所示,记曲线 $y=f(x)$ 上与点 $M(x,y)$ 邻近的点为 $M'(x+\Delta x, y+\Delta y)$.当 $x$ 的增量为 $\Delta x$ 时,弧 $s$ 的增量为
$$\Delta s = \widehat{M_0 M'} - \widehat{M_0 M} = \widehat{MM'},$$
这里用曲线弧表示其带符号的弧长,于是
$$\left(\frac{\Delta s}{\Delta x}\right)^2 = \left(\frac{\widehat{MM'}}{\Delta x}\right)^2 = \left(\frac{\widehat{MM'}}{|MM'|}\right)^2 \frac{|MM'|^2}{(\Delta x)^2}$$
$$= \left(\frac{\widehat{MM'}}{|MM'|}\right)^2 \frac{(\Delta x)^2 + (\Delta y)^2}{(\Delta x)^2}$$
$$= \left(\frac{\widehat{MM'}}{|MM'|}\right)^2 \left[1 + \left(\frac{\Delta y}{\Delta x}\right)^2\right],$$
即

$$\frac{\Delta s}{\Delta x} = \pm \sqrt{\left(\frac{\widehat{MM'}}{|MM'|}\right)^2 \left[1 + \left(\frac{\Delta y}{\Delta x}\right)^2\right]}.$$

当 $\Delta x \to 0$ 时，$M' \to M$，此时 $|\widehat{MM'}|$ 与 $|MM'|$ 之比的极限为 1，即

$$\lim_{\Delta x \to 0} \frac{|\widehat{MM'}|}{|MM'|} = 1.$$

而

$$\lim_{\Delta x \to 0} \frac{\Delta y}{\Delta x} = y',$$

故

$$\frac{\mathrm{d}s}{\mathrm{d}x} = \pm \sqrt{1 + (y')^2}.$$

由于 $s$ 为 $x$ 的单调增加函数，因此有

$$\mathrm{d}s = \sqrt{1 + (y')^2}\, \mathrm{d}x.$$

这就是**弧微分公式**.

## 二、曲率

**定义 2** 沿曲线从其上一点 $M_1$ 移动到另一点 $M_2$ 时，曲线的切线转过的角度称为曲线弧 $\widehat{M_1 M_2}$ 的**切线转角**.

由图 3.16 可见，曲线弧 $\widehat{M_1 M_2}$ 几乎无弯曲，即切线转角 $\varphi_1$ 不大，而曲线弧 $\widehat{M_2 M_3}$ 弯曲得比较厉害，即切线转角 $\varphi_2$ 比较大. 但是，切线转角的大小不能完全反映曲线的弯曲程度. 例如，由图 3.17 可见，短曲线弧 $\widehat{N_1 N_2}$ 比长曲线弧 $\widehat{M_1 M_2}$ 弯曲得厉害些（尽管切线转角均为 $\varphi$）. 由此可见，曲线弧的弯曲程度还与其弧长有关.

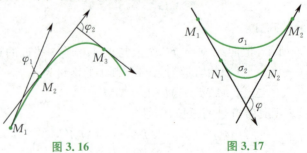

图 3.16　　　　　图 3.17

**定义 3** 如图 3.18 所示，设曲线弧 $\widehat{MM'}$ 的弧长为 $\sigma$，切线转角为 $\varphi$，称比值 $\dfrac{\varphi}{\sigma}$ 为曲线弧 $\widehat{MM'}$ 的**平均曲率**，记作 $\overline{K}$，即

$$\overline{K} = \frac{\varphi}{\sigma}.$$

当 $\sigma \to 0 (M' \to M)$ 时,$\overline{K}$ 的极限称为曲线弧 $\overparen{MM'}$ 在点 $M$ 处的**曲率**,记作 $K$,即

$$K = \lim_{\sigma \to 0} \frac{\varphi}{\sigma}.$$

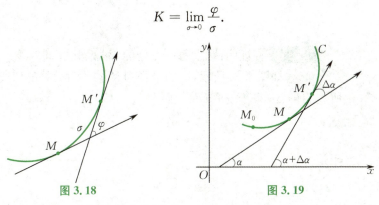

图 3.18  图 3.19

设曲线 $C$ 有连续转角的切线. 在 $C$ 上有三点 $M_0$(弧 $s$ 的基点),$M$(切线的倾角为 $\alpha$),$M'$(切线的倾角为 $\alpha + \Delta \alpha$,曲线弧 $\overparen{M_0 M'}$ 的带符号的弧长为 $s + \Delta s$)(见图 3.19),曲线弧 $\overparen{MM'}$ 的弧长为 $\sigma = |\Delta s|$,切线转角为 $\varphi$,于是

$$\varphi = |\Delta \alpha|, \quad \overline{K} = \left|\frac{\Delta \alpha}{\Delta s}\right|, \quad K = \lim_{\Delta s \to 0} \left|\frac{\Delta \alpha}{\Delta s}\right|,$$

即

$$K = \left|\frac{\mathrm{d}\alpha}{\mathrm{d}s}\right|.$$

现根据上式推导出曲率的实际计算公式.

设曲线 $C$ 的直角坐标方程为 $y = f(x)$,且 $f(x)$ 具有二阶导数 $f''(x)$. 因 $\tan \alpha = y'$,故

$$\alpha = \arctan y'.$$

由复合函数的求导法则得

$$\frac{\mathrm{d}\alpha}{\mathrm{d}x} = \frac{\mathrm{d}(\arctan y')}{\mathrm{d}y'} \cdot \frac{\mathrm{d}y'}{\mathrm{d}x} = \frac{y''}{1 + (y')^2},$$

于是

$$\mathrm{d}\alpha = \frac{y''}{1 + (y')^2} \mathrm{d}x.$$

而

$$\mathrm{d}s = \sqrt{1 + (y')^2} \mathrm{d}x,$$

故

$$K = \left|\frac{\mathrm{d}\alpha}{\mathrm{d}s}\right| = \frac{|y''|}{[1 + (y')^2]^{\frac{3}{2}}}.$$

例如,对于直线,其切线与直线本身重合,所以当点沿直线移动时,切线的倾角 $\alpha$ 不变,即 $\Delta \alpha = 0$,这时

$$\frac{\Delta \alpha}{\Delta s} = 0, \quad K = \left|\frac{\mathrm{d}\alpha}{\mathrm{d}s}\right| = 0,$$

即直线的曲率为零.

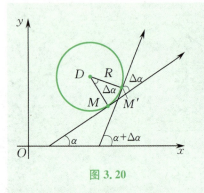

图 3.20

**例 1** 证明:圆上每一点处的弯曲程度相同.

**证** 如图 3.20 所示,圆的半径为 $R$,点 $M,M'$ 处的切线所夹的角 $\Delta\alpha$ 等于 $\angle MDM'$. 而

$$\angle MDM' = \frac{|\widehat{MM'}|}{R} = \frac{|\Delta s|}{R},$$

于是

$$\left|\frac{\Delta\alpha}{\Delta s}\right| = \frac{\frac{|\Delta s|}{R}}{|\Delta s|} = \frac{1}{R}.$$

故

$$K = \left|\frac{\mathrm{d}\alpha}{\mathrm{d}s}\right| = \frac{1}{R}.$$

这就表明,圆上各点处的曲率等于半径 $R$ 的倒数 $\frac{1}{R}$,即圆上每一点处的弯曲程度相同.

**例 2** 抛物线

$$y = ax^2 + bx + c \quad (a,b,c \text{ 均为常数})$$

上哪一点处的曲率最大?

**解** 因

$$y' = 2ax + b, \quad y'' = 2a,$$

故

$$K = \frac{|2a|}{[1+(2ax+b)^2]^{\frac{3}{2}}}.$$

显然,当 $2ax+b=0$,即 $x=-\frac{b}{2a}$ 时,$K$ 的分母最小,$K$ 的值最大($K=|2a|$).

当 $x=-\frac{b}{2a}$ 时,有

$$y = a\left(-\frac{b}{2a}\right)^2 + b\left(-\frac{b}{2a}\right) + c = \frac{-(b^2-4ac)}{4a},$$

故抛物线上点 $\left(-\frac{b}{2a}, -\frac{b^2-4ac}{4a}\right)$ 处的曲率最大. 由解析几何知,这一点正好是抛物线的顶点,即抛物线在顶点处的曲率最大.

**注** 在某些实际问题中,$|y'|$ 相对于 1 来说是很小的,记作 $|y'|\ll 1$,即 $y'$ 可以忽略不计. 这时 $1+(y')^2 \approx 1$,曲率为

$$K = \frac{|y''|}{[1+(y')^2]^{\frac{3}{2}}} \approx |y''|,$$

即当 $|y'| \ll 1$ 时,曲率 $K \approx |y''|$.

**例 3** 一铁轨由直道转入圆弧弯道时,若接头处的曲率突然改变,容易发生事故. 为了使列车行驶平稳,往往在直道和圆弧弯道之间接入一段缓冲段 $\overset{\frown}{OA}$,使轨道曲线的曲率由零连续地过渡到圆弧的曲率 $\frac{1}{R}$ ($R$ 为圆弧弯道的半径). 通常用抛物线 $y = \frac{x^3}{6Rl}$ ($0 \leqslant x \leqslant x_0$) 作为缓冲段 $\overset{\frown}{OA}$,其中 $l$ 为缓冲段 $\overset{\frown}{OA}$ 的弧长. 验证缓冲段 $\overset{\frown}{OA}$ 在始端 $O$ 处的曲率为零,且当 $\frac{l}{R}$ 很小 $\left(\frac{l}{R} \ll 1\right)$ 时,在终端 $A$ 处的曲率近似为 $\frac{1}{R}$.

**证** 由已知条件,在缓冲段 $\overset{\frown}{OA}$ 上,有
$$y' = \frac{x^2}{2Rl}, \quad y'' = \frac{x}{Rl},$$

故缓冲段 $\overset{\frown}{OA}$ 在始端 $O(x=0)$ 处的曲率为 $K_O = 0$.

按实际要求有 $x_0 \approx l$,则
$$y'\Big|_{x=x_0} = \frac{x_0^2}{2Rl} \approx \frac{l^2}{2Rl} = \frac{l}{2R}, \quad y''\Big|_{x=x_0} = \frac{x_0}{Rl} \approx \frac{l}{Rl} = \frac{1}{R}.$$

因此,当 $\frac{l}{R} \ll 1$ 时,有 $|y'|\Big|_{x=x_0} \approx \Big|\frac{l}{2R}\Big| \ll 1$,则缓冲段 $\overset{\frown}{OA}$ 在终端 $A$ 处的曲率为
$$K_A = \frac{|y''|}{[1+(y')^2]^{\frac{3}{2}}}\Big|_{x=x_0} \approx |y''| \approx \frac{1}{R}.$$

## 三、曲率圆与曲率半径

**定义 4** 设有一条连续曲线 $y = f(x)$. 当一段圆弧满足下列条件时,我们常用这段圆弧来代替该曲线在点 $M$ 邻近的一段曲线弧(见图 3.21):

(1) 此圆弧在点 $M$ 处与该曲线有公共的切线;
(2) 此圆弧在点 $M$ 邻近与该曲线有相同的凹凸性;
(3) 此圆弧与该曲线在点 $M$ 处的曲率相同.

此圆弧所在的圆称为该曲线在点 $M$ 处的**曲率圆**,曲率圆的中心称为该曲线在点 $M$ 处的**曲率中心**,曲率圆的半径称为该曲线在点 $M$ 处的**曲率半径**,常用 $\rho$ 表示.

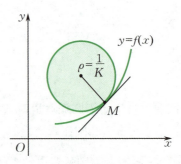

**图 3.21**

按上述定义,曲线 $y = f(x)$ 在点 $M$ 处的曲率 $K(K \neq 0)$ 与其在点 $M$ 处的曲率半径 $\rho$ 有如下关系:

$$K = \frac{1}{\rho}, \quad \rho = \frac{1}{K},$$

即曲线 $y = f(x)$ 上某点处的曲率半径等于该点处曲率的倒数.

**例 4** 设工件的内表面截线为抛物线 $y = 0.4x^2$,现需用砂轮磨其内表面. 试问:用直径多大的砂轮才比较合适?

**解** 为了在磨时不让砂轮与工件接触处附近部分磨去太多,砂轮的半径应小于或等于抛物线上各点处曲率半径的最小值. 因抛物线在其顶点处的曲率最大,故抛物线在其顶点处的曲率半径最小.

先求抛物线 $y = 0.4x^2$ 在其顶点 $(0,0)$ 处的曲率. 由

$$y' = 0.8x, \quad y'' = 0.8, \quad y'\big|_{x=0} = 0, \quad y''\big|_{x=0} = 0.8,$$

得

$$K = \frac{0.8}{(1+0)^{\frac{3}{2}}} = 0.8,$$

从而求得抛物线 $y = 0.4x^2$ 在其顶点 $(0,0)$ 处的曲率半径

$$\rho = \frac{1}{K} = 1.25.$$

故选用的砂轮的半径应不超过 1.25 单位长度,即直径应不超过 2.5 单位长度.

## 习 题 3.6

1. 求曲线 $y = \text{ch}\, x$ 在点 $(0,1)$ 处的曲率.
2. 求抛物线 $y = x^2 - 4x + 3$ 在其顶点处的曲率及曲率半径.
3. 曲线 $y = \sin x \, (0 < x < \pi)$ 上哪一点处的曲率半径最小?并求出该点处的曲率半径.

4. 一飞机沿抛物线路径 $y = \dfrac{x^2}{10\,000}$ 做俯冲飞行($y$ 轴垂直向上,单位:m). 设在原点 $O$ 处飞机的速度为 $v = 200$ m/s,飞行员体重为 $M = 70$ kg,求该飞机俯冲至最低点,即原点 $O$ 处时座椅对飞行员的反作用力. 提示:重力加速度取 9.8 m/s$^2$,做匀速圆周运动的物体所受的向心力为 $F = \dfrac{mv^2}{R}$,这里 $m$ 为物体的质量,$v$ 为它的速度,$R$ 为圆的半径.

## §3.7 方程根的近似值

在工程技术中经常会遇到求解高次代数方程或超越方程的问题,而这些方程往往很难求解. 一般当求方程根的精确值比较困难时,可考虑求方程根的近似值. 本节将讨论如何求方程 $f(x) = 0$ 的根的近似值.

### 一、二分法

设函数 $f(x)$ 在区间 $(a,b)$ 内连续,$f(a) \cdot f(b) < 0$,且方程 $f(x) = 0$ 在 $(a,b)$ 内只有一个根 $x_0 (f(x_0) = 0)$. 取 $(a,b)$ 的中点 $x_1 = \dfrac{a+b}{2}$ 作为根 $x_0$ 的第一个近似值. 如果 $f(x_1) = 0$,那么 $x_0 = x_1$;如果 $f(x_1)$ 与 $f(b)$ 异号,即 $f(x_1) \cdot f(b) < 0$,那么在区间 $(x_1,b)$ 内取中点作为根 $x_0$ 的第二个近似值;如果 $f(x_1)$ 与 $f(a)$ 异号,即 $f(x_1) \cdot f(a) < 0$,那么在区间 $(a,x_1)$ 内取中点作为根 $x_0$ 的第二个近似值. 如此继续下去,最终可求得满足一定精确度要求的根 $x_0$ 的近似值.

这种求方程根的近似值的方法称为**二分法**.

**例1** 用二分法求方程
$$x^3 + 1.1x^2 + 0.9x - 1.4 = 0$$
在区间 $(0,1)$ 内的根的近似值,使其误差不超过 0.002.

**解** 令函数 $f(x) = x^3 + 1.1x^2 + 0.9x - 1.4$,显然 $f(x)$ 在 $(0,1)$ 内连续. 因在 $(0,1)$ 内有 $f'(x) > 0$,故 $f(x)$ 单调增加. 而 $f(0) = -1.4 < 0, f(1) = 1.6 > 0$,故方程 $f(x) = 0$ 在 $(0,1)$ 内有唯一的根 $x_0$. 用二分法计算得

$$x_1 = \dfrac{0+1}{2} = 0.5, \quad x_2 = \dfrac{0.5+1}{2} = 0.75, \quad x_3 = \dfrac{0.5+0.75}{2} = 0.625,$$

$$x_4 = \dfrac{0.625+0.75}{2} = 0.687\,5, \quad x_5 = \dfrac{0.625+0.687\,5}{2} = 0.656\,25,$$

$$x_6 = \dfrac{0.656\,25+0.687\,5}{2} = 0.671\,875 \approx 0.672.$$

而
$$f(0.672) = 0.303\,5 + 0.496\,7 + 0.604\,8 - 1.4 = 0.005\,0 > 0,$$
$$f(0.670) = 0.300\,8 + 0.493\,8 + 0.603\,0 - 1.4 = -0.002\,4 < 0,$$
即 $0.670 < x_0 < 0.672$，故 $0.670$ 或 $0.672$ 都可作为根 $x_0$ 的近似值，其误差都不超过 $0.002$.

## 二、切线法

设函数 $f(x)$ 在闭区间 $[a,b]$ 内具有二阶导数且 $f'(x), f''(x)$ 不变号，$f(a)$ 与 $f(b)$ 异号. 这时方程 $f(x) = 0$ 在开区间 $(a,b)$ 内只有一个根 $x_0$，且可考虑用曲线 $y = f(x)$ 上弧段端点处的切线段来近似代替弧段，从而求得该方程根的近似值，这种方法称为**切线法**.

在上述条件下，函数 $f(x)$ 在闭区间 $[a,b]$ 上的图形只可能为图 3.22 所示的四种不同情形.

从图 3.22 可见，在纵坐标与 $f''(x)$ 同号的那个端点作切线，此切线与 $x$ 轴交点的横坐标 $x_1'$ 就比所选端点更接近于根 $x_0$.

下面以图 3.22(c)($f(a) < 0, f(b) > 0, f'(x) > 0, f''(x) < 0$) 的情形为例进行研究.

因 $f(a)$ 与 $f''(x)$ 同号，故在端点 $A(a, f(a))$ 作切线，切线方程为
$$y - f(a) = f'(a)(x - a).$$
令 $y = 0$，由上式解出 $x$，就得切线与 $x$ 轴交点的横坐标为
$$x_1' = a - \frac{f(a)}{f'(a)},$$
它比 $a$ 更接近于根 $x_0$.

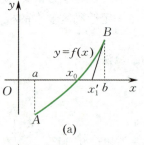
(a)

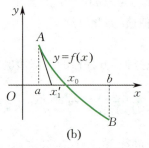
(b)

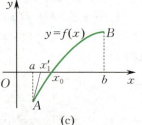
(c)

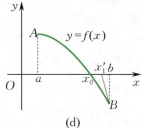
(d)

**图 3.22**

再在点 $(x_1', f(x_1'))$ 处作切线,可得到根 $x_0$ 的近似值 $x_2'$,它比 $x_1'$ 更接近于根 $x_0$,如此继续下去. 一般地,在点 $(x_n', f(x_n'))$ 处作切线,有

$$x_{n+1}' = x_n' - \frac{f(x_n')}{f'(x_n')},$$

它比 $x_n'$ 更接近于根 $x_0$.

**注** 切线法实施的步骤 $n$ 可根据根的近似值的精确度要求确定.

对于图 3.22 中的另外三种情形,可做类似的讨论. 例如,对于图 3.22(d),因为 $f(b)$ 与 $f''(x)$ 同号,可首先在端点 $B(b, f(b))$ 处作切线,这时切线与 $x$ 轴交点的横坐标为

$$x_1' = b - \frac{f(b)}{f'(b)},$$

它比 $b$ 更接近于根 $x_0$;再在点 $(x_1', f(x_1'))$ 处作切线,可得到根 $x_0$ 的近似值 $x_2'$,它比 $x_1'$ 更接近于根 $x_0$ ……

**例 2** 已知在区间 $(0,1)$ 内,方程

$$x^3 + 1.1x^2 + 0.9x - 1.4 = 0$$

只有一个根 $x_0$,用切线法求 $x_0$ 的近似值,使其误差不超过 $0.001$.

**解** 令函数 $f(x) = x^3 + 1.1x^2 + 0.9x - 1.4$. 在区间 $(0,1)$ 内,有

$$f'(x) = 3x^2 + 2.2x + 0.9 > 0,$$
$$f''(x) = 6x + 2.2 > 0,$$

且

$$f(0) = -1.4 < 0, \quad f(1) = 1.6 > 0.$$

本题属于图 3.22(a) 的情形,可在点 $(1, f(1))$ 处作切线来求根 $x_0$ 的近似值. 用切线法计算得

$$x_1' = 1 - \frac{f(1)}{f'(1)} \approx 0.738,$$

$$x_2' = 0.738 - \frac{f(0.738)}{f'(0.738)} \approx 0.674,$$

$$x_3' = 0.674 - \frac{f(0.674)}{f'(0.674)} \approx 0.671,$$

$$x_4' = 0.671 - \frac{f(0.671)}{f'(0.671)} \approx 0.671.$$

又

$$f(0.671) = 0.0013 > 0, \quad f(0.670) = -0.0024 < 0,$$

故 $0.671$ 或 $0.670$ 都可作为根 $x_0$ 的近似值,其误差都不超过 $0.001$.

**注** 二分法比切线法简单易行,切线法比二分法较快地达到精确度要求.

## 习题 3.7

已知方程 $x^3+3x-1=0$ 在区间 $(0,1)$ 内只有一个根 $x_0$，分别用二分法和切线法求 $x_0$ 的近似值，使其误差不超过 $0.01$.

## 综合练习三

1. 填空题：

(1) 函数 $f(x)=2x+\dfrac{8}{x}(x>0)$ 在区间_____上单调减少，在区间_____上单调增加；

(2) 函数 $f(x)=1-(x-2)^{\frac{2}{3}}$ 有极_____值，为_____；

(3) 函数 $f(x)=\arctan\dfrac{1-x}{1+x}$ 在闭区间 $[0,1]$ 上的最大值为_____，最小值为_____；

(4) 曲线 $y=\mathrm{e}^{-\frac{1}{x}}$ 的水平渐近线为_____，垂直渐近线为_____；

(5) 曲线 $y=\dfrac{\sin x}{x}$ 有_____渐近线，其方程为_____.

2. 求下列极限：

(1) $\lim\limits_{x\to 0}\dfrac{\tan x-x}{x^2\tan x}$；

(2) $\lim\limits_{x\to 0}x\cot 2x$；

(3) $\lim\limits_{x\to 0}x^2\mathrm{e}^{\frac{1}{x^2}}$；

(4) $\lim\limits_{x\to 1}\left(\dfrac{2}{x^2-1}-\dfrac{1}{x-1}\right)$；

(5) $\lim\limits_{x\to 1}x^{\frac{1}{1-x}}$.

3. 证明不等式：$x<\tan x<\dfrac{x}{\cos^2 x}\ \left(0<x<\dfrac{\pi}{2}\right)$.

4. 讨论函数 $f(x)=\dfrac{4(x+1)}{x^2}-2$ 的单调性及其图形的凹凸性，并求出极值和拐点.

5. 问：$a$ 和 $b$ 为何值时，点 $(1,3)$ 为曲线 $y=ax^3+bx^2$ 的拐点？

6. 欲将一根直径为 $d$ 的圆木锯成截面为矩形的梁（见图 3.23），问：矩形截面的高 $h$ 和宽 $b$ 应如何选择，才能使梁的抗弯截面模量 $W\left(W=\dfrac{1}{6}bh^2\right)$ 最大？

7. 某渡海登岛演习场地情况如图 3.24 所示，演习部队驻地在陆地点 $A$ 处，攻击目标在海岛点 $B$ 处，$A,B$ 两点南北相距 100 km，东西相距 140 km，海岸线位于点 $A$ 南侧，与点 $A$ 相距 40 km，是一条东西走向的笔直长堤.演习部队先从点 $A$ 出发陆上行军到达海岸线，再从海岸线处乘舰

艇到达点 $B$. 已知陆上行军速度为 $36 \text{ km/h}$,舰艇速度为 $12 \text{ km/h}$. 问:演习部队在海岸线的何处乘舰艇,才能使登岛用时最少?

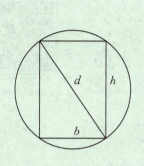

图 3.23

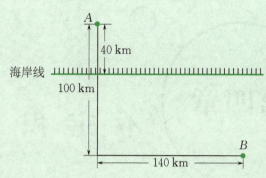

图 3.24

8. 设某商品的需求量 $Q$(单位:件)是单价 $P$(单位:元)的函数:$Q=12\,000-80P$;商品的成本 $C$(单位:元)是需求量 $Q$ 的函数:$C=25\,000+50Q$;每件这种商品需纳税 $2$ 元. 问:使销售利润最大的商品单价和最大利润分别是多少?

9. 设函数 $f(x)$ 在区间 $(a,b)$ 内有二阶导数,且 $f(x_1)=f(x_2)=f(x_3)$,其中 $a<x_1<x_2<x_3<b$,证明:在区间 $(x_1,x_3)$ 内至少存在一点 $\xi$,使得 $f''(\xi)=0$.

10. 设函数 $f(x)$ 在区间 $[0,1]$ 上有三阶导数,函数 $F(x)=x^3 f(x)$,且 $f(0)=f(1)=0$,证明:在区间 $(0,1)$ 内至少有一点 $\xi$,使得 $F'''(\xi)=0$.

# 第四章 不定积分

课程思政

在第二章中,我们讨论了如何求函数导数的问题.本章将讨论它的反问题,即求一个可导函数,使得其导数等于已知函数.这是积分学的基本问题之一.而这个问题的实质就是求不定积分.本章主要介绍不定积分的概念、性质及求不定积分的方法.

# §4.1 原函数与不定积分的概念

## 一、原函数的概念

通过求不定积分可以解决求导数的反问题：已知导数 $f'(x)$，如何求函数 $f(x)$？而求不定积分，就是求原函数．因此，我们先介绍原函数的概念．

**定义 1** 设函数 $f(x)$ 定义在某一区间上．若存在一个函数 $F(x)$，在该区间内任一点处都有
$$F'(x) = f(x)$$
或
$$dF(x) = f(x)dx,$$
则称 $F(x)$ 为 $f(x)$ 在该区间上的一个**原函数**．

**例 1** 函数 $x^2$ 是 $2x$ 在区间 $(-\infty, +\infty)$ 上的一个原函数．

**例 2** 函数 $\sin x$ 是 $\cos x$ 在区间 $(-\infty, +\infty)$ 上的一个原函数．

对于原函数，我们提出三个问题：

(1) 一个函数具备什么条件，才能保证它的原函数一定存在？

对于此问题，有下面的结论：

**定理** 若函数 $f(x)$ 在某一区间内连续，则 $f(x)$ 在该区间上的原函数 $F(x)$ 必存在．

证明从略．

(2) 若函数 $f(x)$ 在某一区间上有原函数，那么它的原函数一共有多少个？

设函数 $f(x)$ 在某一区间上有原函数 $F(x)$ ($F'(x) = f(x)$)，则
$$[F(x) + C]' = F'(x) + C' = f(x) + 0 = f(x),$$
即 $F(x) + C$（$C$ 为任意常数）中任何一个函数都是 $f(x)$ 在该区间上的原函数．所以，如果函数 $f(x)$ 在某一区间上的原函数存在，那么它的原函数有无穷多个，为 $F(x) + C$．

(3) 若函数 $f(x)$ 在某一区间上有原函数，则它的任意两个原函数之间有什么关系？

设 $F(x)$ 和 $\Phi(x)$ 是函数 $f(x)$ 在某一区间内的两个原函数，则
$$[F(x) - \Phi(x)]' = f(x) - f(x) = 0.$$

由于导数恒为零的函数必为常数,因而 $F(x) - \Phi(x) = C$ ($C$ 为常数),即 $F(x) = \Phi(x) + C$. 这就是说,$f(x)$ 的任意两个原函数之间只相差一个常数.

## 二、不定积分的概念

**定义 2** 函数 $f(x)$ 的全体原函数 $F(x) + C$($C$ 为任意常数)称为 $f(x)$ 的**不定积分**,记作 $\int f(x) \mathrm{d}x$,即

$$\int f(x) \mathrm{d}x = F(x) + C,$$

其中记号 $\int$ 称为**积分号**,$f(x)$ 称为**被积函数**,$f(x) \mathrm{d}x$ 称为**被积表达式**,$x$ 称为**积分变量**.

**例 3** 求不定积分 $\int 2x \mathrm{d}x$.

**解** 因 $(x^2)' = 2x$,故

$$\int 2x \mathrm{d}x = x^2 + C.$$

**例 4** 求不定积分 $\int \dfrac{\mathrm{d}x}{x}$.

**解** 当 $x > 0$ 时,有

$$(\ln x)' = \frac{1}{x},$$

即 $F(x) = \ln x$ 是函数 $f(x) = \dfrac{1}{x}$ 的一个原函数.

当 $x < 0$ 时,有

$$[\ln(-x)]' = \frac{1}{-x}(-x)' = \frac{1}{x},$$

即 $F(x) = \ln(-x)$ 是函数 $f(x) = \dfrac{1}{x}$ 的一个原函数.

因此

$$\int \frac{\mathrm{d}x}{x} = \ln|x| + C.$$

## 三、不定积分的几何意义

**定义 3** 设 $F(x)$ 是函数 $f(x)$ 的一个原函数,称函数 $F(x)$ 的图形为 $f(x)$ 的一条**积分曲线**.

不定积分的几何意义是：如图 4.1 所示，不定积分 $\int f(x)\mathrm{d}x = F(x)+C$ 的图形是函数 $f(x)$ 的积分曲线族，它们可由一条积分曲线沿 $y$ 轴上下平移而得到. 如果在每条积分曲线上相同横坐标的点 $x = x_0$ 处作切线，那么这些切线互相平行，且其斜率都是 $f(x_0)$.

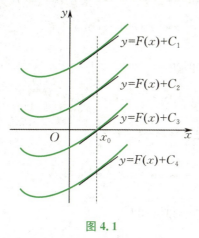

图 4.1

**例 5** 求过点 $(1,2)$ 且其上任一点处切线斜率为 $3x^2$ 的曲线.

**解** 令函数 $f(x) = 3x^2$，则所求的曲线为 $f(x)$ 的积分曲线族中过点 $(1,2)$ 的一条. 因
$$\int f(x)\mathrm{d}x = \int 3x^2 \mathrm{d}x = x^3 + C,$$
故 $f(x)$ 的积分曲线族为 $y = x^3 + C$. 将 $x = 1, y = 2$ 代入，得 $C = 1$，则所求的曲线为
$$y = x^3 + 1.$$

## 四、基本积分表

我们知道，求函数的不定积分实质上就是求导数的逆运算. 那么，根据基本初等函数的求导公式，可以得到相应的基本积分公式. 我们把这些基本积分公式罗列在一起，称之为**基本积分表**：

(1) $\int k \mathrm{d}x = kx + C$（$k$ 为常数）；

(2) $\int x^\mu \mathrm{d}x = \dfrac{1}{\mu+1} x^{\mu+1} + C$（$\mu$ 为常数且 $\mu \neq -1$）；

(3) $\int \dfrac{\mathrm{d}x}{x} = \ln|x| + C$；

(4) $\int a^x \mathrm{d}x = \dfrac{1}{\ln a} a^x + C$（$a$ 为常数且 $a > 0, a \neq 1$）；

(5) $\int \mathrm{e}^x \mathrm{d}x = \mathrm{e}^x + C$；

(6) $\int \cos x \, dx = \sin x + C$;

(7) $\int \sin x \, dx = -\cos x + C$;

(8) $\int \dfrac{dx}{\cos^2 x} = \int \sec^2 x \, dx = \tan x + C$;

(9) $\int \dfrac{dx}{\sin^2 x} = \int \csc^2 x \, dx = -\cot x + C$;

(10) $\int \sec x \tan x \, dx = \sec x + C$;

(11) $\int \csc x \cot x \, dx = -\csc x + C$;

(12) $\int \dfrac{dx}{\sqrt{1-x^2}} = \arcsin x + C$;

(13) $\int \dfrac{dx}{1+x^2} = \arctan x + C$;

(14) $\int \text{sh} \, x \, dx = \text{ch} \, x + C$;

(15) $\int \text{ch} \, x \, dx = \text{sh} \, x + C$.

以上 15 个基本积分公式是求不定积分的基础,必须牢记. 在应用这些公式时,有时需对被积函数做适当的变形,如下面两个例子.

**例 6** 求不定积分 $\int x^3 \sqrt[3]{x} \, dx$.

**解** $\int x^3 \sqrt[3]{x} \, dx = \int x^{\frac{10}{3}} \, dx = \dfrac{x^{\frac{10}{3}+1}}{\frac{10}{3}+1} + C = \dfrac{3}{13} x^{\frac{13}{3}} + C.$

**例 7** 求不定积分 $\int 3^x e^x \, dx$.

**解** 因 $3^x e^x = (3e)^x$,故把 $3e$ 看作 $a$,利用基本积分表中的公式(4),得

$$\int 3^x e^x \, dx = \int (3e)^x \, dx = \dfrac{(3e)^x}{\ln(3e)} + C = \dfrac{3^x e^x}{1+\ln 3} + C.$$

## 五、不定积分的性质

根据不定积分的定义,可以证明不定积分具有下列四个性质:

(1) $\left[ \int f(x) \, dx \right]' = f(x)$ 或 $d \int f(x) \, dx = f(x) \, dx$;

(2) $\int f'(x) \, dx = f(x) + C$ 或 $\int df(x) = f(x) + C$.

这就是说,若不计常数,则微分号与积分号可相互抵消.

(3) 两个函数和(差)的不定积分等于两个函数各自不定积分的和(差),即
$$\int [f(x) \pm g(x)] \mathrm{d}x = \int f(x) \mathrm{d}x \pm \int g(x) \mathrm{d}x.$$

(4) 求不定积分时,被积函数的非零常数因子可提到积分号外面,即
$$\int k f(x) \mathrm{d}x = k \int f(x) \mathrm{d}x \quad (k \text{ 为常数且 } k \neq 0). \tag{4.1}$$

**证** 以(4)为例做证明. 由(4.1)式右边求导数,得
$$\left[ k \int f(x) \mathrm{d}x \right]' = k \left[ \int f(x) \mathrm{d}x \right]' = k f(x),$$
它为(4.1)式左边不定积分的被积函数,所以(4.1)式成立.

**注** (1) 性质(3)可推广到有限多个函数和(差)的情形;

(2) 在分项求不定积分后,每个不定积分都有任意常数,而任意常数之和也为任意常数,故总体写一个任意常数即可;

(3) 检验不定积分的结果是否正确,只要对结果求导数,看看它的导数是否等于被积函数即可,相等则正确;

(4) 不定积分简称积分,求不定积分的运算称为**积分法**,而求导数或微分的运算称为**微分法**. 积分法与微分法互为逆运算.

利用基本积分表及不定积分的性质,可以求出一些简单的不定积分.

**例 8** 求不定积分 $\int (3x^2 - 4\sqrt{x} + 5) \mathrm{d}x$.

**解**
$$\int (3x^2 - 4\sqrt{x} + 5) \mathrm{d}x = \int 3x^2 \mathrm{d}x - \int 4\sqrt{x} \mathrm{d}x + \int 5 \mathrm{d}x \quad (\text{由性质}(3))$$
$$= 3 \int x^2 \mathrm{d}x - 4 \int \sqrt{x} \mathrm{d}x + 5 \int \mathrm{d}x \quad (\text{由性质}(4))$$
$$= 3 \frac{x^{2+1}}{2+1} - 4 \frac{x^{\frac{1}{2}+1}}{\frac{1}{2}+1} + 5x + C$$
$$= x^3 - \frac{8}{3} x^{\frac{3}{2}} + 5x + C.$$

**例 9** 求不定积分 $\int (a^2 - x^2)^2 \mathrm{d}x$ ($a$ 为常数).

**解**
$$\int (a^2 - x^2)^2 \mathrm{d}x = \int (a^4 - 2a^2 x^2 + x^4) \mathrm{d}x = \int a^4 \mathrm{d}x - \int 2a^2 x^2 \mathrm{d}x + \int x^4 \mathrm{d}x$$
$$= a^4 x - 2a^2 \frac{x^{2+1}}{2+1} + \frac{1}{5} x^5 + C$$
$$= a^4 x - \frac{2}{3} a^2 x^3 + \frac{1}{5} x^5 + C.$$

**例 10** 求不定积分 $\int \sin^2 \dfrac{x}{2} dx$.

**解** 因 $\sin^2 \dfrac{x}{2} = \dfrac{1}{2}(1-\cos x)$，故

$$\int \sin^2 \dfrac{x}{2} dx = \dfrac{1}{2}\int (1-\cos x) dx = \dfrac{1}{2}\left(\int dx - \int \cos x dx\right)$$
$$= \dfrac{1}{2}(x-\sin x) + C.$$

**例 11** 求不定积分 $\int 2\tan^2 x dx$.

**解** 因 $\tan^2 x = \sec^2 x - 1$，故

$$\int 2\tan^2 x dx = \int 2(\sec^2 x - 1) dx = \int 2\sec^2 x dx - \int 2 dx$$
$$= 2\tan x - 2x + C.$$

**例 12** 求不定积分 $\int \dfrac{dx}{x^2(1+x^2)}$.

**解** 因

$$\dfrac{1}{x^2(1+x^2)} = \dfrac{x^2+1-x^2}{x^2(1+x^2)} = \dfrac{1+x^2}{x^2(1+x^2)} - \dfrac{x^2}{x^2(1+x^2)}$$
$$= \dfrac{1}{x^2} - \dfrac{1}{1+x^2} = x^{-2} - \dfrac{1}{1+x^2},$$

故

$$\int \dfrac{dx}{x^2(1+x^2)} = \int \left(x^{-2} - \dfrac{1}{1+x^2}\right) dx = \int x^{-2} dx - \int \dfrac{dx}{1+x^2}$$
$$= \dfrac{x^{-2+1}}{-2+1} - \arctan x + C$$
$$= -\dfrac{1}{x} - \arctan x + C.$$

**例 13** 求不定积分 $\int \left(\dfrac{1}{\sin^2 x \cos^2 x} + \dfrac{1}{x}\right) dx$.

**解**
$$\int \left(\dfrac{1}{\sin^2 x \cos^2 x} + \dfrac{1}{x}\right) dx = \int \left(\dfrac{\sin^2 x + \cos^2 x}{\sin^2 x \cos^2 x} + \dfrac{1}{x}\right) dx$$
$$= \int \left(\dfrac{1}{\cos^2 x} + \dfrac{1}{\sin^2 x} + \dfrac{1}{x}\right) dx$$
$$= \tan x - \cot x + \ln|x| + C.$$

## 习 题 4.1

1. 如果 $x\sin x$ 是函数 $f(x)$ 的一个原函数，则 $\int f(x) dx = $ _____.

2. 在下列四个函数中，(　　) 为函数 $xe^x$ 的导数，(　　) 为函数 $xe^x$ 的原函数.

A. $xe^x + 1$    B. $xe^x + e^x$    C. $xe^x - e^x$    D. $xe^x - x$

3. 已知曲线 $y = f(x)$ 上任一点处的切线斜率为 $3x$, 且该曲线过点 $M(1,3)$, 求该曲线的方程.

4. 设一质点做直线运动, 其在 $t$ 时刻的速度为 $v = 6t - 2$; 当 $t = 0$ 时, 其位移为 $s = 0$. 求此质点的运动方程.

5. 求下列不定积分:

(1) $\int x \sqrt[3]{x} \, dx$;

(2) $\int (3^x + x^3) \, dx$;

(3) $\int \left( 2e^x + \dfrac{3}{x} \right) dx$;

(4) $\int \left( \dfrac{x-1}{x} + \sin x \right) dx$;

(5) $\int \dfrac{(1-x)^2}{\sqrt{x}} \, dx$;

(6) $\int \left( \dfrac{3}{1+x^2} - \dfrac{2}{\sqrt{1-x^2}} \right) dx$;

(7) $\int \dfrac{x^2}{1+x^2} \, dx$;

(8) $\int \cos^2 \dfrac{x}{2} \, dx$;

(9) $\int \dfrac{\sin 2x}{\cos x} \, dx$;

(10) $\int \dfrac{dx}{1+\cos 2x}$;

(11) $\int \dfrac{2 \cos 2x}{\cos x - \sin x} \, dx$;

(12) $\int \sec x (\sec x - \tan x) \, dx$.

## §4.2 换元积分法

利用基本积分表及不定积分的性质所能计算的不定积分是有限的, 因此有必要寻找其他求不定积分的方法. 因为求不定积分与求导数互为逆运算, 所以本节我们将在复合函数求导法则的基础上, 利用中间变量代换, 导出求复合函数不定积分的方法, 称之为 **换元积分法**(简称 **换元法**). 按照选取中间变量的不同方式, 通常将换元法分为两类, 下面分别进行介绍.

### 一、第一类换元法

**定理 1(第一类换元法)**  设函数 $f(u)$ 具有原函数 $F(u)$, 函数 $u = \varphi(x)$ 可导, 则复合函数 $F[\varphi(x)]$ 是函数 $f[\varphi(x)]\varphi'(x)$ 的一个原函数, 即

$$\int f[\varphi(x)]\varphi'(x) dx = \left[ \int f(u) du \right] \bigg|_{u = \varphi(x)} = F[\varphi(x)] + C.$$

**证**  要证明定理成立, 只需证明

$$\frac{\mathrm{d}F[\varphi(x)]}{\mathrm{d}x} = f[\varphi(x)]\varphi'(x)$$

即可.

事实上,由复合函数的求导法则得

$$\frac{\mathrm{d}F[\varphi(x)]}{\mathrm{d}x} = \frac{\mathrm{d}F}{\mathrm{d}u} \cdot \frac{\mathrm{d}u}{\mathrm{d}x} = f(u)\varphi'(x)$$
$$= f[\varphi(x)]\varphi'(x).$$

**例 1** 求不定积分 $\int 9\cos 3x \mathrm{d}x$.

**解** 令 $3x = u$,则 $\mathrm{d}u = 3\mathrm{d}x$. 故

$$\int 9\cos 3x \mathrm{d}x = \int 3\cos u \mathrm{d}u = 3\sin u + C = 3\sin 3x + C.$$

**例 2** 求不定积分 $\int \frac{3}{3x+1} \mathrm{d}x$.

**解** 令 $3x + 1 = u$,则 $\mathrm{d}u = 3\mathrm{d}x$. 故

$$\int \frac{3}{3x+1} \mathrm{d}x = \int \frac{\mathrm{d}u}{u} = \ln|u| + C = \ln|3x+1| + C.$$

**注** (1) 在比较熟练后,利用第一类换元法求不定积分时可不写出中间变量 $u$;

(2) 第一类换元法在有些书上也称为**凑微分法**.

**例 3** 求不定积分 $\int x\mathrm{e}^{x^2} \mathrm{d}x$.

**解** $\int x\mathrm{e}^{x^2} \mathrm{d}x = \frac{1}{2}\int \mathrm{e}^{x^2} \mathrm{d}(x^2) = \frac{1}{2}\mathrm{e}^{x^2} + C.$

**例 4** 求不定积分 $\int x\sqrt{1-x^2} \mathrm{d}x$.

**解** $\int x\sqrt{1-x^2} \mathrm{d}x = -\frac{1}{2}\int (1-x^2)^{\frac{1}{2}} \mathrm{d}(1-x^2) = -\frac{1}{3}(1-x^2)^{\frac{3}{2}} + C.$

**例 5** 求不定积分 $\int \frac{\mathrm{d}x}{a^2+x^2}$ ($a$ 为常数且 $a \neq 0$).

**解** $\int \frac{\mathrm{d}x}{a^2+x^2} = \int \frac{1}{a^2} \cdot \frac{1}{1+\left(\frac{x}{a}\right)^2} \mathrm{d}x = \frac{1}{a} \int \frac{\mathrm{d}\left(\frac{x}{a}\right)}{1+\left(\frac{x}{a}\right)^2} = \frac{1}{a} \arctan \frac{x}{a} + C.$

类似地,可得

$$\int \frac{\mathrm{d}x}{\sqrt{a^2-x^2}} = \arcsin \frac{x}{a} + C.$$

**例 6** 求不定积分 $\int \dfrac{\mathrm{d}x}{x^2-a^2}$ ($a$ 为常数且 $a \neq 0$).

**解** 因

$$\dfrac{1}{x^2-a^2} = \dfrac{1}{2a}\left(\dfrac{1}{x-a} - \dfrac{1}{x+a}\right),$$

故

$$\begin{aligned}
\int \dfrac{\mathrm{d}x}{x^2-a^2} &= \dfrac{1}{2a}\int\left(\dfrac{1}{x-a} - \dfrac{1}{x+a}\right)\mathrm{d}x \\
&= \dfrac{1}{2a}\left(\int\dfrac{\mathrm{d}x}{x-a} - \int\dfrac{\mathrm{d}x}{x+a}\right) \\
&= \dfrac{1}{2a}\left[\int\dfrac{\mathrm{d}(x-a)}{x-a} - \int\dfrac{\mathrm{d}(x+a)}{x+a}\right] \\
&= \dfrac{1}{2a}(\ln|x-a| - \ln|x+a|) + C \\
&= \dfrac{1}{2a}\ln\left|\dfrac{x-a}{x+a}\right| + C.
\end{aligned}$$

同理可得

$$\int \dfrac{\mathrm{d}x}{a^2-x^2} = \dfrac{1}{2a}\ln\left|\dfrac{a+x}{a-x}\right| + C.$$

**例 7** 求不定积分 $\int \dfrac{1}{x}\ln x\,\mathrm{d}x$.

**解** $\int \dfrac{1}{x}\ln x\,\mathrm{d}x = \int \ln x\,\mathrm{d}(\ln x) = \dfrac{1}{2}\ln^2 x + C.$

**例 8** 求不定积分 $\int \dfrac{\mathrm{d}x}{(\arcsin x)^2\sqrt{1-x^2}}$.

**解**
$$\begin{aligned}
\int \dfrac{\mathrm{d}x}{(\arcsin x)^2\sqrt{1-x^2}} &= \int (\arcsin x)^{-2}\,\mathrm{d}(\arcsin x) \\
&= \dfrac{(\arcsin x)^{-2+1}}{-2+1} + C \\
&= -\dfrac{1}{\arcsin x} + C.
\end{aligned}$$

**例 9** 求不定积分 $\int \tan x\,\mathrm{d}x$.

**解** $\int \tan x\,\mathrm{d}x = \int \dfrac{\sin x}{\cos x}\,\mathrm{d}x = -\int \dfrac{\mathrm{d}(\cos x)}{\cos x} = -\ln|\cos x| + C.$

同理可得

$$\int \cot x\,\mathrm{d}x = \ln|\sin x| + C.$$

**例 10** 求不定积分 $\int \sin^3 x\,\mathrm{d}x$.

**解** $\int \sin^3 x\,\mathrm{d}x = \int \sin^2 x \sin x\,\mathrm{d}x = -\int (1-\cos^2 x)\,\mathrm{d}(\cos x)$

$$=-\int d(\cos x)+\int \cos^2 x\, d(\cos x)$$
$$=-\cos x+\frac{1}{3}\cos^3 x+C.$$

**例 11** 求不定积分 $\int \cos^2 x\, dx$.

**解** $\int \cos^2 x\, dx = \int \frac{1+\cos 2x}{2} dx = \frac{1}{2}\left(\int dx + \int \cos 2x\, dx\right)$
$$= \frac{1}{2}\int dx + \frac{1}{4}\int \cos 2x\, d(2x) = \frac{x}{2} + \frac{\sin 2x}{4} + C.$$

**例 12** 求不定积分 $\int \sec x\, dx$.

**解** $\int \sec x\, dx = \int \sec x\, \frac{\sec x + \tan x}{\sec x + \tan x} dx = \int \frac{d(\tan x + \sec x)}{\sec x + \tan x}$
$$= \ln|\sec x + \tan x| + C.$$

同理可得
$$\int \csc x\, dx = \ln|\csc x - \cot x| + C.$$

**例 13** 求不定积分 $\int \sec^4 x\, dx$.

**解** $\int \sec^4 x\, dx = \int \sec^2 x \sec^2 x\, dx = \int (\tan^2 x + 1)\, d(\tan x)$
$$= \frac{1}{3}\tan^3 x + \tan x + C.$$

**例 14** 求不定积分 $\int \cos 3x \cos 2x\, dx$.

**解** 因
$$\cos 3x \cos 2x = \frac{1}{2}(\cos x + \cos 5x),$$
故
$$\int \cos 3x \cos 2x\, dx = \frac{1}{2}\left[\int \cos x\, dx + \frac{1}{5}\int \cos 5x\, d(5x)\right]$$
$$= \frac{1}{2}\sin x + \frac{1}{10}\sin 5x + C.$$

**例 15** 求不定积分 $\int \frac{\arctan \sqrt{x}}{\sqrt{x}(1+x)} dx$.

**解** $\int \frac{\arctan \sqrt{x}}{\sqrt{x}(1+x)} dx = 2\int \frac{\arctan \sqrt{x}}{1+x} d(\sqrt{x}) = 2\int \frac{\arctan \sqrt{x}}{1+(\sqrt{x})^2} d(\sqrt{x})$
$$= 2\int \arctan \sqrt{x}\, d(\arctan \sqrt{x})$$
$$= (\arctan \sqrt{x})^2 + C.$$

## 二、第二类换元法

**定理 2（第二类换元法）** 设函数 $x = \varphi(t)$ 单调、可导，且 $\varphi'(t) \neq 0$. 若

$$\int f[\varphi(t)]\varphi'(t)\mathrm{d}t = F(t) + C,$$

则

$$\int f(x)\mathrm{d}x = F[\varphi^{-1}(x)] + C,$$

其中 $t = \varphi^{-1}(x)$ 是 $x = \varphi(t)$ 的反函数.

**证** 因 $x = \varphi(t)$ 单调、可导，故它的反函数 $t = \varphi^{-1}(x)$ 存在，且单调、可导. 要证明定理成立，只需证明

$$\frac{\mathrm{d}F[\varphi^{-1}(x)]}{\mathrm{d}x} = f(x)$$

即可.

事实上，由复合函数的求导法则得

$$\frac{\mathrm{d}F[\varphi^{-1}(x)]}{\mathrm{d}x} = \frac{\mathrm{d}F(t)}{\mathrm{d}t} \cdot \frac{\mathrm{d}t}{\mathrm{d}x} = f[\varphi(t)]\varphi'(t) \cdot \frac{1}{\varphi'(t)}$$

$$= f[\varphi(t)] = f(x),$$

其中第二个等号成立用到了 $F(t)$ 是 $f[\varphi(t)]\varphi'(t)$ 的原函数以及反函数的求导法则.

**例 16** 求不定积分 $\int x\sqrt{x-1}\,\mathrm{d}x$.

**解** 设 $\sqrt{x-1} = t$，则 $x = t^2 + 1$，$\mathrm{d}x = 2t\mathrm{d}t$. 故

$$\int x\sqrt{x-1}\,\mathrm{d}x = \int (t^2+1)t \cdot 2t\mathrm{d}t = \int (2t^4 + 2t^2)\mathrm{d}t = \frac{2}{5}t^5 + \frac{2}{3}t^3 + C$$

$$= \frac{2}{5}(x-1)^{\frac{5}{2}} + \frac{2}{3}(x-1)^{\frac{3}{2}} + C.$$

**注** 运用第二类换元法时最后结果一定要将 $t = \varphi^{-1}(x)$ 回代.

**例 17** 求不定积分 $\int \sqrt{a^2 - x^2}\,\mathrm{d}x$（$a$ 为常数且 $a > 0$）.

**解** 令 $x = \varphi(t) = a\sin t$，$t \in \left(-\frac{\pi}{2}, \frac{\pi}{2}\right)$，它单调、可导，且

$$\varphi'(t) = a\cos t \neq 0,$$

则

$$\mathrm{d}x = a\cos t\,\mathrm{d}t, \quad \sqrt{a^2 - x^2} = a\cos t.$$

故
$$\int \sqrt{a^2-x^2}\,dx = \int a\cos t \cdot a\cos t\,dt = a^2\int \cos^2 t\,dt = a^2\int \frac{1+\cos 2t}{2}dt$$
$$= a^2\left(\frac{t}{2}+\frac{1}{4}\sin 2t\right)+C = \frac{a^2 t}{2}+\frac{a^2}{2}\sin t\cos t + C$$
$$= \frac{a^2}{2}\arcsin\frac{x}{a}+\frac{1}{2}x\sqrt{a^2-x^2}+C.$$

**例 18** 求不定积分 $\int \dfrac{dx}{\sqrt{a^2+x^2}}$ ($a$ 为常数且 $a>0$).

**解** 令 $x=\varphi(t)=a\tan t, t\in\left(-\dfrac{\pi}{2},\dfrac{\pi}{2}\right)$,它单调、可导,且
$$\varphi'(t)=a\sec^2 t\ne 0,$$

则
$$dx=\varphi'(t)dt=a\sec^2 t\,dt,\qquad \sqrt{a^2+x^2}=a\sec t.$$

故
$$\int \frac{dx}{\sqrt{a^2+x^2}} = \int \frac{1}{a\sec t}a\sec^2 t\,dt = \int \sec t\,dt = \ln(\sec t+\tan t)+C.$$

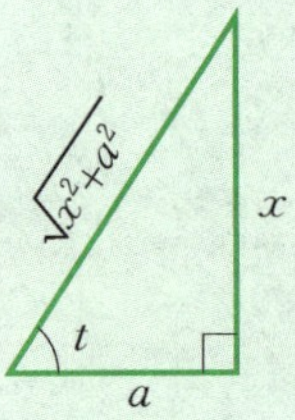

易知 $\tan t=\dfrac{x}{a}$. 为了把 $\sec t$ 换成 $x$ 的函数,可以根据 $\tan t=\dfrac{x}{a}$ 作辅助直角三角形(见图 4.2). 可见,$\sec t=\dfrac{\sqrt{x^2+a^2}}{a}$,因此

$$\int \frac{dx}{\sqrt{a^2+x^2}} = \ln\left(\frac{\sqrt{a^2+x^2}}{a}+\frac{x}{a}\right)+C = \ln(\sqrt{a^2+x^2}+x)-\ln a + C$$
$$= \ln(\sqrt{a^2+x^2}+x)+C_1 \quad (C_1=C-\ln a).$$

图 4.2

**例 19** 求不定积分 $\int \dfrac{dx}{\sqrt{x^2-a^2}}$ ($a$ 为常数且 $a>0$).

**解** 注意到被积函数在 $x>a$ 和 $x<-a$ 时有定义,分别对这两种情况求不定积分.

当 $x>a$ 时,令 $x=\varphi(t)=a\sec t, t\in\left(0,\dfrac{\pi}{2}\right)$,它单调、可导,且
$$\varphi'(t)=a\sec t\tan t\ne 0,$$

则
$$dx=a\sec t\tan t\,dt,\qquad \sqrt{x^2-a^2}=a\tan t.$$

故
$$\int \frac{dx}{\sqrt{x^2-a^2}} = \int \frac{a\sec t\tan t}{a\tan t}dt = \int \sec t\,dt = \ln(\sec t+\tan t)+C.$$

易知 $\sec t=\dfrac{x}{a}$. 为了把 $\tan t$ 换成 $x$ 的函数,可以根据 $\sec t=\dfrac{x}{a}$ 作辅助直角三角形(见图 4.3). 可见,$\tan t=\dfrac{\sqrt{x^2-a^2}}{a}$,因此

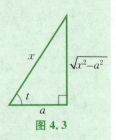

图 4.3

$$\int \frac{dx}{\sqrt{x^2-a^2}} = \ln\left(\frac{x}{a} + \frac{\sqrt{x^2-a^2}}{a}\right) + C = \ln(x + \sqrt{x^2-a^2}) - \ln a + C$$

$$= \ln(x + \sqrt{x^2-a^2}) + C_1 \quad (C_1 = C - \ln a).$$

同理,当 $x < -a$ 时,令 $x = \varphi(t) = a\sec t, t \in \left(\frac{\pi}{2}, \pi\right)$,可得

$$\int \frac{dx}{\sqrt{x^2-a^2}} = \ln(-x - \sqrt{x^2-a^2}) + C_1 \quad (C_1 = C - \ln a).$$

综上所述,有

$$\int \frac{dx}{\sqrt{x^2-a^2}} = \ln|x + \sqrt{x^2-a^2}| + C.$$

**例 20** 求不定积分 $\int \frac{dx}{x(x^6+4)}$.

**解** 令 $x = \frac{1}{t}$,则 $dx = -\frac{1}{t^2}dt$. 故

$$\int \frac{dx}{x(x^6+4)} = \int \frac{-\frac{1}{t^2}}{\frac{1}{t}\left(\frac{1}{t^6}+4\right)} dt = -\int \frac{t^5}{1+4t^6} dt$$

$$= -\frac{1}{24} \int \frac{d(1+4t^6)}{1+4t^6} = -\frac{1}{24} \ln(1+4t^6) + C$$

$$= -\frac{1}{24} \ln\left(1 + \frac{4}{x^6}\right) + C.$$

**注** 对于第二类换元法,我们应掌握以下几种将根式有理化的方法:

(1) 当被积函数中有根式 $\sqrt{a^2 - x^2}$ 时,可以用变量代换 $x = a\sin t$ 化去根式,如例 17;

(2) 当被积函数中有根式 $\sqrt{a^2 + x^2}$ 时,可以用变量代换 $x = a\tan t$ 化去根式,如例 18;

(3) 当被积函数中有根式 $\sqrt{x^2 - a^2}$ 时,可以用变量代换 $x = a\sec t$ 化去根式,如例 19.

但是,解题时要分析被积函数的具体情况,选取尽可能简捷的变量代换,不要拘泥于上述变量代换.

在本节的例题中有几个不定积分是经常遇到的,故它们的结果通常也被当作公式使用. 为了便于使用,我们在基本积分表中增加以下几个常用的积分公式:

(16) $\int \tan x \, dx = -\ln|\cos x| + C$;

(17) $\int \cot x \, dx = \ln|\sin x| + C$;

(18) $\int \sec x \, dx = \ln|\sec x + \tan x| + C$;

(19) $\int \csc x \, dx = \ln|\csc x - \cot x| + C$;

(20) $\int \dfrac{dx}{x^2 + a^2} = \dfrac{1}{a} \arctan \dfrac{x}{a} + C$ （$a$ 为常数且 $a \neq 0$）；

(21) $\int \dfrac{dx}{x^2 - a^2} = \dfrac{1}{2a} \ln \left| \dfrac{x-a}{x+a} \right| + C$ （$a$ 为常数且 $a \neq 0$）；

(22) $\int \dfrac{dx}{a^2 - x^2} = \dfrac{1}{2a} \ln \left| \dfrac{a+x}{a-x} \right| + C$ （$a$ 为常数且 $a \neq 0$）；

(23) $\int \dfrac{dx}{\sqrt{a^2 - x^2}} = \arcsin \dfrac{x}{a} + C$ （$a$ 为常数且 $a \neq 0$）；

(24) $\int \dfrac{dx}{\sqrt{x^2 \pm a^2}} = \ln|x + \sqrt{x^2 \pm a^2}| + C$ （$a$ 为常数且 $a > 0$）.

**例 21** 求不定积分 $\int \dfrac{dx}{x^2 + 2x + 4}$.

**解** $\int \dfrac{dx}{x^2 + 2x + 4} = \int \dfrac{d(x+1)}{(x+1)^2 + (\sqrt{3})^2}$

$\xrightarrow{\text{用基本积分表中的公式}(20)} \dfrac{1}{\sqrt{3}} \arctan \dfrac{x+1}{\sqrt{3}} + C$.

**例 22** 求不定积分 $\int \dfrac{dx}{\sqrt{4x^2 + 25}}$.

**解** $\int \dfrac{dx}{\sqrt{4x^2 + 25}} = \int \dfrac{dx}{\sqrt{(2x)^2 + 5^2}} = \dfrac{1}{2} \int \dfrac{d(2x)}{\sqrt{(2x)^2 + 5^2}}$

$\xrightarrow{\text{用基本积分表中的公式}(24)} \dfrac{1}{2} \ln(2x + \sqrt{4x^2 + 25}) + C$.

### 习 题 4.2

1. 在下列横线处填入适当的常数，使得等式成立：

(1) $dx = $ _____ $d(ax)$ （$a$ 为常数）；　　(2) $dx = $ _____ $d(7x - 3)$；

(3) $x \, dx = $ _____ $d(x^2)$；　　(4) $x \, dx = $ _____ $d(5x^2)$；

(5) $x \, dx = $ _____ $d(1 - x^2)$；　　(6) $x^3 \, dx = $ _____ $d(3x^4 - 2)$；

(7) $e^{2x} \, dx = $ _____ $d(e^{2x})$；　　(8) $e^{-\frac{x}{2}} \, dx = $ _____ $d(1 + e^{-\frac{x}{2}})$；

(9) $\sin \dfrac{3x}{2} \, dx = $ _____ $d\left(\cos \dfrac{3x}{2}\right)$；　　(10) $\dfrac{1}{x} \, dx = $ _____ $d(5 \ln|x|)$；

(11) $\dfrac{1}{x} \, dx = $ _____ $d(3 - 5 \ln|x|)$；　　(12) $\dfrac{1}{1 + 9x^2} \, dx = $ _____ $d(\arctan 3x)$；

(13) $\dfrac{1}{\sqrt{1-x^2}}\mathrm{d}x = $ _____ $\mathrm{d}(1-\arcsin x)$;   (14) $\dfrac{x}{\sqrt{1-x^2}}\mathrm{d}x = $ _____ $\mathrm{d}(\sqrt{1-x^2})$.

2. 求下列不定积分：

(1) $\displaystyle\int \dfrac{\mathrm{d}x}{(3x-4)^2}$;

(2) $\displaystyle\int \dfrac{\mathrm{d}x}{\sqrt[3]{2-3x}}$;

(3) $\displaystyle\int x^2\sqrt{1-x^3}\,\mathrm{d}x$;

(4) $\displaystyle\int \dfrac{x^2}{1+x^3}\mathrm{d}x$;

(5) $\displaystyle\int \dfrac{4x-2}{x^2+1}\mathrm{d}x$;

(6) $\displaystyle\int \dfrac{\mathrm{d}x}{4+4x^2}$;

(7) $\displaystyle\int \mathrm{e}^{2x}\,\mathrm{d}x$;

(8) $\displaystyle\int \dfrac{1}{2x}\sqrt{\ln x}\,\mathrm{d}x$;

(9) $\displaystyle\int \dfrac{3+2\ln x}{x}\mathrm{d}x$;

(10) $\displaystyle\int \sin x\sqrt{\cos^3 x}\,\mathrm{d}x$;

(11) $\displaystyle\int \sin x\,\mathrm{e}^{\cos x}\,\mathrm{d}x$;

(12) $\displaystyle\int \dfrac{\sin x}{\cos^3 x}\mathrm{d}x$;

(13) $\displaystyle\int \sin^2 x\,\mathrm{d}x$;

(14) $\displaystyle\int \cos^3 x\,\mathrm{d}x$;

(15) $\displaystyle\int \dfrac{(\arctan x)^3}{1+x^2}\mathrm{d}x$;

(16) $\displaystyle\int \dfrac{\mathrm{d}x}{\sqrt{1-x^2}\,(\arcsin x)^3}$;

(17) $\displaystyle\int \cos^2 x\sin^5 x\,\mathrm{d}x$;

(18) $\displaystyle\int \dfrac{\sin\sqrt{x}}{\sqrt{x}}\mathrm{d}x$;

(19) $\displaystyle\int \tan^3 x\sec x\,\mathrm{d}x$;

(20) $\displaystyle\int \dfrac{\mathrm{d}x}{(x+1)(x-2)}$;

(21) $\displaystyle\int \dfrac{\mathrm{d}x}{x\ln x\ln(\ln x)}$;

(22) $\displaystyle\int \sin 2x\cos 3x\,\mathrm{d}x$;

(23) $\displaystyle\int \dfrac{\sin x+\cos x}{\sqrt[3]{\sin x-\cos x}}\mathrm{d}x$;

(24) $\displaystyle\int \dfrac{\mathrm{d}x}{\sin x\cos x}$.

3. 求下列不定积分：

(1) $\displaystyle\int \dfrac{5}{x\sqrt{2x-1}}\mathrm{d}x$;

(2) $\displaystyle\int \dfrac{8}{\sqrt{x}+\sqrt[4]{x}}\mathrm{d}x$;

(3) $\displaystyle\int \dfrac{\mathrm{d}x}{\sqrt{(x^2+1)^3}}$;

(4) $\displaystyle\int \dfrac{2x^2}{\sqrt{a^2-x^2}}\mathrm{d}x$ （$a$ 为常数）;

(5) $\displaystyle\int \dfrac{\mathrm{d}x}{x(x^7+2)}$.

## §4.3 分部积分法

上一节我们在复合函数求导法则的基础上得到了换元积分法. 现在利用两个函数乘积的求导法则来推导另一种求不定积分的基本方

法——分部积分法.

设函数 $u = u(x)$ 和 $v = v(x)$ 具有连续导数,则
$$(uv)' = u'v + uv'.$$
移项得
$$uv' = (uv)' - u'v,$$
两边同时求不定积分得
$$\int uv' \, dx = uv - \int u'v \, dx \tag{4.2}$$
或
$$\int u \, dv = uv - \int v \, du. \tag{4.3}$$

这种求不定积分的方法称为**分部积分法**,而(4.2)式或(4.3)式称为**分部积分公式**.下面通过例子来说明如何运用这个重要公式.

**例 1** 求不定积分 $\int x \sin x \, dx$.

**解** 设 $u = x, dv = \sin x \, dx = d(-\cos x)$,则 $du = dx, v = -\cos x$. 故由(4.3)式得
$$\int x \sin x \, dx = x(-\cos x) - \int (-\cos x) \, dx = -x \cos x + \int \cos x \, dx$$
$$= -x \cos x + \sin x + C.$$

**注** 在例1中,若设
$$\sin x = u, \quad dv = x \, dx = d\left(\frac{1}{2} x^2\right),$$
则 $du = d(\sin x), v = \frac{1}{2} x^2$,从而
$$\int x \sin x \, dx = \frac{1}{2} x^2 \sin x - \int \frac{1}{2} x^2 \, d(\sin x),$$
其中幂函数的幂次升高一次. 由此可见,若 $u$ 和 $dv$ 选取不当,可能求不出结果. 因而,选取 $u$ 和 $dv$ 一般要考虑下面两点:

(1) $v$ 容易求出;

(2) $\int v \, du$ 比 $\int u \, dv$ 容易求出.

**例 2** 求不定积分 $\int x^2 e^x \, dx$.

**解** 设 $u = x^2, dv = e^x \, dx$,则 $du = 2x \, dx, v = e^x$. 故
$$\int x^2 e^x \, dx = x^2 e^x - 2 \int x e^x \, dx,$$
上式右边的不定积分与左边的不定积分相比,被积函数中幂函数的幂次降低了一次.

再设 $u = x, dv = e^x dx$，则 $du = dx, v = e^x$，从而
$$\int xe^x dx = xe^x - \int e^x dx = xe^x - e^x + C,$$
于是
$$\int x^2 e^x dx = x^2 e^x - 2\int xe^x dx$$
$$= e^x(x^2 - 2x + 2) + C.$$

**例3** 求不定积分 $\int x \arctan x \, dx$.

**解** 设 $u = \arctan x, dv = x dx = d\left(\dfrac{x^2}{2}\right)$，有 $v = \dfrac{x^2}{2}$，故
$$\int x \arctan x \, dx = \dfrac{x^2}{2} \arctan x - \int \dfrac{x^2}{2} d(\arctan x)$$
$$= \dfrac{x^2}{2} \arctan x - \int \dfrac{x^2}{2} \cdot \dfrac{1}{1+x^2} dx$$
$$= \dfrac{x^2}{2} \arctan x - \int \dfrac{1}{2}\left(1 - \dfrac{1}{1+x^2}\right) dx$$
$$= \dfrac{x^2}{2} \arctan x - \dfrac{1}{2}(x - \arctan x) + C.$$

**例4** 求不定积分 $\int \ln x \, dx$.

**解** 设 $u = \ln x, dv = dx$，则
$$\int \ln x \, dx = x\ln x - \int x d(\ln x) = x\ln x - \int x \cdot \dfrac{1}{x} dx$$
$$= x\ln x - \int dx = x\ln x - x + C.$$

**注** 在对分部积分法比较熟悉后，我们可以不写出公式中的 $u$ 与 $v$.

**例5** 求不定积分 $\int \arcsin x \, dx$.

**解** 由分部积分法得
$$\int \arcsin x \, dx = x \arcsin x - \int x d(\arcsin x) = x \arcsin x - \int \dfrac{x}{\sqrt{1-x^2}} dx.$$
对上式右边第二项的不定积分用第一类换元法，得
$$\int \dfrac{x}{\sqrt{1-x^2}} dx = -\dfrac{1}{2} \int \dfrac{d(1-x^2)}{\sqrt{1-x^2}} = -\sqrt{1-x^2} + C,$$
故
$$\int \arcsin x \, dx = x \arcsin x + \sqrt{1-x^2} + C.$$

**例 6** 求不定积分 $\int \tan^2 x \sec x \, dx$.

**解** 由分部积分法得

$$\int \tan^2 x \sec x \, dx = \int \tan x \, d(\sec x) = \tan x \sec x - \int \sec x \, d(\tan x)$$

$$= \tan x \sec x - \int \sec^3 x \, dx = \tan x \sec x - \int \sec x (1 + \tan^2 x) \, dx$$

$$= \tan x \sec x - \int \sec x \, dx - \int \sec x \tan^2 x \, dx.$$

将上式最后一个等号右边的第三项移到左边, 得

$$2 \int \tan^2 x \sec x \, dx = \tan x \sec x - \int \sec x \, dx$$

$$= \tan x \sec x - \ln|\sec x + \tan x| + C,$$

故

$$\int \tan^2 x \sec x \, dx = \frac{1}{2}(\tan x \sec x - \ln|\sec x + \tan x|) + C.$$

**例 7** 求不定积分 $\int e^x \sin x \, dx$.

**解** 由分部积分法得

$$\int e^x \sin x \, dx = \int \sin x \, d(e^x) = e^x \sin x - \int e^x d(\sin x) = e^x \sin x - \int e^x \cos x \, dx.$$

不知上式最后一个等号右边第二项的不定积分能否求出, 对其用分部积分法, 得

$$\int e^x \cos x \, dx = \int \cos x \, d(e^x) = e^x \cos x - \int e^x d(\cos x)$$

$$= e^x \cos x + \int e^x \sin x \, dx.$$

将此结果代入前一等式, 得

$$\int e^x \sin x \, dx = e^x \sin x - e^x \cos x - \int e^x \sin x \, dx.$$

上式右边第三项出现了 $-\int e^x \sin x \, dx$, 可将它移到等式左边, 有

$$2 \int e^x \sin x \, dx = e^x \sin x - e^x \cos x + C = e^x (\sin x - \cos x) + C,$$

故

$$\int e^x \sin x \, dx = \frac{1}{2} e^x (\sin x - \cos x) + C.$$

**注** (1) 分部积分法适用于下列被积函数的不定积分:

① $x^n \sin ax, x^n \cos ax$ 或 $x^n e^{ax}$ ($n$ 为正整数, $a$ 为常数). 这时可令 $u = x^n$, 其余部分为 $dv$.

② $x^n \ln x (n \neq -1)$. 这时可令 $u = \ln x, dv = x^n dx$.

③ $x^n \arctan x$. 这时可令 $u = \arctan x, dv = x^n dx$.

④ $e^{ax}\sin bx$ 或 $e^{ax}\cos bx$ ($a,b$ 为常数). 这时可令 $dv = e^{ax}dx$,其余部分为 $u$.

⑤ $\sin^n x$ ($n$ 为正整数). 这时可令 $u = \sin^{n-1}x, dv = \sin x dx$.

⑥ $\cos^n x$ ($n$ 为正整数). 这时可令 $u = \cos^{n-1}x, dv = \cos x dx$.

(2) 连续两次用分部积分法(如例 7)时,应令同类型的函数为 $u$.

(3) 若被积函数中只含一个因子(如 $\ln x, \arcsin x, \arctan x$ 等),可令被积函数为 $u, dv = dx$.

(4) 实际计算时,具体采用什么积分方法,这要视具体情况而定.

**例 8** 求不定积分 $\int e^{\sqrt{x}} dx$.

**解** 设 $t = \sqrt{x}$,则 $x = t^2, dx = 2t dt$. 故
$$\int e^{\sqrt{x}} dx = 2\int te^t dt = 2\int t d(e^t) = 2te^t - 2\int e^t dt$$
$$= 2te^t - 2e^t + C = 2e^t(t-1) + C$$
$$= 2e^{\sqrt{x}}(\sqrt{x} - 1) + C.$$

## 习 题 4.3

求下列不定积分:

(1) $\int x\sin 3x dx$;

(2) $\int 2xe^{-x} dx$;

(3) $\int x^2 e^{-x} dx$;

(4) $\int \dfrac{2\ln x}{x^2} dx$;

(5) $\int 3\ln^2 x dx$;

(6) $\int \arctan x dx$;

(7) $\int x\tan^2 x dx$;

(8) $\int \cos\ln x dx$;

(9) $\int e^{-x}\sin 2x dx$;

(10) $\int e^{\sqrt{3x+9}} dx$.

## §4.4 特殊类型函数的不定积分

前面已经介绍了求不定积分的两种基本方法:换元积分法和分部积分法. 下面简要介绍一些比较简单的特殊类型函数的不定积分.

# 一、有理函数的不定积分

**定义 1** 两个多项式的商

$$\frac{P(x)}{Q(x)} = \frac{a_n x^n + a_{n-1} x^{n-1} + \cdots + a_1 x + a_0}{b_m x^m + b_{m-1} x^{m-1} + \cdots + b_1 x + b_0}$$

称为**有理函数**,其中 $m,n$ 均为自然数,$a_n, a_{n-1}, \cdots, a_1, a_0$ 及 $b_m, b_{m-1}, \cdots, b_1, b_0$ 均为常数,且 $a_n \neq 0, b_m \neq 0$,$P(x)$ 与 $Q(x)$ 无公因式. 当 $n < m$ 时,称该有理函数为**真分式**;当 $n \geq m$ 时,称该有理函数为**假分式**.

**注** (1) 利用多项式除法总可将一个假分式化为一个多项式与一个真分式之和,例如 $\dfrac{x^2+1}{x+1} = x - 1 + \dfrac{2}{x+1}$,因为

$$\begin{array}{r} x-1 \phantom{xxx} \\ x+1 \overline{\smash{)}\, x^2 + 0x + 1} \\ \underline{x^2 + \phantom{0}x + 0} \phantom{x} \\ -x + 1 \phantom{x} \\ \underline{-x - 1} \phantom{x} \\ 2 \phantom{x} \end{array}$$

因多项式的不定积分容易求出,故下面只研究真分式的不定积分.

(2) 在实数范围内多项式 $Q(x)$ 总能分解成一次因式和二次质因式的乘积,即

$$Q(x) = c_0 (x-a)^\alpha \cdots (x-b)^\beta \cdot (x^2 + px + q)^\lambda$$
$$\cdots (x^2 + rx + s)^\mu,$$

其中 $c_0, a, \cdots, b, p, q, \cdots, r, s$ 为常数,$\alpha, \cdots, \beta, \lambda, \cdots, \mu$ 为正整数,并且 $p^2 - 4q < 0, \cdots, r^2 - 4s < 0$,故真分式 $\dfrac{P(x)}{Q(x)}$ 可分解成部分分式之和,即

$$\frac{P(x)}{Q(x)} = \frac{A_\alpha}{(x-a)^\alpha} + \frac{A_{\alpha-1}}{(x-a)^{\alpha-1}} + \cdots + \frac{A_1}{x-a} + \cdots + \frac{B_\beta}{(x-b)^\beta}$$
$$+ \frac{B_{\beta-1}}{(x-b)^{\beta-1}} + \cdots + \frac{B_1}{x-b} + \frac{M_\lambda x + N_\lambda}{(x^2 + px + q)^\lambda}$$
$$+ \frac{M_{\lambda-1} x + N_{\lambda-1}}{(x^2 + px + q)^{\lambda-1}} + \cdots + \frac{M_1 x + N_1}{x^2 + px + q}$$
$$+ \cdots + \frac{R_\mu x + S_\mu}{(x^2 + rx + s)^\mu} + \frac{R_{\mu-1} x + S_{\mu-1}}{(x^2 + rx + s)^{\mu-1}}$$
$$+ \cdots + \frac{R_1 x + S_1}{x^2 + rx + s},$$

其中 $A_i (i = 1, 2, \cdots, \alpha), \cdots, B_j (j = 1, 2, \cdots, \beta), M_k (k = 1, 2, \cdots, \lambda), N_l (l = 1, 2, \cdots, \lambda), \cdots, R_s (s = 1, 2, \cdots, \mu), S_t (t = 1, 2, \cdots, \mu)$ 都是待定常数.

**例 1** 将 $\dfrac{P(x)}{Q(x)} = \dfrac{6x^2 - 10x + 2}{x^3 - 3x^2 + 2x}$ 分解成部分分式之和.

**解** 由于 $Q(x) = x^3 - 3x^2 + 2x = x(x-1)(x-2)$,因此可设

$$\frac{P(x)}{Q(x)} = \frac{6x^2 - 10x + 2}{x(x-1)(x-2)} = \frac{A_1}{x} + \frac{A_2}{x-1} + \frac{A_3}{x-2}$$

$$= \frac{A_1(x-1)(x-2) + A_2 x(x-2) + A_3 x(x-1)}{x(x-1)(x-2)},$$

其中 $A_1, A_2, A_3$ 为待定常数. 于是,有等式

$$6x^2 - 10x + 2 = A_1(x-1)(x-2) + A_2 x(x-2) + A_3 x(x-1).$$

令 $x = 0$,则

$$2A_1 = 2, \quad A_1 = 1;$$

令 $x = 1$,则

$$-2 = A_2(-1), \quad A_2 = 2;$$

令 $x = 2$,则

$$6 = 2A_3, \quad A_3 = 3.$$

故

$$\frac{P(x)}{Q(x)} = \frac{6x^2 - 10x + 2}{x(x-1)(x-2)} = \frac{1}{x} + \frac{2}{x-1} + \frac{3}{x-2}.$$

**例 2** 将 $\dfrac{P(x)}{Q(x)} = \dfrac{x^3 + 1}{x(x-1)^3}$ 分解成部分分式之和.

**解** 由于 $Q(x) = x(x-1)^3$,因此可设

$$\frac{P(x)}{Q(x)} = \frac{x^3 + 1}{x(x-1)^3} = \frac{B}{x} + \frac{A_3}{(x-1)^3} + \frac{A_2}{(x-1)^2} + \frac{A_1}{x-1}$$

$$= \frac{B(x-1)^3 + A_3 x + A_2 x(x-1) + A_1 x(x-1)^2}{x(x-1)^3},$$

其中 $B, A_1, A_2, A_3$ 为待定常数. 于是,有等式

$$x^3 + 1 = B(x-1)^3 + A_3 x + A_2 x(x-1) + A_1 x(x-1)^2.$$

令 $x = 0$,则

$$1 = -B, \quad B = -1;$$

令 $x = 1$,则

$$2 = A_3, \quad A_3 = 2;$$

令 $x = -1$,则

$$0 = -8B - A_3 + 2A_2 - 4A_1 = 8 - 2 + 2A_2 - 4A_1$$
$$= 6 + 2A_2 - 4A_1,$$

即

$$A_2 - 2A_1 = -3; \tag{4.4}$$

令 $x = 2$,则

$$9 = B + 2A_3 + 2A_2 + 2A_1 = -1 + 4 + 2A_2 + 2A_1$$
$$= 3 + 2A_2 + 2A_1,$$

即

$$A_2 + A_1 = 3. \tag{4.5}$$

将(4.4)式与(4.5)式联立,求解得 $A_1 = 2, A_2 = 1$. 故

$$\frac{P(x)}{Q(x)} = \frac{x^3+1}{x(x-1)^3} = -\frac{1}{x} + \frac{2}{(x-1)^3} + \frac{1}{(x-1)^2} + \frac{2}{x-1}.$$

**例 3**  将 $\dfrac{P(x)}{Q(x)} = \dfrac{x^3+x^2+2}{(x^2+2)^2}$ 分解成部分分式之和.

**解**  由于 $Q(x) = (x^2+2)^2$,因此可设

$$\frac{P(x)}{Q(x)} = \frac{x^3+x^2+2}{(x^2+2)^2} = \frac{A_2 x + B_2}{(x^2+2)^2} + \frac{A_1 x + B_1}{x^2+2}$$
$$= \frac{A_2 x + B_2 + (A_1 x + B_1)(x^2+2)}{(x^2+2)^2}.$$

其中 $A_1, A_2, B_1, B_2$ 为待定常数. 于是,有等式

$$x^3 + x^2 + 2 = A_2 x + B_2 + (A_1 x + B_1)(x^2+2)$$
$$= A_1 x^3 + B_1 x^2 + (2A_1 + A_2)x + (2B_1 + B_2).$$

由上式两边各次幂的系数相等得

$$A_1 = 1, \quad B_1 = 1, \quad 2A_1 + A_2 = 0, \quad 2B_1 + B_2 = 2,$$

则 $A_2 = -2, B_2 = 0$. 故

$$\frac{P(x)}{Q(x)} = \frac{x^3+x^2+2}{(x^2+2)^2} = \frac{-2x}{(x^2+2)^2} + \frac{x+1}{x^2+2}.$$

**注**  (1) 由上面的讨论可以看出,任何真分式总可以分解成下面四类部分分式之和:

① $\dfrac{A}{x-a}$；  ② $\dfrac{A}{(x-a)^k}$；

③ $\dfrac{Mx+N}{x^2+px+q}$；  ④ $\dfrac{Mx+N}{(x^2+px+q)^k}$.

(2) 任何真分式的不定积分均可化为以下四种类型的不定积分之和:

① $\displaystyle\int \frac{A}{x-a} \mathrm{d}x$；  ② $\displaystyle\int \frac{A}{(x-a)^k} \mathrm{d}x$；

③ $\displaystyle\int \frac{Mx+N}{x^2+px+q} \mathrm{d}x$；  ④ $\displaystyle\int \frac{Mx+N}{(x^2+px+q)^k} \mathrm{d}x$.

这里 $A, M, N, a, p, q$ 为常数,$k$ 为整数且 $k \geqslant 2$,$p^2 - 4q < 0$,即方程 $x^2 + px + q = 0$ 无实根.

**例 4**  求不定积分 $\displaystyle\int \frac{6x^2 - 10x + 2}{x(x-1)(x-2)} \mathrm{d}x$.

**解**  由例 1 得

$$\frac{6x^2 - 10x + 2}{x(x-1)(x-2)} = \frac{1}{x} + \frac{2}{x-1} + \frac{3}{x-2},$$

故

$$\int \frac{6x^2-10x+2}{x(x-1)(x-2)}dx = \int \left(\frac{1}{x}+\frac{2}{x-1}+\frac{3}{x-2}\right)dx$$
$$= \int \frac{dx}{x}+\int \frac{2}{x-1}dx+\int \frac{3}{x-2}dx$$
$$= \ln|x|+2\ln|x-1|+3\ln|x-2|+C$$
$$= \ln|x(x-1)^2(x-2)^3|+C.$$

**例 5** 求不定积分 $\int \frac{x^3+1}{x(x-1)^3}dx$.

**解** 由例 2 得
$$\frac{x^3+1}{x(x-1)^3} = -\frac{1}{x}+\frac{2}{(x-1)^3}+\frac{1}{(x-1)^2}+\frac{2}{x-1},$$
故
$$\int \frac{x^3+1}{x(x-1)^3}dx = \int \left[-\frac{1}{x}+\frac{2}{(x-1)^3}+\frac{1}{(x-1)^2}+\frac{2}{x-1}\right]dx$$
$$= -\int \frac{dx}{x}+\int \frac{2}{(x-1)^3}dx+\int \frac{dx}{(x-1)^2}+\int \frac{2}{x-1}dx$$
$$= -\ln|x|+2\int (x-1)^{-3}dx+\int (x-1)^{-2}dx+2\int (x-1)^{-1}dx$$
$$= -\ln|x|-\frac{1}{(x-1)^2}-\frac{1}{x-1}+2\ln|x-1|+C$$
$$= \ln \frac{(x-1)^2}{|x|}-\frac{1}{(x-1)^2}-\frac{1}{x-1}+C.$$

**例 6** 求不定积分 $\int \frac{x^3+x^2+2}{(x^2+2)^2}dx$.

**解** 由例 3 得
$$\frac{x^3+x^2+2}{(x^2+2)^2} = \frac{-2x}{(x^2+2)^2}+\frac{x+1}{x^2+2},$$
故
$$\int \frac{x^3+x^2+2}{(x^2+2)^2}dx = \int \left[\frac{-2x}{(x^2+2)^2}+\frac{x+1}{x^2+2}\right]dx$$
$$= -\int (x^2+2)^{-2}d(x^2+2)+\int \frac{x}{x^2+2}dx+\int \frac{dx}{x^2+2}$$
$$= \frac{1}{x^2+2}+\frac{1}{2}\int (x^2+2)^{-1}d(x^2+2)+\frac{1}{\sqrt{2}}\arctan \frac{x}{\sqrt{2}}$$
$$= \frac{1}{x^2+2}+\frac{1}{2}\ln(x^2+2)+\frac{1}{\sqrt{2}}\arctan \frac{x}{\sqrt{2}}+C.$$

**例 7** 求不定积分 $\int \frac{x^5+x^4-8}{x^3-x}dx$.

**解** $\int \frac{x^5+x^4-8}{x^3-x}dx = \int \left(x^2+x+1+\frac{1}{x-1}-\frac{8}{x^3-x}\right)dx$
$$= \frac{x^3}{3}+\frac{x^2}{2}+x+\ln|x-1|-8\int \frac{dx}{x^3-x}.$$

令
$$\frac{1}{x^3-x} = \frac{A_1}{x} + \frac{A_2}{x-1} + \frac{A_3}{x+1} = \frac{A_1(x^2-1)+A_2x(x+1)+A_3x(x-1)}{x^3-x},$$
其中 $A_1, A_2, A_3$ 为待定常数,于是有等式
$$1 = A_1(x^2-1)+A_2x(x+1)+A_3x(x-1).$$

令 $x=0$,则
$$1 = -A_1, \quad A_1 = -1;$$

令 $x=1$,则
$$1 = 2A_2, \quad A_2 = \frac{1}{2};$$

令 $x=-1$,则
$$1 = 2A_3, \quad A_3 = \frac{1}{2}.$$

故
$$\frac{1}{x^3-x} = -\frac{1}{x} + \frac{1}{2(x-1)} + \frac{1}{2(x+1)},$$
$$\int \frac{\mathrm{d}x}{x^3-x} = -\ln|x| + \frac{1}{2}\ln|x-1| + \frac{1}{2}\ln|x+1| + C.$$

因此
$$\int \frac{x^5+x^4-8}{x^3-x}\mathrm{d}x = \frac{x^3}{3} + \frac{x^2}{2} + x + 8\ln|x| - 3\ln|x-1| - 4\ln|x+1| + C.$$

## 二、三角函数有理式的不定积分

**定义 2** 由常数和三角函数经过有限次四则运算得到的函数称为**三角函数有理式**.

**例 8** 求不定积分 $\int \frac{1+\sin x}{\sin x(1+\cos x)}\mathrm{d}x$.

**解** 由三角函数理论知道,$\sin x, \cos x$ 都可以用 $\tan \frac{x}{2}$ 的有理式来表示,即

$$\sin x = 2\sin \frac{x}{2} \cos \frac{x}{2} = \frac{2\tan \frac{x}{2}}{\sec^2 \frac{x}{2}} = \frac{2\tan \frac{x}{2}}{1+\tan^2 \frac{x}{2}}, \tag{4.6}$$

$$\cos x = \cos^2 \frac{x}{2} - \sin^2 \frac{x}{2} = \frac{1-\tan^2 \frac{x}{2}}{\sec^2 \frac{x}{2}} = \frac{1-\tan^2 \frac{x}{2}}{1+\tan^2 \frac{x}{2}}. \tag{4.7}$$

因此,做变量代换 $u = \tan \frac{x}{2}$,则

$$\sin x = \frac{2u}{1+u^2}, \quad \cos x = \frac{1-u^2}{1+u^2}.$$

而

$$x = 2\arctan u, \quad dx = \frac{2}{1+u^2}du, \tag{4.8}$$

故

$$\int \frac{1+\sin x}{\sin x(1+\cos x)}dx = \int \frac{1+\frac{2u}{1+u^2}}{\frac{2u}{1+u^2}\left(1+\frac{1-u^2}{1+u^2}\right)} \cdot \frac{2}{1+u^2}du = \frac{1}{2}\int \left(u+2+\frac{1}{u}\right)du$$

$$= \frac{1}{2}\left(\frac{u^2}{2}+2u+\ln|u|\right)+C$$

$$= \frac{1}{4}\tan^2\frac{x}{2}+\tan\frac{x}{2}+\frac{1}{2}\ln\left|\tan\frac{x}{2}\right|+C.$$

**注** （1）三角函数有理式的不定积分中 $\sin x, \cos x, x, dx$ 可用 (4.6) 式、(4.7) 式和 (4.8) 式做变量代换；

（2）对某些特殊的三角函数有理式不定积分来说，并非用例 8 这样的积分方法最简便，有时可能还有更简便的方法，如例 9.

**例 9** 求不定积分 $\int \frac{2\cos x}{3+2\sin x}dx$.

**解** 设 $u = 3+2\sin x$，则有

$$\int \frac{2\cos x}{3+2\sin x}dx = \int \frac{d(3+2\sin x)}{3+2\sin x} = \ln|3+2\sin x|+C.$$

## 三、简单无理函数的不定积分

求简单无理函数的不定积分，其基本思想就是利用适当的变量代换将所求不定积分转化为有理函数的不定积分.

**例 10** 求不定积分 $\int \frac{dx}{2+\sqrt[4]{x+2}}$.

**解** 为了消去根号，令 $\sqrt[4]{x+2} = u$，则 $x = u^4-2$, $dx = 4u^3du$. 故

$$\int \frac{dx}{2+\sqrt[4]{x+2}} = \int \frac{1}{2+u} \cdot 4u^3du = 4\int \frac{u^3+8-8}{u+2}du$$

$$= 4\int \left[(u^2-2u+4)-\frac{8}{u+2}\right]du$$

$$= 4\left(\frac{u^3}{3}-u^2+4u-8\ln|u+2|\right)+C$$

$$= \frac{4}{3}\sqrt[4]{(x+2)^3} - 4\sqrt{x+2} + 16\sqrt[4]{x+2} - 32\ln(\sqrt[4]{x+2} + 2) + C.$$

**例 11** 求不定积分 $\int \dfrac{dx}{(4+\sqrt[3]{x})\sqrt{x}}$.

**解** 为了消去根号，令 $\sqrt[6]{x} = u$，则 $x = u^6$，$dx = 6u^5 du$. 故

$$\int \frac{dx}{(4+\sqrt[3]{x})\sqrt{x}} = \int \frac{1}{(4+u^2)u^3} \cdot 6u^5 du = \int \frac{6u^2}{4+u^2} du = 6\int \frac{u^2+4-4}{4+u^2} du$$

$$= 6\int \left(1 - \frac{4}{4+u^2}\right) du = 6u - 12\arctan\frac{u}{2} + C$$

$$= 6\sqrt[6]{x} - 12\arctan\frac{\sqrt[6]{x}}{2} + C.$$

## 习 题 4.4

求下列不定积分：

(1) $\int \dfrac{2(2x+3)}{x^3+x^2-2x} dx$;

(2) $\int \dfrac{2(x+1)}{(x-1)^3} dx$;

(3) $\int \dfrac{2(x^2+x+1)}{(x^2+1)^2} dx$;

(4) $\int \dfrac{x^2+1}{(x^2-1)(x+1)} dx$;

(5) $\int \dfrac{2}{3+\cos x} dx$;

(6) $\int \dfrac{3}{2+3\sin x} dx$;

(7) $\int \dfrac{7(\sqrt{x+1}-1)}{\sqrt{x+1}+1} dx$;

(8) $\int \dfrac{8}{\sqrt{x}+\sqrt[4]{x}} dx$.

## §4.5 积分表的使用

把一些常用的积分公式汇总成表，称为**积分表**(见书末附录 Ⅲ).

**注** (1) 由前面的讨论可看出，不定积分的计算通常比导数的计算更难、更灵活、更繁杂；

(2) 积分表是按被积函数的类型来分类的；

(3) 将积分表中的积分公式做简单变形后可得到所需的结果.

**例1** 求不定积分 $\int \dfrac{\mathrm{d}x}{x(x+4)}$.

**解** 被积函数含有形如 $x(ax+b)$ 的式子，在积分表（一）中查得公式 5：

$$\int \dfrac{\mathrm{d}x}{x(ax+b)} = -\dfrac{1}{b}\ln\left|\dfrac{ax+b}{x}\right| + C.$$

现在 $a=1, b=4$，故有

$$\int \dfrac{\mathrm{d}x}{x(x+4)} = -\dfrac{1}{4}\ln\left|\dfrac{x+4}{x}\right| + C.$$

**例2** 求不定积分 $\int \dfrac{\mathrm{d}x}{2-3\cos x}$.

**解** 被积函数含有形如 $a+b\cos x$ 的式子，在积分表（十一）中查得公式 106：

$$\int \dfrac{\mathrm{d}x}{a+b\cos x} = \dfrac{1}{a+b}\sqrt{\dfrac{a+b}{b-a}}\ln\left|\dfrac{\tan\dfrac{x}{2}+\sqrt{\dfrac{a+b}{b-a}}}{\tan\dfrac{x}{2}-\sqrt{\dfrac{a+b}{b-a}}}\right| + C \quad (a^2 < b^2).$$

现在 $a=2, b=-3, 2^2 < (-3)^2$，故有

$$\int \dfrac{\mathrm{d}x}{2-3\cos x} = \dfrac{1}{2-3}\sqrt{\dfrac{2-3}{-3-2}}\ln\left|\dfrac{\tan\dfrac{x}{2}+\sqrt{\dfrac{2-3}{-3-2}}}{\tan\dfrac{x}{2}-\sqrt{\dfrac{2-3}{-3-2}}}\right| + C$$

$$= -\sqrt{\dfrac{1}{5}}\ln\left|\dfrac{\tan\dfrac{x}{2}+\sqrt{\dfrac{1}{5}}}{\tan\dfrac{x}{2}-\sqrt{\dfrac{1}{5}}}\right| + C$$

$$= -\dfrac{\sqrt{5}}{5}\ln\left|\dfrac{\sqrt{5}\tan\dfrac{x}{2}+1}{\sqrt{5}\tan\dfrac{x}{2}-1}\right| + C.$$

**例3** 求不定积分 $\int \cos^3 x \sin^3 x \, \mathrm{d}x$.

**解** 被积函数形如 $\cos^m x \sin^n x$，在积分表（十一）中查得公式 99 的第二个式子：

$$\int \cos^m x \sin^n x \, \mathrm{d}x = -\dfrac{1}{m+n}\cos^{m+1} x \sin^{n-1} x + \dfrac{n-1}{m+n}\int \cos^m x \sin^{n-2} x \, \mathrm{d}x.$$

现在 $m=3, n=3$，故有

$$\int \cos^3 x \sin^3 x \, \mathrm{d}x = -\dfrac{1}{3+3}\cos^{3+1} x \sin^{3-1} x + \dfrac{3-1}{3+3}\int \cos^3 x \sin^{3-2} x \, \mathrm{d}x$$

$$= -\dfrac{\cos^4 x \sin^2 x}{6} + \dfrac{2}{6}\int \cos^3 x \sin x \, \mathrm{d}x$$

$$= -\dfrac{\cos^4 x \sin^2 x}{6} + \dfrac{1}{3}\int \cos^3 x \, \mathrm{d}(-\cos x)$$

$$= -\dfrac{\cos^4 x \sin^2 x}{6} - \dfrac{1}{12}\cos^4 x + C.$$

**例 4** 求不定积分 $\int \dfrac{\mathrm{d}x}{x^2 \sqrt{(3x)^2+16}}$.

**解** 被积函数含有形如 $x^2\sqrt{x^2+a^2}$ 的式子,在积分表(六)中查得公式 38:

$$\int \dfrac{\mathrm{d}x}{x^2\sqrt{x^2+a^2}} = -\dfrac{\sqrt{x^2+a^2}}{a^2 x} + C.$$

令 $3x=u$,则

$$\mathrm{d}x = \dfrac{1}{3}\mathrm{d}u, \quad \sqrt{(3x)^2+16} = \sqrt{u^2+16} = \sqrt{u^2+4^2}.$$

故

$$\int \dfrac{\mathrm{d}x}{x^2\sqrt{(3x)^2+16}} = \int \dfrac{1}{\left(\dfrac{u}{3}\right)^2 \sqrt{u^2+4^2}} \cdot \dfrac{1}{3}\mathrm{d}u = \int \dfrac{3}{u^2\sqrt{u^2+4^2}}\mathrm{d}u$$

$$= -\dfrac{3}{16} \cdot \dfrac{\sqrt{u^2+4^2}}{u} + C = -\dfrac{3}{16} \cdot \dfrac{\sqrt{(3x)^2+16}}{3x} + C$$

$$= -\dfrac{\sqrt{9x^2+16}}{16x} + C.$$

**注** (1) 对于例 4 中的不定积分,在积分表中无法找到直接对应的公式,需要进行变量代换(令 $3x=u$).

(2) 对初等函数而言,在其定义区间内,初等函数的原函数必存在,但原函数不一定都是初等函数,如 $\dfrac{\sin x}{2x}, \dfrac{1}{2\ln x}, \mathrm{e}^{-4x^2}$ 的原函数均不是初等函数,从而不定积分 $\int \dfrac{\sin x}{2x}\mathrm{d}x, \int \dfrac{\mathrm{d}x}{2\ln x}, \int \mathrm{e}^{-4x^2}\mathrm{d}x$ 都不能用初等函数来表示.

习 题 4.5

求下列不定积分(查积分表):

(1) $\int \dfrac{\mathrm{d}x}{\sqrt{9x^2-16}}$;

(2) $\int \dfrac{2}{x^2+2x+5}\mathrm{d}x$;

(3) $\int 3\mathrm{e}^{-2x}\sin 3x\,\mathrm{d}x$;

(4) $\int \sin 4x \sin 6x\,\mathrm{d}x$;

(5) $\int 4\sqrt{\dfrac{1-x}{1+x}}\mathrm{d}x$;

(6) $\int \dfrac{5}{x\sqrt{2x-1}}\mathrm{d}x$.

## 综合练习四

1. 选择题：

(1) 设函数 $f(x)$ 在区间 $I$ 上连续，则 $f(x)$ 在 $I$ 内(　　);
A. 必存在导数　　　　　　　　B. 必存在原函数
C. 必有界　　　　　　　　　　D. 必有极值

(2) 下列各对函数中，(　　)为同一函数的原函数；
A. $\arcsin x$ 和 $\arccos x$　　　　　B. $e^{-x}$ 和 $2 + e^{-x}$
C. $\ln x^2$ 和 $\dfrac{\ln x}{x}$　　　　　　　D. $\sin^2 x$ 和 $\dfrac{1}{2}\cos 2x$

(3) 在下列等式中，正确的是(　　)；
A. $\displaystyle\int f'(x)\,dx = f(x)$　　　　　B. $\displaystyle\int d[f(x)] = f(x)$
C. $\dfrac{d}{dx}\left[\displaystyle\int f(x)\,dx\right] = f(x)$　　D. $d\left[\displaystyle\int f(x)\right] = f(x)$

(4) 设 $\dfrac{\sin x}{x}$ 是函数 $f(x)$ 的一个原函数，常数 $a \neq 0$，则不定积分 $\displaystyle\int \dfrac{f(ax)}{a}\,dx = ($　　$)$.
A. $\dfrac{\sin ax}{a^3 x} + C$　　　　　　　B. $\dfrac{\sin ax}{a^2 x} + C$
C. $\dfrac{\sin ax}{ax} + C$　　　　　　　D. $\dfrac{\sin ax}{x} + C$

2. 填空题：

(1) 设 $e^{x^2}$ 是函数 $f(x)$ 的一个原函数，则不定积分 $\displaystyle\int f(\sin x)\cos x\,dx = $ _____ ;

(2) 设不定积分 $\displaystyle\int xf(x)\,dx = \arcsin x + C$，则不定积分 $\displaystyle\int \dfrac{dx}{f(x)} = $ _____ ;

(3) 设 $f'(\sqrt{x}) = \dfrac{1}{x}$ 且 $f(1) = 0$，则函数 $f(x) = $ _____ ;

(4) 设函数 $f(x)$ 在区间 $(-\infty, +\infty)$ 上连续，则微分 $d\left[\displaystyle\int f(x)\,dx\right] = $ _____ ;

(5) 考虑命题：若函数 $f(x)$ 连续且为偶函数，则 $f(x)$ 的原函数必是奇函数. 举一个反例说明此命题是假命题：_____ .

3. 求下列不定积分：

(1) $\displaystyle\int \dfrac{\cos 2x}{\cos x - \sin x}\,dx$；　　　　(2) $\displaystyle\int \dfrac{x^4}{1+x^2}\,dx$；

(3) $\int \dfrac{3x^3}{1-x^4}dx$;

(4) $\int \dfrac{x^2}{\sqrt{a^2-x^2}}dx$ ($a$ 为常数且 $a>0$);

(5) $\int e^{-x}\sin 2x\,dx$;

(6) $\int x^2\cos x\,dx$;

(7) $\int \dfrac{\ln x}{\sqrt{x}}dx$;

(8) $\int \dfrac{dx}{x\sqrt{x^2-1}}$;

(9) $\int x^3 e^{x^2}dx$.

4. 设函数 $f(x)=\begin{cases} x^2, & x\geqslant 0, \\ 0, & x<0, \end{cases}$ 求不定积分 $\int f(x)dx$.

5. 已知 $\sec^2 x$ 是函数 $f(x)$ 的一个原函数,求下列不定积分:

(1) $\int xf'(x)dx$;

(2) $\int xf(x)dx$.

6. 设 $f'(\sin^2 x)=\cos 2x+\tan^2 x$,求函数 $f(x)(0<x<1)$.

7. 已知函数 $f(x)$ 的导数 $f'(x)$ 的图形是一条二次抛物线,开口向上,且与 $x$ 轴交于点 $x=0$ 和 $x=2$ 处. 若 $f(x)$ 的极大值为 4,极小值为 0,求 $f(x)$.

# 第五章 定积分

**定**积分为积分学的概念,是从计算面积和体积等实际问题中抽象出来的.本章主要讨论定积分的定义、性质和计算方法.

## §5.1 定积分的概念与性质

### 一、引例

定积分是牛顿和莱布尼茨在研究力学、几何学的问题中各自独立提出的. 在正式介绍定积分之前,先举两个具体例子,借此引出定积分的概念.

**1. 曲边梯形的面积**

由连续曲线 $y=f(x)(f(x)\geqslant 0)$ 与直线 $x=a,x=b$ 及 $x$ 轴所围成的平面图形如图 5.1 所示. 形如这样的平面图形称为**曲边梯形**.

易见,由两连续曲线 $y=f_1(x),y=f_2(x)(f_2(x)\geqslant f_1(x)\geqslant 0)$ 与直线 $x=a,x=b$ 所围成平面图形的面积(见图 5.2 中的阴影部分),等于以曲线 $y=f_2(x)$ 为曲边和以曲线 $y=f_1(x)$ 为曲边的曲边梯形面积之差.

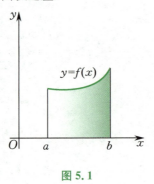

图 5.1

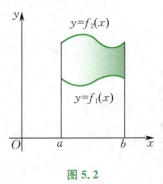

图 5.2

**例 1** 设一曲边梯形的曲边为连续曲线 $y=f(x),x\in[a,b]$,求该曲边梯形的面积 $A$(见图 5.3).

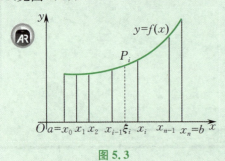

图 5.3

**解** 将区间 $[a,b]$ 分为若干部分,相应地可把该曲边梯形分为若干小曲边梯形. 各小曲边梯形高度变化微小,可近似计算它们的面积,求和后得到所求曲边梯形面积 $A$ 的近似值,然后求极限就得到所求的曲边梯形面积 $A$. 具体步骤如下:

在区间 $[a,b]$ 内用分点
$$a=x_0<x_1<x_2<\cdots<x_n=b$$
将 $[a,b]$ 分为 $n$ 个小区间
$$[x_0,x_1],\quad [x_1,x_2],\quad \cdots,\quad [x_{n-1},x_n].$$

在各分点处作 $x$ 轴的垂线,把所给曲边梯形分成 $n$ 个小曲边梯形,各小区间的长度为
$$\Delta x_1 = x_1 - x_0, \quad \Delta x_2 = x_2 - x_1, \quad \cdots, \quad \Delta x_n = x_n - x_{n-1}.$$

在小区间 $[x_{i-1}, x_i]$ $(i=1,2,\cdots,n)$ 上任取一点 $\xi_i$,过点 $\xi_i$ 作 $x$ 轴的垂线与曲线 $y = f(x)$ 交于点 $P_i$,此曲线在点 $\xi_i$ 处的高度为 $f(\xi_i)$. 以 $f(\xi_i)$ 为高,$\Delta x_i$ 为底的小矩形的面积 $f(\xi_i)\Delta x_i$ 就为第 $i$ $(i=1,2,\cdots,n)$ 个小曲边梯形面积的近似值. 这 $n$ 个小矩形面积之和
$$S_n = f(\xi_1)\Delta x_1 + f(\xi_2)\Delta x_2 + \cdots + f(\xi_n)\Delta x_n = \sum_{i=1}^{n} f(\xi_i)\Delta x_i$$
即为所求曲边梯形面积 $A$ 的近似值.

记 $\lambda = \max\{\Delta x_1, \Delta x_2, \cdots, \Delta x_n\}$,当 $\lambda \to 0$ 时,$S_n$ 的极限就是所求的曲边梯形面积 $A$,即
$$A = \lim_{\lambda \to 0} \sum_{i=1}^{n} f(\xi_i)\Delta x_i.$$

### 2. 变速直线运动的位移

**例2** 设某物体做直线运动,已知该物体运动的速度 $v$ 随时间 $t$ 而连续变化,即 $v = v(t)$ 连续,求从 $t = a$ 时刻到 $t = b$ 时刻这段时间内该物体的位移 $s$.

**解** 当该物体做匀速直线运动时,可按公式
$$位移\ s = 速度\ v \times 时间\ t$$
来计算.

现在 $v$ 随着 $t$ 连续变化,在很短一段时间内,速度的变化很小,近似于匀速直线运动,因此可按上述求曲边梯形面积的方法来求位移 $s$. 具体步骤如下:

在时间区间 $[a,b]$ 内用分点
$$a = t_0 < t_1 < t_2 < \cdots < t_n = b$$
将 $[a,b]$ 分成 $n$ 个小区间
$$[t_0, t_1], \quad [t_1, t_2], \quad \cdots, \quad [t_{n-1}, t_n],$$
各小区间的长度为
$$\Delta t_1 = t_1 - t_0, \quad \Delta t_2 = t_2 - t_1, \quad \cdots, \quad \Delta t_n = t_n - t_{n-1}.$$
在小区间 $[t_{i-1}, t_i]$ $(i=1,2,\cdots,n)$ 上任取一时刻 $\tau_i$,做乘积 $v(\tau_i)\Delta t_i$,这时
$$s_n = v(\tau_1)\Delta t_1 + v(\tau_2)\Delta t_2 + \cdots + v(\tau_n)\Delta t_n = \sum_{i=1}^{n} v(\tau_i)\Delta t_i$$
即为所求位移 $s$ 的近似值.

记 $\lambda = \max\{\Delta t_1, \Delta t_2, \cdots, \Delta t_n\}$,当 $\lambda \to 0$ 时,$s_n$ 的极限为所求的位移 $s$,即
$$s = \lim_{\lambda \to 0} \sum_{i=1}^{n} v(\tau_i)\Delta t_i.$$

## 二、定积分的定义

从前面两个例子可以看到：

（1）所要求的量，即曲边梯形的面积 $A$ 和变速直线运动的位移 $s$ 的实际意义不同（前者是几何量，后者是物理量），但均取决于某个函数及其自变量的变化区间；

（2）求这两个量的方法与步骤相同，且最终均归结为求具有相同结构的一种特定和式的极限.

许多实际问题中所要求的量都具有上述两个特性，从而有必要引进新概念——定积分.

**定义** 设函数 $f(x)$ 在区间 $[a,b]$ 上有界. 用分点
$$a = x_0 < x_1 < x_2 < \cdots < x_n = b$$
将 $[a,b]$ 分为 $n$ 个小区间 $[x_{i-1}, x_i](i=1,2,\cdots,n)$，其长度为
$$\Delta x_i = x_i - x_{i-1} \quad (i=1,2,\cdots,n).$$
在小区间 $[x_{i-1}, x_i](i=1,2,\cdots,n)$ 上任取一点 $\xi_i$，做乘积 $f(\xi_i)\Delta x_i$，并求和
$$f(\xi_1)\Delta x_1 + f(\xi_2)\Delta x_2 + \cdots + f(\xi_n)\Delta x_n = \sum_{i=1}^{n} f(\xi_i)\Delta x_i.$$
记 $\lambda = \max\{\Delta x_1, \Delta x_2, \cdots, \Delta x_n\}$，当 $\lambda \to 0$ 时，若这个和式的极限存在，且与 $[a,b]$ 的分法及点 $\xi_i$ 的取法无关，则称该极限值为 $f(x)$ 在 $[a,b]$ 上的**定积分**，记作 $\int_a^b f(x)dx$，即
$$\int_a^b f(x)dx = \lim_{\lambda \to 0} \sum_{i=1}^{n} f(\xi_i)\Delta x_i,$$
其中 $\int$ 称为**积分号**，$f(x)$ 称为**被积函数**，$f(x)dx$ 称为**被积表达式**，$x$ 称为**积分变量**，$[a,b]$ 称为**积分区间**，$a,b$ 分别称为**积分下限**和**积分上限**. 这时也称 $f(x)$ 在 $[a,b]$ 上**可积**.

据此定义，例 1 中曲边梯形的面积 $A$ 即为函数 $f(x)$ 在区间 $[a,b]$ 上的定积分，即
$$A = \int_a^b f(x)dx;$$
例 2 中做变速直线运动物体的位移 $s$ 即为速度函数 $v(t)$ 在时间区间 $[a,b]$ 上的定积分，即
$$s = \int_a^b v(t)dt.$$

**注** （1）定积分的值为常数，只与被积函数 $f(x)$ 及积分区间 $[a,b]$ 有关，而与积分变量的符号无关，即

$$\int_a^b f(x)\mathrm{d}x = \int_a^b f(t)\mathrm{d}t.$$

(2) 定积分的定义中假定 $a<b$. 当 $b<a$ 时, 规定
$$\int_a^b f(x)\mathrm{d}x = -\int_b^a f(x)\mathrm{d}x.$$

实际上, 因当 $b<a$ 时, $\Delta x_i = x_i - x_{i-1}(i=1,2,\cdots,n)$ 为负值, 故和式 $\sum_{i=1}^n f(\xi_i)\Delta x_i$ 的极限相比 $a<b$ 的情形会多一个负号, 从而 $\int_a^b f(x)\mathrm{d}x = -\int_b^a f(x)\mathrm{d}x$. 当 $a=b$ 时, 规定 $\int_a^b f(x)\mathrm{d}x = \int_a^a f(x)\mathrm{d}x = 0$.

(3) 若函数 $f(x)$ 在区间 $[a,b]$ 上连续, 则 $f(x)$ 在 $[a,b]$ 上可积.

定积分的几何意义是: $\int_a^b f(x)\mathrm{d}x$ 为介于直线 $x=a, x=b, x$ 轴和曲线 $y=f(x)$ 之间各部分平面图形面积的代数和, 且在 $x$ 轴上方的平面图形面积取 $+$ 号, 在 $x$ 轴下方的平面图形面积取 $-$ 号. 例如, 图 5.4 中三部分平面图形面积的和 $S \neq \int_a^b f(x)\mathrm{d}x$, 而是

$$S = \int_a^c f(x)\mathrm{d}x - \int_c^d f(x)\mathrm{d}x + \int_d^b f(x)\mathrm{d}x$$
$$= \left|\int_a^c f(x)\mathrm{d}x\right| + \left|\int_c^d f(x)\mathrm{d}x\right| + \left|\int_d^b f(x)\mathrm{d}x\right|.$$

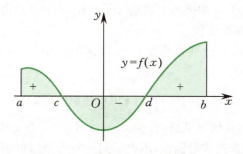

图 5.4

## 三、定积分的性质

下面我们给出定积分的性质, 假定所涉及的定积分是存在的.

(1) 两个函数代数和的定积分等于两个函数定积分的代数和, 即
$$\int_a^b [f(x) \pm g(x)]\mathrm{d}x = \int_a^b f(x)\mathrm{d}x \pm \int_a^b g(x)\mathrm{d}x.$$

性质(1)可推广到多个函数代数和的情形.

(2) 常数因子可提到定积分号外面, 即
$$\int_a^b kf(x)\mathrm{d}x = k\int_a^b f(x)\mathrm{d}x \quad (k \text{ 为常数}).$$

(3) 若积分区间 $[a,b]$ 被点 $c$ 分为两个区间 $[a,c],[c,b]$, 则

$$\int_a^b f(x)\mathrm{d}x = \int_a^c f(x)\mathrm{d}x + \int_c^b f(x)\mathrm{d}x.$$

由性质(3)可知,定积分对于积分区间具有**可加性**. 事实上,不论 $a,b,c$ 的相对位置如何,上面的等式都成立. 例如,当 $a<b<c$ 时,有

$$\int_a^c f(x)\mathrm{d}x = \int_a^b f(x)\mathrm{d}x + \int_b^c f(x)\mathrm{d}x,$$

从而得到

$$\int_a^b f(x)\mathrm{d}x = \int_a^c f(x)\mathrm{d}x - \int_b^c f(x)\mathrm{d}x,$$

即

$$\int_a^b f(x)\mathrm{d}x = \int_a^c f(x)\mathrm{d}x + \int_c^b f(x)\mathrm{d}x.$$

(4) 在区间 $[a,b]$ 上,若 $f(x)=1$,则

$$\int_a^b f(x)\mathrm{d}x = \int_a^b \mathrm{d}x = b-a.$$

性质(4)的几何意义是: $\int_a^b \mathrm{d}x$ 等于底为 $b-a$、高为 1 的矩形面积.

(5) 在区间 $[a,b]$ 上,若 $f(x) \leqslant g(x)$,则

$$\int_a^b f(x)\mathrm{d}x \leqslant \int_a^b g(x)\mathrm{d}x.$$

性质(5)的几何意义是: 在区间 $[a,b]$ 上,当 $f(x),g(x)$ 均连续,且 $f(x) \geqslant 0, g(x) \geqslant 0$ 时,若曲线 $y=f(x)$ 在曲线 $y=g(x)$ 的下方,则以曲线 $y=f(x)$ 为曲边的曲边梯形面积,不超过以曲线 $y=g(x)$ 为曲边的曲边梯形面积.

(6) 设 $M$ 和 $m$ 分别为函数 $f(x)$ 在区间 $[a,b]$ 上的最大值和最小值,则

$$m(b-a) \leqslant \int_a^b f(x)\mathrm{d}x \leqslant M(b-a). \tag{5.1}$$

性质(6)的几何意义是: 当 $f(x)$ 连续且 $f(x) \geqslant 0$ 时,以曲线 $y=f(x)$ 为曲边的曲边梯形面积,不大于同底的高为 $M$ 的矩形面积,且不小于同底的高为 $m$ 的矩形面积.

性质(6)表明,由被积函数在积分区间上的最大值和最小值,可以估计定积分值的范围. 例如定积分 $\int_0^2 \mathrm{e}^{x^2}\mathrm{d}x$,其被积函数在区间 $[0,2]$ 上的最大值为 $\mathrm{e}^4$,最小值为 $\mathrm{e}^0=1$,由性质(6)可得

$$2 \leqslant \int_0^2 \mathrm{e}^{x^2}\mathrm{d}x \leqslant 2\mathrm{e}^4.$$

(7) (**积分中值定理**)  设函数 $f(x)$ 在区间 $[a,b]$ 上连续,则在 $[a,b]$ 上至少存在一点 $\xi$,使得

$$\int_a^b f(x)\mathrm{d}x = f(\xi)(b-a).$$

**证**  由于函数 $f(x)$ 在区间 $[a,b]$ 上连续,因此 $f(x)$ 在 $[a,b]$ 上

存在最大值 $M$ 和最小值 $m$,从而有(5.1)式成立. 因 $b-a>0$,故由(5.1)式两边同时除以 $b-a$ 得

$$m \leqslant \frac{1}{b-a}\int_a^b f(x)\mathrm{d}x \leqslant M,$$

其中 $\frac{1}{b-a}\int_a^b f(x)\mathrm{d}x$ 为一个数. 将这个数看成介值定理中的数 $c$,则由介值定理知,在 $[a,b]$ 上至少存在一点 $\xi$,使得

$$f(\xi) = c = \frac{1}{b-a}\int_a^b f(x)\mathrm{d}x,$$

即

$$\int_a^b f(x)\mathrm{d}x = f(\xi)(b-a). \tag{5.2}$$

通常称(5.2)式为**积分中值公式**.

显然,积分中值公式

$$\int_a^b f(x)\mathrm{d}x = f(\xi)(b-a) \quad (\xi 在 a 与 b 之间)$$

不论 $a<b$ 还是 $a>b$ 都是成立的.

积分中值定理的几何意义是:当 $f(x) \geqslant 0$ 时,以曲线 $y=f(x)$ 为曲边的曲边梯形面积等于同底的高为 $f(\xi)$ 的矩形面积(见图 5.5).

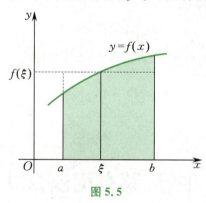

图 5.5

由积分中值公式所得的

$$f(\xi) = \frac{1}{b-a}\int_a^b f(x)\mathrm{d}x$$

称为函数 $f(x)$ 在区间 $[a,b]$ 上的**平均值**.

例如,在图 5.5 中,$f(\xi)$ 可看作曲边梯形的平均高度.

又如,物体以速度 $v(t)$ 做直线运动,在 $[T_1, T_2]$ 这段时间内的位移为 $\int_{T_1}^{T_2} v(t)\mathrm{d}t$,因此

$$\frac{1}{T_2-T_1}\int_{T_1}^{T_2} v(t)\mathrm{d}t$$

便是该物体在 $[T_1, T_2]$ 这段时间内的平均速度. 由积分中值定理得

$$\frac{1}{T_2-T_1}\int_{T_1}^{T_2}v(t)\mathrm{d}t = v(\xi), \quad \xi \in [T_1, T_2].$$

这就是说,该物体在 $[T_1, T_2]$ 这段时间内的平均速度必等于 $[T_1, T_2]$ 上某一时刻 $\xi$ 的瞬时速度.

## 习 题 5.1

1. 用定积分的定义计算 $\int_0^1 x^2 \mathrm{d}x$.

2. 一根细杆位于 $x$ 轴上原点与 $x = l$ 之间,其线密度为 $\rho(x)$,试用定积分表示其质量.

3. 一物体以速度 $v(t) = 3t + 5$(单位:m/s) 做直线运动,试用定积分表示从 $t = 1\,\mathrm{s}$ 到 $t = 3\,\mathrm{s}$ 这段时间内该物体的位移,并利用定积分的几何意义求出此位移.

4. 用定积分的性质比较下列定积分的大小:

(1) $\int_1^2 x \mathrm{d}x$ 与 $\int_1^2 x^2 \mathrm{d}x$;  
(2) $\int_0^\pi x \mathrm{d}x$ 与 $\int_0^\pi \sin x \mathrm{d}x$;  
(3) $\int_0^1 (x-1) \mathrm{d}x$ 与 $\int_0^1 \ln x \mathrm{d}x$.

5. 用定积分的性质估计下列定积分的值:

(1) $\int_1^3 2x^2 \mathrm{d}x$;  
(2) $\int_1^3 \mathrm{e}^x \mathrm{d}x$.

6. 一物体以速度 $v(t) = 3t^2 + 2t$(单位:m/s) 做直线运动,求该物体从 $t = 0\,\mathrm{s}$ 到 $t = 3\,\mathrm{s}$ 这段时间内的平均速度.

## §5.2 牛顿-莱布尼茨公式

有了定积分的概念以后,我们面临的问题就是:如何计算定积分? 定积分与不定积分又有怎样的关系? 为此,引入积分上限函数的概念.

**定义** 设函数 $f(x)$ 在区间 $[a, b]$ 上连续.令 $x$ 在 $[a, b]$ 上任意变动,则

$$\Phi(x) = \int_a^x f(t) \mathrm{d}t \quad (a \leqslant x \leqslant b)$$

为 $[a, b]$ 上的一个函数,称为 $f(x)$ 在 $[a, b]$ 上的**积分上限函数**.

对于积分上限函数,有以下定理:

**定理 1(积分上限函数的导数)** 设函数 $f(x)$ 在区间 $[a, b]$ 上连续,$\Phi(x)$ 为 $f(x)$ 在 $[a, b]$ 上的积分上限函数,则

$$\Phi'(x) = \frac{\mathrm{d}}{\mathrm{d}x}\left[\int_a^x f(t)\mathrm{d}t\right] = f(x) \quad (a \leqslant x \leqslant b).$$

**证** 若 $x \in (a,b)$，设 $x$ 获得增量 $\Delta x \neq 0$，其绝对值足够小，使得 $x + \Delta x \in (a,b)$，则积分上限函数 $\Phi(x)$ 的增量为

$$\begin{aligned}
\Delta \Phi &= \Phi(x+\Delta x) - \Phi(x) \\
&= \int_a^{x+\Delta x} f(t)\mathrm{d}t - \int_a^x f(t)\mathrm{d}t \\
&= \int_a^x f(t)\mathrm{d}t + \int_x^{x+\Delta x} f(t)\mathrm{d}t - \int_a^x f(t)\mathrm{d}t \\
&= \int_x^{x+\Delta x} f(t)\mathrm{d}t.
\end{aligned}$$

由积分中值定理有

$$\Delta \Phi = f(\xi)\Delta x \quad (\xi \text{ 在 } x \text{ 与 } x+\Delta x \text{ 之间}),$$

则

$$\frac{\Delta \Phi}{\Delta x} = f(\xi).$$

由于函数 $f(x)$ 在区间 $[a,b]$ 上连续，而当 $\Delta x \to 0$ 时，$\xi \to x$，因此 $\lim_{\Delta x \to 0} f(\xi) = f(x)$. 于是，当 $\Delta x \to 0$ 时，对上式两边同时取极限，左边的极限也应该存在且等于 $f(x)$. 这就是说，积分上限函数 $\Phi(x)$ 的导数存在，且

$$\Phi'(x) = f(x).$$

若 $x = a$，取 $\Delta x > 0$，同理可得

$$\Phi'_+(a) = f(a).$$

若 $x = b$，取 $\Delta x < 0$，同理可得

$$\Phi'_-(b) = f(b).$$

综上可得

$$\Phi'(x) = f(x) \quad (a \leqslant x \leqslant b).$$

定理 1 指出，连续函数 $f(x)$ 的积分上限函数 $\Phi(x)$ 可导，且导数就是 $f(x)$ 本身. 因此，定理 1 也可以叙述为如下原函数存在定理：

**定理 2（原函数存在定理）** 设函数 $f(x)$ 在区间 $[a,b]$ 上连续，则 $f(x)$ 在 $[a,b]$ 上的积分上限函数

$$\Phi(x) = \int_a^x f(t)\mathrm{d}t$$

为 $f(x)$ 在该区间上的一个原函数.

证明从略.

由定理 1 或者定理 2，就可以得到用原函数来计算定积分的公式.

**定理 3（牛顿-莱布尼茨公式）** 设函数 $F(x)$ 为连续函数 $f(x)$ 在区间 $[a,b]$ 上的任一个原函数，则

$$\int_a^b f(x)\mathrm{d}x = F(b) - F(a).$$

**证** 由题设知 $F(x)$ 为函数 $f(x)$ 在区间 $[a,b]$ 上的一个原函数,而由定理 2 知 $\Phi(x) = \int_a^x f(t)\mathrm{d}t$ 也为 $f(x)$ 在 $[a,b]$ 上的一个原函数,则
$$\Phi(x) = F(x) + C \quad (a \leqslant x \leqslant b),$$
其中 $C$ 为某个常数. 而
$$\Phi(a) = \int_a^a f(t)\mathrm{d}t = 0,$$
故
$$F(a) + C = 0, \quad C = -F(a).$$
于是
$$\Phi(x) = F(x) - F(a).$$
将 $x = b$ 代入上式,有
$$\Phi(b) = F(b) - F(a),$$
即
$$\int_a^b f(t)\mathrm{d}t = F(b) - F(a).$$

**注** (1) 若函数 $f(x)$ 在区间 $[a,b]$ 上存在初等函数形式的原函数,则 $f(x)$ 在 $[a,b]$ 上的定积分可用牛顿-莱布尼茨公式求得.

(2) 为了简便,通常将 $F(b) - F(a)$ 记作 $F(x)\Big|_a^b$ 或 $[F(x)]_a^b$.

(3) 若 $\int_a^b f(t)\mathrm{d}t = F(b) - F(a)$,则
$$\int_a^b f(t)\mathrm{d}t = F(b) - F(a) = [F(b) + C] - [F(a) + C]$$
$$= [F(x) + C]_a^b.$$

这说明,用不同的原函数,牛顿-莱布尼茨公式不受影响.

下面给出几个应用牛顿-莱布尼茨公式来计算定积分的例子.

**例 1** 计算定积分 $\int_1^3 x^3 \mathrm{d}x$.

**解** $\int_1^3 x^3 \mathrm{d}x = \dfrac{x^4}{4}\Big|_1^3 = \dfrac{1}{4}(3^4 - 1) = 20.$

**例 2** 计算定积分 $\int_{-1}^{\sqrt{3}} \dfrac{\mathrm{d}x}{1+x^2}$.

**解** $\int_{-1}^{\sqrt{3}} \dfrac{\mathrm{d}x}{1+x^2} = \arctan x \Big|_{-1}^{\sqrt{3}} = \arctan\sqrt{3} - \arctan(-1)$
$= \dfrac{\pi}{3} - \left(-\dfrac{\pi}{4}\right) = \dfrac{7\pi}{12}.$

**例 3** 设函数
$$f(x)=\begin{cases}x+1, & x\leqslant 1,\\ \dfrac{1}{2}x^2, & x>1,\end{cases}$$
求定积分 $\int_0^2 f(x)\mathrm{d}x$.

**解** $\int_0^2 f(x)\mathrm{d}x=\int_0^1(x+1)\mathrm{d}x+\int_1^2\dfrac{1}{2}x^2\mathrm{d}x=\left[\dfrac{1}{2}x^2+x\right]_0^1+\dfrac{1}{6}x^3\bigg|_1^2$
$=\dfrac{1}{2}+1+\dfrac{8}{6}-\dfrac{1}{6}=\dfrac{8}{3}.$

**例 4** 求余弦曲线 $y=\cos x$ 在区间 $\left[0,\dfrac{\pi}{2}\right]$ 上与 $x$ 轴所围成平面图形的面积.

**解** 由定积分的定义知,所求的面积为
$$A=\int_0^{\frac{\pi}{2}}\cos x\mathrm{d}x=\sin x\bigg|_0^{\frac{\pi}{2}}=1-0=1.$$

**例 5** 求导数 $\dfrac{\mathrm{d}}{\mathrm{d}x}\left(\int_x^1\dfrac{\sin t}{t}\mathrm{d}t\right)$.

**解** $\dfrac{\mathrm{d}}{\mathrm{d}x}\left(\int_x^1\dfrac{\sin t}{t}\mathrm{d}t\right)=\dfrac{\mathrm{d}}{\mathrm{d}x}\left(-\int_1^x\dfrac{\sin t}{t}\mathrm{d}t\right)=-\left[\dfrac{\mathrm{d}}{\mathrm{d}x}\left(\int_1^x\dfrac{\sin t}{t}\mathrm{d}t\right)\right]=-\dfrac{\sin x}{x}.$

**例 6** 求证:
$$\dfrac{\mathrm{d}}{\mathrm{d}x}\left[\int_a^{b(x)}f(t)\mathrm{d}t\right]=f[b(x)]b'(x),$$
其中 $b(x)$ 为 $x$ 的函数且可导,$a$ 为常数.

**证** 令 $u=b(x)$,则 $F(x)=\int_a^{b(x)}f(t)\mathrm{d}t=\int_a^u f(t)\mathrm{d}t$ 可看成以 $u=b(x)$ 为中间变量的复合函数. 由复合函数的求导法则得
$$\dfrac{\mathrm{d}F(x)}{\mathrm{d}x}=\dfrac{\mathrm{d}F(u)}{\mathrm{d}u}\cdot\dfrac{\mathrm{d}u}{\mathrm{d}x}=f[b(x)]b'(x),$$
故
$$\dfrac{\mathrm{d}}{\mathrm{d}x}\left[\int_a^{b(x)}f(t)\mathrm{d}t\right]=f[b(x)]b'(x). \tag{5.3}$$

**例 7** 求极限 $\lim\limits_{x\to 0}\dfrac{\int_1^{\cos x}\mathrm{e}^{-t^2}\mathrm{d}t}{x^2}$.

**解** 这是一个 $\dfrac{0}{0}$ 型未定式,可以利用洛必达法则来计算. $\int_1^{\cos x}\mathrm{e}^{-t^2}\mathrm{d}t$ 是以 $\cos x$ 为积分上限的积分,作为 $x$ 的函数,它可以看成以 $u=\cos x$ 为中间变量的复合函数,对其求导数得
$$\dfrac{\mathrm{d}}{\mathrm{d}x}\left(\int_1^{\cos x}\mathrm{e}^{-t^2}\mathrm{d}t\right)=\dfrac{\mathrm{d}}{\mathrm{d}u}\left(\int_1^u\mathrm{e}^{-t^2}\mathrm{d}t\right)(\cos x)'=\mathrm{e}^{-\cos^2 x}(-\sin x)=-\sin x\cdot\mathrm{e}^{-\cos^2 x}.$$
因此
$$\lim_{x\to 0}\dfrac{\int_1^{\cos x}\mathrm{e}^{-t^2}\mathrm{d}t}{x^2}=\lim_{x\to 0}\dfrac{-\sin x\cdot\mathrm{e}^{-\cos^2 x}}{2x}=-\dfrac{1}{2}\lim_{x\to 0}\dfrac{\sin x}{x}\mathrm{e}^{-\cos^2 x}=-\dfrac{1}{2\mathrm{e}}.$$

### 习 题 5.2

1. 求下列导数：

(1) $\dfrac{\mathrm{d}}{\mathrm{d}x}\left(\displaystyle\int_0^x \cos \pi t^2 \,\mathrm{d}t\right)$；

(2) $\dfrac{\mathrm{d}}{\mathrm{d}x}\left(\displaystyle\int_0^{x^2} \sqrt{1+t^2}\,\mathrm{d}t\right)$；

(3) $\dfrac{\mathrm{d}}{\mathrm{d}x}\left(\displaystyle\int_{x^2}^{x^3} \dfrac{\mathrm{d}t}{\sqrt{1+t^4}}\right)$．

2. 计算下列定积分：

(1) $\displaystyle\int_{-\frac{1}{2}}^{\frac{1}{2}} \dfrac{\mathrm{d}x}{\sqrt{1-x^2}}$；

(2) $\displaystyle\int_{-1}^{0} \dfrac{3x^4+3x^2+1}{x^2+1}\,\mathrm{d}x$；

(3) $\displaystyle\int_0^{\frac{\pi}{2}} \sqrt{1-\sin 2x}\,\mathrm{d}x$；

(4) $\displaystyle\int_0^2 f(x)\,\mathrm{d}x$，其中函数 $f(x)=\begin{cases} \mathrm{e}^x, & x\leqslant 1, \\ \dfrac{1}{x}, & x>1. \end{cases}$

3. 求下列极限：

(1) $\displaystyle\lim_{x\to 0} \dfrac{\displaystyle\int_0^x \cos t^2\,\mathrm{d}t}{x}$；

(2) $\displaystyle\lim_{x\to 1} \dfrac{\displaystyle\int_1^x \mathrm{e}^{t^2}\,\mathrm{d}t}{\ln x}$；

(3) $\displaystyle\lim_{x\to 0} \dfrac{\displaystyle\int_x^0 \ln(1+t)\,\mathrm{d}t}{x^2}$；

(4) $\displaystyle\lim_{x\to 0} \dfrac{\displaystyle\int_0^{x^2} t^{\frac{3}{2}}\,\mathrm{d}t}{\displaystyle\int_0^x t(t-\sin t)\,\mathrm{d}t}$．

4. 设函数 $f(x)=\begin{cases} x^2, & 0\leqslant x<1, \\ x, & 1\leqslant x\leqslant 2, \end{cases}$ 求函数 $\Phi(x)=\displaystyle\int_0^x f(t)\,\mathrm{d}t$ 在区间 $[0,2]$ 上的表达式，并讨论 $\Phi(x)$ 在 $[0,2]$ 上的连续性．

## §5.3 定积分的换元积分法与分部积分法

### 一、定积分的换元积分法

在求不定积分时，我们知道可用换元积分法求出一些函数的原函数，因此在一定条件下，同样可用换元积分法来计算定积分．

**定理 1**  如果以下条件成立：
(1) 函数 $f(x)$ 在 $[a,b]$ 上连续；
(2) 函数 $x=\varphi(t)$ 在区间 $[c,d]$ 或 $[d,c]$ 上有连续导数 $\varphi'(t)$；
(3) 当 $t$ 从 $c$ 变到 $d$ 时，$\varphi(t)$ 单调地从 $a$ 变到 $b$，且
$$\varphi(c)=a,\quad \varphi(d)=b,$$
则有
$$\int_a^b f(x)\mathrm{d}x=\int_c^d f[\varphi(t)]\varphi'(t)\mathrm{d}t. \tag{5.4}$$

**证**  依定理的条件知，(5.4) 式两边的定积分均存在，故只需证其相等即可.

若 $F(x)$ 为函数 $f(x)$ 的原函数，则由牛顿-莱布尼茨公式知
$$\int_a^b f(x)\mathrm{d}x=F(b)-F(a).$$
又由复合函数的求导法则知，$F[\varphi(t)]$ 为函数 $f[\varphi(t)]\varphi'(t)$ 的原函数，故
$$\int_c^d f[\varphi(t)]\varphi'(t)\mathrm{d}t=F[\varphi(t)]\Big|_c^d=F[\varphi(d)]-F[\varphi(c)]$$
$$=F(b)-F(a),$$
从而
$$\int_a^b f(x)\mathrm{d}x=\int_c^d f[\varphi(t)]\varphi'(t)\mathrm{d}t.$$

(5.4) 式称为**定积分的换元积分公式**.

**注**  在换元的同时，也应将积分区间换成新变量的积分区间.

**例 1**  计算定积分 $\int_1^{27}\dfrac{\mathrm{d}x}{1+\sqrt[3]{x}}$.

**解**  设 $x=t^3$，则 $\mathrm{d}x=3t^2\mathrm{d}t$，且当 $x=1$ 时，$t=1$；当 $x=27$ 时，$t=3$. 故
$$\int_1^{27}\frac{\mathrm{d}x}{1+\sqrt[3]{x}}=\int_1^3\frac{1}{1+t}\cdot 3t^2\mathrm{d}t=3\int_1^3\frac{t^2-1+1}{1+t}\mathrm{d}t$$
$$=3\int_1^3\left(t-1+\frac{1}{1+t}\right)\mathrm{d}t=3\left[\frac{t^2}{2}-t+\ln|t+1|\right]_1^3$$
$$=3\left[\frac{9-1}{2}-(3-1)+\ln\frac{4}{2}\right]=6+3\ln 2.$$

**例 2**  计算定积分 $\int_0^a\sqrt{a^2-x^2}\mathrm{d}x\ (a>0)$.

**解**  设 $x=a\sin t$，则 $\mathrm{d}x=a\cos t\mathrm{d}t$，且当 $x=0$ 时，$t=0$；当 $x=a$ 时，$t=\dfrac{\pi}{2}$. 故
$$\int_0^a\sqrt{a^2-x^2}\mathrm{d}x=a^2\int_0^{\frac{\pi}{2}}\cos^2 t\mathrm{d}t=\frac{a^2}{2}\int_0^{\frac{\pi}{2}}(1+\cos 2t)\mathrm{d}t=\frac{a^2}{2}\left[t+\frac{1}{2}\sin 2t\right]_0^{\frac{\pi}{2}}$$
$$=\frac{a^2}{2}\left(\frac{\pi}{2}+\frac{1}{2}\sin\pi\right)-0=\frac{\pi a^2}{4}.$$

定积分的换元积分公式(5.4)也可反过来使用. 为了便于使用，把公式(5.4)左、右两边对调位置，同时把 $t$ 改记为 $x$，而 $x$ 改记为 $t$，得

$$\int_a^b f[\varphi(x)]\varphi'(x)dx = \int_c^d f(t)dt.$$

这样，我们可用 $t = \varphi(x)$ 来引入新变量 $t$，而 $c = \varphi(a), d = \varphi(b)$.

**例 3** 计算定积分 $\int_1^3 3x^2\sqrt{x^3-1}dx$.

**解** 设 $t = \sqrt{x^3-1}$，则 $dt = \dfrac{3x^2}{2\sqrt{x^3-1}}dx$，且当 $x=1$ 时，$t=0$；当 $x=3$ 时，$t=\sqrt{26}$. 故

$$\int_1^3 3x^2\sqrt{x^3-1}dx = \int_0^{\sqrt{26}} t \cdot 2t\,dt = \frac{2}{3}t^3 \Big|_0^{\sqrt{26}}$$

$$= \frac{2}{3} \times (\sqrt{26})^3 - 0 = \frac{52}{3}\sqrt{26}.$$

在此例中，如果我们不明显地写出新变量 $t$，那么积分上限和积分下限就不用变更. 现在用这种记法写出计算过程如下：

$$\int_1^3 3x^2\sqrt{x^3-1}dx = \int_1^3 \sqrt{x^3-1}\,d(x^3-1) = \frac{2}{3}(x^3-1)^{\frac{3}{2}}\Big|_1^3$$

$$= \frac{2}{3}(3^3-1)^{\frac{3}{2}} - 0 = \frac{52}{3}\sqrt{26}.$$

**例 4** 计算定积分 $\int_0^{\frac{\pi}{2}} \cos^5 x \sin x\,dx$.

**解** $\int_0^{\frac{\pi}{2}} \cos^5 x \sin x\,dx = -\int_0^{\frac{\pi}{2}} \cos^5 x\,d(\cos x) = -\dfrac{\cos^6 x}{6}\Big|_0^{\frac{\pi}{2}}$

$$= -\left(0 - \frac{1}{6}\right) = \frac{1}{6}.$$

**例 5** 计算定积分 $\int_0^\pi \sqrt{\sin^3 x - \sin^5 x}\,dx$.

**解** $\int_0^\pi \sqrt{\sin^3 x - \sin^5 x}\,dx = \int_0^\pi \sqrt{\sin^3 x}\,|\cos x|\,dx$

$$= \int_0^{\frac{\pi}{2}} \sin^{\frac{3}{2}} x \cos x\,dx + \int_{\frac{\pi}{2}}^\pi \sin^{\frac{3}{2}} x(-\cos x)dx$$

$$= \int_0^{\frac{\pi}{2}} \sin^{\frac{3}{2}} x\,d(\sin x) - \int_{\frac{\pi}{2}}^\pi \sin^{\frac{3}{2}} x\,d(\sin x)$$

$$= \frac{2}{5}\sin^{\frac{5}{2}} x\Big|_0^{\frac{\pi}{2}} - \frac{2}{5}\sin^{\frac{5}{2}} x\Big|_{\frac{\pi}{2}}^\pi$$

$$= \frac{2}{5} - \left(-\frac{2}{5}\right) = \frac{4}{5}.$$

**注** 函数 $\cos x$ 在区间 $\left[\dfrac{\pi}{2}, \pi\right]$ 上非正,去绝对值后需要添加负号.

**例 6** 设函数 $f(x)$ 在区间 $[-a, a]$ 上连续且为偶函数,证明:
$$\int_{-a}^{a} f(x)\mathrm{d}x = 2\int_{0}^{a} f(x)\mathrm{d}x.$$

**证** 由定积分的区间可加性有
$$\int_{-a}^{a} f(x)\mathrm{d}x = \int_{-a}^{0} f(x)\mathrm{d}x + \int_{0}^{a} f(x)\mathrm{d}x.$$
对于上式右边的第一项定积分,设 $x = -t$,则 $\mathrm{d}x = -\mathrm{d}t$,且当 $x = -a$ 时,$t = a$;当 $x = 0$ 时,$t = 0$. 所以
$$\int_{-a}^{0} f(x)\mathrm{d}x = \int_{a}^{0} f(-t)(-\mathrm{d}t) = \int_{0}^{a} f(-t)\mathrm{d}t = \int_{0}^{a} f(-x)\mathrm{d}x.$$
又因 $f(x)$ 为偶函数,故 $f(-x) = f(x)$,则
$$\int_{-a}^{a} f(x)\mathrm{d}x = \int_{0}^{a} f(-x)\mathrm{d}x + \int_{0}^{a} f(x)\mathrm{d}x$$
$$= \int_{0}^{a} f(x)\mathrm{d}x + \int_{0}^{a} f(x)\mathrm{d}x = 2\int_{0}^{a} f(x)\mathrm{d}x.$$
同理可得,当函数 $f(x)$ 在区间 $[-a, a]$ 上连续且为奇函数时,有
$$\int_{-a}^{a} f(x)\mathrm{d}x = 0.$$

**例 7** 计算定积分 $\int_{-3}^{3} (x + 5 - x^2 \sin x)\mathrm{d}x$.

**解** $\int_{-3}^{3} (x + 5 - x^2 \sin x)\mathrm{d}x = \int_{-3}^{3} x\mathrm{d}x + \int_{-3}^{3} 5\mathrm{d}x - \int_{-3}^{3} x^2 \sin x\,\mathrm{d}x$
$= 0 + 5 \times 6 - 0 = 30.$

## 二、定积分的分部积分法

对于定积分,亦有分部积分法,即有如下定理:

**定理 2** 设函数 $u = u(x), v = v(x)$ 在区间 $[a, b]$ 上均连续、可导,则
$$\int_{a}^{b} uv'\mathrm{d}x = uv \Big|_{a}^{b} - \int_{a}^{b} vu'\mathrm{d}x. \tag{5.5}$$

**证** 因
$$(uv)' = u'v + uv',$$
故
$$uv' = (uv)' - vu'.$$
上式两边同时在 $[a, b]$ 上求定积分,即得(5.5)式.

(5.5)式称为**定积分的分部积分公式**,它也可简记作

$$\int_a^b u\,\mathrm{d}v = uv\Big|_a^b - \int_a^b v\,\mathrm{d}u.$$

**例 8** 计算定积分 $\int_1^2 x\mathrm{e}^{-2x}\,\mathrm{d}x$.

**解** 设 $u = x, v'\mathrm{d}x = \mathrm{e}^{-2x}\mathrm{d}x$, 即 $v = -\dfrac{1}{2}\mathrm{e}^{-2x}$, 则

$$\begin{aligned}\int_1^2 x\mathrm{e}^{-2x}\,\mathrm{d}x &= x\left(-\frac{1}{2}\mathrm{e}^{-2x}\right)\bigg|_1^2 - \int_1^2\left(-\frac{1}{2}\mathrm{e}^{-2x}\right)\mathrm{d}x\\ &= -\frac{1}{2}(2\mathrm{e}^{-4} - \mathrm{e}^{-2}) - \frac{1}{4}\mathrm{e}^{-2x}\bigg|_1^2\\ &= \frac{1}{2}(\mathrm{e}^{-2} - 2\mathrm{e}^{-4}) - \frac{1}{4}(\mathrm{e}^{-4} - \mathrm{e}^{-2})\\ &= \frac{1}{4}(3\mathrm{e}^{-2} - 5\mathrm{e}^{-4}).\end{aligned}$$

**例 9** 计算定积分 $\int_0^{\frac{1}{2}} \arcsin x\,\mathrm{d}x$.

**解** 
$$\begin{aligned}\int_0^{\frac{1}{2}} \arcsin x\,\mathrm{d}x &= x\arcsin x\bigg|_0^{\frac{1}{2}} - \int_0^{\frac{1}{2}} x\,\mathrm{d}(\arcsin x) = \frac{\pi}{12} - \int_0^{\frac{1}{2}} \frac{x}{\sqrt{1-x^2}}\,\mathrm{d}x\\ &= \frac{\pi}{12} + \sqrt{1-x^2}\bigg|_0^{\frac{1}{2}} = \frac{\pi}{12} + \frac{\sqrt{3}}{2} - 1.\end{aligned}$$

**例 10** 计算定积分 $\int_0^1 \mathrm{e}^{\sqrt{x}}\,\mathrm{d}x$.

**解** 设 $\sqrt{x} = t$, 则 $x = t^2, \mathrm{d}x = 2t\mathrm{d}t$, 且当 $x = 0$ 时, $t = 0$; 当 $x = 1$ 时, $t = 1$. 故

$$\begin{aligned}\int_0^1 \mathrm{e}^{\sqrt{x}}\,\mathrm{d}x &= 2\int_0^1 t\mathrm{e}^t\,\mathrm{d}t = 2\int_0^1 t\,\mathrm{d}(\mathrm{e}^t) = 2\left(t\mathrm{e}^t\bigg|_0^1 - \int_0^1 \mathrm{e}^t\,\mathrm{d}t\right)\\ &= 2\left(\mathrm{e} - \mathrm{e}^t\bigg|_0^1\right) = 2[\mathrm{e} - (\mathrm{e} - 1)] = 2.\end{aligned}$$

**例 11** 计算定积分 $I_n = \int_0^{\frac{\pi}{2}} \sin^n x\,\mathrm{d}x$ ($n$ 为非负整数).

**解** 当 $n \geqslant 2$ 时, 有

$$\begin{aligned}I_n &= -\int_0^{\frac{\pi}{2}} \sin^{n-1}x\,\mathrm{d}(\cos x) = -\sin^{n-1}x\cos x\bigg|_0^{\frac{\pi}{2}} + \int_0^{\frac{\pi}{2}} \cos x\,\mathrm{d}(\sin^{n-1}x)\\ &= 0 + \int_0^{\frac{\pi}{2}} \cos x \cdot (n-1)\sin^{n-2}x\cos x\,\mathrm{d}x\\ &= (n-1)\int_0^{\frac{\pi}{2}} \sin^{n-2}x(1 - \sin^2 x)\,\mathrm{d}x\\ &= (n-1)I_{n-2} - (n-1)I_n,\end{aligned}$$

于是

$$I_n = \frac{n-1}{n}I_{n-2}.$$

而

$$I_0 = \int_0^{\frac{\pi}{2}} \sin^0 x \, dx = \int_0^{\frac{\pi}{2}} dx = \frac{\pi}{2},$$

$$I_1 = \int_0^{\frac{\pi}{2}} \sin x \, dx = -\cos x \Big|_0^{\frac{\pi}{2}} = -(0-1) = 1,$$

故当 $n$ 为正偶数时,有

$$I_n = \frac{n-1}{n} I_{n-2} = \frac{n-1}{n} \cdot \frac{n-3}{n-2} I_{n-4} = \cdots = \frac{n-1}{n} \cdot \frac{n-3}{n-2} \cdot \cdots \cdot \frac{3}{4} \cdot \frac{1}{2} I_0$$

$$= \frac{(n-1)(n-3) \cdot \cdots \cdot 3 \cdot 1}{n(n-2) \cdot \cdots \cdot 4 \cdot 2} \cdot \frac{\pi}{2};$$

当 $n$ 为大于 1 的奇数时,有

$$I_n = \frac{n-1}{n} I_{n-2} = \frac{n-1}{n} \cdot \frac{n-3}{n-2} I_{n-4} = \cdots = \frac{n-1}{n} \cdot \frac{n-3}{n-2} \cdot \cdots \cdot \frac{4}{5} \cdot \frac{2}{3} I_1$$

$$= \frac{(n-1)(n-3) \cdot \cdots \cdot 4 \cdot 2}{n(n-2) \cdot \cdots \cdot 5 \cdot 3}.$$

## 习 题 5.3

1. 计算下列定积分:

(1) $\int_0^\pi (1-\sin^3\theta) \, d\theta$;

(2) $\int_{\frac{\pi}{6}}^{\frac{\pi}{2}} \cos^2 u \, du$;

(3) $\int_1^4 \frac{dx}{1+\sqrt{x}}$;

(4) $\int_0^1 t e^{-\frac{t^2}{2}} \, dt$;

(5) $\int_0^3 5x\sqrt{x+1} \, dx$;

(6) $\int_{-\frac{\pi}{4}}^{\frac{\pi}{4}} (x^2 + \ln|\cos x|) \sin\frac{x}{2} \, dx$.

2. 计算下列定积分:

(1) $\int_0^1 x e^{-x} \, dx$;

(2) $\int_0^1 x \arctan x \, dx$;

(3) $\int_0^{\frac{\pi}{2}} e^{2x} \cos x \, dx$;

(4) $\int_{\frac{1}{e}}^{e} |\ln x| \, dx$;

(5) $\int_0^{\frac{\pi}{2}} x \sin 2x \, dx$.

## §5.4 定积分的近似计算

前面我们讨论了计算定积分的方法,即先求被积函数的原函数,再运用牛顿-莱布尼茨公式进行计算. 但在许多实际问题中, 我们会遇到以下情况:(1) 被积函数 $f(x)$ 的原函数不能表示成初等函数;(2) 被积函数 $f(x)$ 的原函数求解过程或表达式非常复杂. 这些时候可考虑计算定积分的近似值. 事实上, 因为计算机日益普及, 所以近似计算已逐渐成为解决定积分计算问题的实用方法. 本节主要讨论梯形法和抛物线法.

设函数 $y=f(x)$ 在区间 $[a,b]$ 上连续, 且 $f(x)\geqslant 0$. 为了计算定积分 $\int_a^b f(x)\mathrm{d}x$, 考虑由曲线 $y=f(x)$ 与直线 $x=a, x=b$ 及 $x$ 轴所围成的曲边梯形面积 $S$.

## 一、梯形法

用小梯形面积近似代替小曲边梯形面积得到所求的曲边梯形面积 $S$, 从而求出定积分 $\int_a^b f(x)\mathrm{d}x$ 的方法称为**梯形法**.

用梯形法计算定积分 $\int_a^b f(x)\mathrm{d}x$ 的具体做法如下:

用分点
$$a = x_0 < x_1 < x_2 < \cdots < x_{n-1} < x_n = b$$
将区间 $[a,b]$ 分为 $n$ 个长度相等的小区间, 每个小区间的长度为
$$\Delta x = \frac{b-a}{n},$$
各分点处的函数值分别为
$$y_0 = f(x_0) = f(a), \quad y_1 = f(x_1), \quad y_2 = f(x_2), \cdots,$$
$$y_{n-1} = f(x_{n-1}), \quad y_n = f(x_n) = f(b).$$

分别记曲线 $y=f(x)$ 上以 $y_0, y_1, y_2, \cdots, y_n$ 为纵坐标的点依次为 $A_0, A_1, A_2, \cdots, A_{n-1}, A_n$, 过点 $A_1, A_2, \cdots, A_{n-1}$ 分别作垂直于 $x$ 轴的直线, 并连接 $A_0A_1, A_1A_2, \cdots, A_{n-1}A_n$, 这样便得到 $n$ 个小梯形(见图 5.6), 其面积分别为

$$\frac{y_0+y_1}{2}\Delta x, \quad \frac{y_1+y_2}{2}\Delta x, \quad \cdots, \quad \frac{y_{n-1}+y_n}{2}\Delta x.$$

它们的和为所求曲边梯形面积 $S$ 的近似值, 即 $\int_a^b f(x)\mathrm{d}x$ 的近似值, 故

$$\int_a^b f(x)\mathrm{d}x \approx \left(\frac{y_0+y_1}{2} + \frac{y_1+y_2}{2} + \cdots + \frac{y_{n-1}+y_n}{2}\right)\Delta x$$
$$= \frac{b-a}{n}\left(\frac{y_0+y_n}{2} + y_1 + y_2 + \cdots + y_{n-1}\right). \tag{5.6}$$

通常称(5.6)式为**梯形公式**.

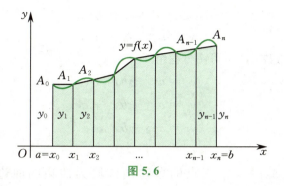

图 5.6

**例 1** 用梯形法求定积分 $\int_0^2 e^{-\frac{x^2}{2}} dx$ 的近似值(取 $n=4$).

**解** 这里 $y=f(x)=e^{-\frac{x^2}{2}}$,$n=4$,$a=0$,$b=2$,取分点
$$x_0=0,\quad x_1=0.5,\quad x_2=1,\quad x_3=1.5,\quad x_4=2,$$
各分点处的函数值分别为
$$y_0=1,\quad y_1\approx 0.882\,5,\quad y_2\approx 0.606\,5,\quad y_3\approx 0.324\,7,\quad y_4\approx 0.135\,3.$$
所以,由(5.6)式得
$$\int_0^2 e^{-\frac{x^2}{2}} dx \approx \frac{2-0}{4}\left(\frac{1+0.135\,3}{2}+0.882\,5+0.606\,5+0.324\,7\right)$$
$$=\frac{1}{2}\times 2.381\,35 \approx 1.190\,7.$$

## 二、抛物线法

用抛物线的一段弧近似代替小曲边梯形的曲边得到所求的曲边梯形面积 $S$,从而求出定积分 $\int_a^b f(x)dx$ 的方法称为**抛物线法**.

用抛物线法计算定积分 $\int_a^b f(x)dx$ 的具体做法如下:

用分点
$$a=x_0<x_1<x_2<\cdots<x_{n-1}<x_n=b$$
将区间 $[a,b]$ 分为 $n$($n$ 为偶数)个长度相等的小区间,各分点处的函数值分别记为 $y_0,y_1,y_2,\cdots,y_{n-1},y_n$,曲线 $y=f(x)$ 上对应的各分点依次记为 $A_0,A_1,A_2,\cdots,A_{n-1},A_n$(见图 5.7).

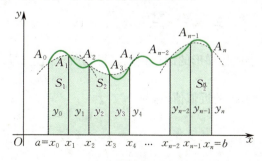

图 5.7

过 $A_0(x_0,y_0), A_1(x_1,y_1), A_2(x_2,y_2)$ 三点可定一条抛物线
$$y = ax^2 + bx + c,$$
其中待定常数 $a,b,c$ 可由方程组
$$\begin{cases} y_0 = ax_0^2 + bx_0 + c, \\ y_1 = ax_1^2 + bx_1 + c, \\ y_2 = ax_2^2 + bx_2 + c \end{cases}$$
确定.

以过 $A_0, A_1, A_2$ 三点的抛物线弧段为曲边的曲边梯形（以 $[x_0, x_2]$ 为底）的面积为

$$S_1 = \int_{x_0}^{x_2} (ax^2 + bx + c) dx = \left[\frac{a}{3}x^3 + \frac{b}{2}x^2 + cx\right]_{x_0}^{x_2}$$

$$= \frac{a}{3}(x_2^3 - x_0^3) + \frac{b}{2}(x_2^2 - x_0^2) + c(x_2 - x_0)$$

$$= (x_2 - x_0)\left[\frac{a}{3}(x_2^2 + x_2 x_0 + x_0^2) + \frac{b}{2}(x_2 + x_0) + c\right]$$

$$= \frac{x_2 - x_0}{6}[2a(x_2^2 + x_2 x_0 + x_0^2) + 3b(x_2 + x_0) + 6c]$$

$$= \frac{x_2 - x_0}{6}[(ax_2^2 + bx_2 + c) + (ax_0^2 + bx_0 + c)$$
$$+ a(x_2 + x_0)^2 + 2b(x_2 + x_0) + 4c]$$

$$\xlongequal{x_0 + x_2 = 2x_1} \frac{x_2 - x_0}{6}[(ax_2^2 + bx_2 + c) + (ax_0^2 + bx_0 + c)$$
$$+ 4(ax_1^2 + bx_1 + c)]$$

$$= \frac{x_2 - x_0}{6}(y_0 + 4y_1 + y_2).$$

同理，以过 $A_2, A_3, A_4$ 三点的抛物线弧段为曲边 …… 过 $A_{n-2}, A_{n-1}, A_n$ 三点的抛物线弧段为曲边的曲边梯形面积分别为

$$S_2 = \frac{x_4 - x_2}{6}(y_2 + 4y_3 + y_4),$$

……

$$S_{\frac{n}{2}} = \frac{x_n - x_{n-2}}{6}(y_{n-2} + 4y_{n-1} + y_n).$$

将上面 $\frac{n}{2}$ 个小曲边梯形的面积相加就得到所求曲边梯形面积 $S$ 的近似值，即 $\int_a^b f(x) dx$ 的近似值，这时

$$x_2 - x_0 = x_4 - x_2 = \cdots = x_n - x_{n-2} = 2\frac{b-a}{n},$$

故

$$\int_a^b f(x)\mathrm{d}x \approx \frac{1}{3}\cdot\frac{b-a}{n}[(y_0+4y_1+y_2)+(y_2+4y_3+y_4)$$
$$+\cdots+(y_{n-2}+4y_{n-1}+y_n)]$$
$$=\frac{b-a}{3n}[(y_0+y_n)+2(y_2+y_4+\cdots+y_{n-2})$$
$$+4(y_1+y_3+\cdots+y_{n-1})].$$
(5.7)

通常称(5.7)式为**辛普森**(Simpson)**公式**.

**例 2** 用抛物线法求定积分 $\int_0^1 \mathrm{e}^{-x^2}\mathrm{d}x$ 的近似值(取 $n=10$).

**解** 这里 $y=f(x)=\mathrm{e}^{-x^2}$, $n=10$, $a=0$, $b=1$, 取分点
$$x_0=0,\quad x_1=0.1,\quad x_2=0.2,\quad \cdots,\quad x_{10}=1,$$
各分点处的函数值分别为
$$y_0=1,\quad y_1\approx 0.990\,05,\quad y_2\approx 0.960\,79,\quad \cdots,\quad y_{10}\approx 0.367\,88.$$
经计算得 $y_2+y_4+y_6+y_8\approx 3.037\,90$, $y_1+y_3+y_5+y_7+y_9\approx 3.740\,27$. 所以,由(5.7)式得
$$\int_0^1 \mathrm{e}^{-x^2}\mathrm{d}x \approx \frac{1-0}{3\times 10}[(y_0+y_{10})+2(y_2+y_4+y_6+y_8)$$
$$+4(y_1+y_3+y_5+y_7+y_9)]$$
$$\approx \frac{1}{30}\times(1.367\,88+2\times 3.037\,90+4\times 3.740\,27)$$
$$=\frac{1}{30}\times 22.404\,76=0.746\,83.$$

## 习 题 5.4

1. 用两种计算方法求定积分 $\int_1^2 \frac{\mathrm{d}x}{x^2}$ 的近似值(取 $n=10$, 计算时取 4 位小数).

2. 用两种计算方法求定积分 $\int_0^1 \frac{4}{1+x^2}\mathrm{d}x$ 的近似值(取 $n=10$, 计算时取 5 位小数).

## §5.5 广 义 积 分

前面我们讨论的定积分通常称为**常义积分**. 现对常义积分进行推

广，便得到广义积分的概念，它有两种情况：

(1) 将有限的积分区间推广为无限的积分区间；

(2) 将有界被积函数推广为无界被积函数.

## 一、无穷限的广义积分

**定义 1** 设函数 $f(x)$ 在区间 $[a,+\infty)$ 上连续，任取 $b>a$. 若极限 $\lim\limits_{b\to+\infty}\int_a^b f(x)\mathrm{d}x$ 存在，则定义

$$\int_a^{+\infty} f(x)\mathrm{d}x = \lim_{b\to+\infty}\int_a^b f(x)\mathrm{d}x,$$

并称广义积分 $\int_a^{+\infty} f(x)\mathrm{d}x$ 收敛；若上述极限不存在，则称广义积分 $\int_a^{+\infty} f(x)\mathrm{d}x$ 发散.

类似地，可定义积分下限为负无穷大和积分下限为负无穷大而积分上限为正无穷大的情形.

**定义 2** 设函数 $f(x)$ 在区间 $(-\infty,b]$ 上连续，任取 $a<b$. 若极限 $\lim\limits_{a\to-\infty}\int_a^b f(x)\mathrm{d}x$ 存在，则定义

$$\int_{-\infty}^{b} f(x)\mathrm{d}x = \lim_{a\to-\infty}\int_a^b f(x)\mathrm{d}x,$$

并称广义积分 $\int_{-\infty}^{b} f(x)\mathrm{d}x$ 收敛；若上述极限不存在，则称广义积分 $\int_{-\infty}^{b} f(x)\mathrm{d}x$ 发散.

**定义 3** 设函数 $f(x)$ 在区间 $(-\infty,+\infty)$ 上连续. 若两个极限 $\lim\limits_{a\to-\infty}\int_a^0 f(x)\mathrm{d}x$ 和 $\lim\limits_{b\to+\infty}\int_0^b f(x)\mathrm{d}x$ 均存在，则定义

$$\int_{-\infty}^{+\infty} f(x)\mathrm{d}x = \lim_{a\to-\infty}\int_a^0 f(x)\mathrm{d}x + \lim_{b\to+\infty}\int_0^b f(x)\mathrm{d}x,$$

并称广义积分 $\int_{-\infty}^{+\infty} f(x)\mathrm{d}x$ 收敛；若上述两个极限中有一个不存在，则称广义积分 $\int_{-\infty}^{+\infty} f(x)\mathrm{d}x$ 发散.

**例 1** 求广义积分 $\int_0^{+\infty} \dfrac{\mathrm{d}x}{1+x^2}$.

**解** 由无穷限的广义积分定义得

$$\int_0^{+\infty} \frac{\mathrm{d}x}{1+x^2} = \lim_{b\to+\infty}\int_0^b \frac{\mathrm{d}x}{1+x^2} = \lim_{b\to+\infty}\left[\arctan x\right]_0^b$$

$$= \lim_{b\to+\infty}\arctan b = \frac{\pi}{2}.$$

**注** 有时为了方便,把 $\lim\limits_{b\to+\infty}[F(x)]_a^b$ 记作 $[F(x)]_a^{+\infty}$.

**例 2** 证明:广义积分 $\int_1^{+\infty}\dfrac{\mathrm{d}x}{x^p}$ 当 $p>1$ 时收敛,当 $p\leqslant 1$ 时发散.

**证** 当 $p=1$ 时,有

$$\int_1^{+\infty}\dfrac{\mathrm{d}x}{x}=[\ln x]_1^{+\infty}=+\infty;$$

当 $p\neq 1$ 时,有

$$\int_1^{+\infty}\dfrac{\mathrm{d}x}{x^p}=\int_1^{+\infty}x^{-p}\mathrm{d}x=\left[\dfrac{1}{1-p}x^{1-p}\right]_1^{+\infty}$$

$$=\begin{cases}+\infty, & p<1,\\ \dfrac{1}{p-1}, & p>1.\end{cases}$$

故广义积分 $\int_1^{+\infty}\dfrac{\mathrm{d}x}{x^p}$ 当 $p>1$ 时收敛,当 $p\leqslant 1$ 时发散.

**例 3** 判断广义积分 $\int_{-\infty}^{+\infty}\mathrm{e}^x\mathrm{d}x$ 的敛散性.

**解** 由于

$$\int_0^{+\infty}\mathrm{e}^x\mathrm{d}x=[\mathrm{e}^x]_0^{+\infty}=+\infty,$$

因此广义积分 $\int_0^{+\infty}\mathrm{e}^x\mathrm{d}x$ 发散,从而广义积分 $\int_{-\infty}^{+\infty}\mathrm{e}^x\mathrm{d}x$ 发散.

## 二、无界函数的广义积分

**定义 4** 设函数 $f(x)$ 在区间 $[a,b)$ 上连续,且当 $x\to b$ 时,$f(x)\to\infty$. 若极限 $\lim\limits_{\varepsilon\to 0^+}\int_a^{b-\varepsilon}f(x)\mathrm{d}x$ 存在,则定义

$$\int_a^b f(x)\mathrm{d}x=\lim_{\varepsilon\to 0^+}\int_a^{b-\varepsilon}f(x)\mathrm{d}x,$$

并称**广义积分** $\int_a^b f(x)\mathrm{d}x$ **收敛**;若上述极限不存在,则称**广义积分** $\int_a^b f(x)\mathrm{d}x$ **发散**.

类似地,可定义函数 $f(x)$ 在积分区间 $(a,b]$ 左端点 $a$ 处无界(当 $x\to a$ 时,$f(x)\to\infty$)时的广义积分

$$\int_a^b f(x)\mathrm{d}x=\lim_{\varepsilon\to 0^+}\int_{a+\varepsilon}^b f(x)\mathrm{d}x.$$

**定义 5**　设函数 $f(x)$ 在区间 $[a,b]$ 上某一点 $d$ 处无界. 如果两个广义积分 $\int_a^d f(x)\mathrm{d}x$ 和 $\int_d^b f(x)\mathrm{d}x$ 均收敛，则称**广义积分** $\int_a^b f(x)\mathrm{d}x$ **收敛**，且定义

$$\int_a^b f(x)\mathrm{d}x = \int_a^d f(x)\mathrm{d}x + \int_d^b f(x)\mathrm{d}x;$$

如果上述两个广义积分中有一个发散，则称**广义积分** $\int_a^b f(x)\mathrm{d}x$ **发散**.

**注**　有时为了方便，将 $\lim\limits_{\varepsilon \to 0^+}[F(x)]_a^{b-\varepsilon}$ 和 $\lim\limits_{\varepsilon \to 0^+}[F(x)]_{a+\varepsilon}^b$ 记作 $[F(x)]_a^b$.

**例 4**　求广义积分 $\int_0^4 \dfrac{\mathrm{d}x}{\sqrt{16-x^2}}$.

**解**　因 $\lim\limits_{x \to 4^-} \dfrac{1}{\sqrt{16-x^2}} = +\infty$，故被积函数 $\dfrac{1}{\sqrt{16-x^2}}$ 在区间 $[0,4)$ 上无界. 由无界函数的广义积分定义得

$$\int_0^4 \dfrac{\mathrm{d}x}{\sqrt{16-x^2}} = \left[\arcsin\dfrac{x}{4}\right]_0^4 = \arcsin 1 - \arcsin 0 = \dfrac{\pi}{2}.$$

**例 5**　求广义积分 $\int_{-3}^3 \dfrac{\mathrm{d}x}{x^2}$.

**解**　当 $x \to 0$ 时，$\dfrac{1}{x^2} \to +\infty$，故 $x = 0$ 为被积函数的无穷间断点. 由无界函数的广义积分定义得

$$\int_{-3}^3 \dfrac{\mathrm{d}x}{x^2} = \int_{-3}^0 \dfrac{\mathrm{d}x}{x^2} + \int_0^3 \dfrac{\mathrm{d}x}{x^2}.$$

而

$$\int_{-3}^0 \dfrac{\mathrm{d}x}{x^2} = \left[-\dfrac{1}{x}\right]_{-3}^0 = +\infty,$$

即广义积分 $\int_{-3}^0 \dfrac{\mathrm{d}x}{x^2}$ 发散，故广义积分 $\int_{-3}^3 \dfrac{\mathrm{d}x}{x^2}$ 发散.

**注**　在例 5 中，若疏忽了 $x = 0$ 为被积函数的无穷间断点，就会得到如下错误结论：

$$\int_{-3}^3 \dfrac{\mathrm{d}x}{x^2} = \left[-\dfrac{1}{x}\right]_{-3}^3 = -\dfrac{1}{3} - \dfrac{1}{3} = -\dfrac{2}{3}.$$

**例 6** 证明:广义积分 $\int_0^1 \dfrac{\mathrm{d}x}{x^q}$ 当 $q < 1$ 时收敛, 当 $q \geqslant 1$ 时发散.

**证** 当 $q = 1$ 时, 有
$$\int_0^1 \dfrac{\mathrm{d}x}{x} = [\ln x]_0^1 = +\infty;$$

当 $q \neq 1$ 时, 有
$$\int_0^1 \dfrac{\mathrm{d}x}{x^q} = \left[\dfrac{x^{1-q}}{1-q}\right]_0^1 = \begin{cases} \dfrac{1}{1-q}, & q < 1, \\ +\infty, & q > 1. \end{cases}$$

故广义积分 $\int_0^1 \dfrac{\mathrm{d}x}{x^q}$ 当 $q < 1$ 时收敛, 当 $q \geqslant 1$ 时发散.

## 三、Γ 函数

下面介绍在数学学科及工程技术等领域有广泛应用的 Γ 函数. Γ 函数也称为**高斯 Π 函数**, 其定义如下:
$$\Gamma(s+1) = \Pi(s) = \int_0^{+\infty} x^s \mathrm{e}^{-x} \mathrm{d}x \quad (s > 0).$$

不难判断广义积分 $\int_0^{+\infty} x^s \mathrm{e}^{-x} \mathrm{d}x \, (s > 0)$ 是收敛的.

下面讨论 Γ 函数的性质.

利用分部积分法, 有
$$\Pi(s) = -\int_0^{+\infty} x^s \mathrm{d}(\mathrm{e}^{-x}) = [-x^s \mathrm{e}^{-x}]_0^{+\infty} + s\int_0^{+\infty} x^{s-1} \mathrm{e}^{-x} \mathrm{d}x.$$

因为上式右边的第一项为零, 所以
$$\Pi(s) = s\Pi(s-1).$$

由此得
$$\Pi(s+1) = (s+1)\Pi(s).$$

取一自然数 $p$, 则
$$\Pi(s+p) = (s+p)(s+p-1)\cdots(s+1)\Pi(s).$$

而
$$\Gamma(1) = \Pi(0) = \int_0^{+\infty} \mathrm{e}^{-x} \mathrm{d}x = [-\mathrm{e}^{-x}]_0^{+\infty} = 1,$$

故对于任何正整数 $s$, 有
$$\Gamma(s+1) = \Pi(s) = s!.$$

当 $s = -\dfrac{1}{2}$ 时, 有
$$\Gamma\left(\dfrac{1}{2}\right) = \int_0^{+\infty} \mathrm{e}^{-x} \dfrac{1}{\sqrt{x}} \mathrm{d}x \xrightarrow{\text{令 } x = u^2} 2\int_0^{+\infty} \mathrm{e}^{-u^2} \mathrm{d}u = \sqrt{\pi},$$

此处利用了 $\int_0^{+\infty} \mathrm{e}^{-x^2} \mathrm{d}x = \dfrac{1}{2}\sqrt{\pi}$.

## 习题 5.5

1. 判断下列广义积分的敛散性，如果收敛，计算广义积分的值：

(1) $\int_1^{+\infty} \dfrac{\mathrm{d}x}{x^4}$;

(2) $\int_{-\infty}^{+\infty} \dfrac{\mathrm{d}x}{x^2+2x+2}$;

(3) $\int_0^1 \dfrac{x}{\sqrt{1-x^2}}\mathrm{d}x$;

(4) $\int_0^2 \dfrac{\mathrm{d}x}{(1-x)^2}$.

2. 求广义积分 $\int_0^{+\infty} \mathrm{e}^{-x}\sin x\,\mathrm{d}x$.

3. $I = \int_2^{+\infty} \dfrac{\mathrm{d}x}{\sqrt{(x-2)^3}}$ 既是无穷限的广义积分，又是无界函数的广义积分，试判断其敛散性.

4. 因为 $\dfrac{x}{\sqrt{1+x^2}}$ 是奇函数，所以 $\int_{-\infty}^{+\infty} \dfrac{x}{\sqrt{1+x^2}}\mathrm{d}x = 0$. 这个结论是否正确？并说明理由.

## 综合练习五

1. 选择题：

(1) 设 $I = \int_0^1 \sqrt{x}\,\mathrm{d}x, J = \int_0^1 \sqrt[3]{x}\,\mathrm{d}x, K = \int_0^1 x^2\,\mathrm{d}x$，则（　　）；

A. $I < J < K$      B. $J < K < I$

C. $J < I < K$      D. $K < I < J$

(2) 设函数 $f(x)$ 与 $g(x)$ 均可导，且 $f(x) < g(x)$，则必有（　　）；

A. $f(-x) > g(-x)$      B. $f'(x) < g'(x)$

C. $\lim\limits_{x \to x_0} f(x) < \lim\limits_{x \to x_0} g(x)$      D. $\int_0^x f(t)\mathrm{d}t < \int_0^x g(t)\mathrm{d}t$

(3) 设 $f(x)$ 为连续函数，且函数 $F(x) = \int_{\frac{1}{x}}^{\ln x} f(t)\mathrm{d}t$，则 $F'(x) = ($　　$)$；

A. $\dfrac{1}{x}f(\ln x) + \dfrac{1}{x^2}f\left(\dfrac{1}{x}\right)$      B. $f(\ln x) + f\left(\dfrac{1}{x}\right)$

C. $\dfrac{1}{x}f(\ln x) - \dfrac{1}{x^2}f\left(\dfrac{1}{x}\right)$      D. $f(\ln x) - f\left(\dfrac{1}{x}\right)$

(4) 下列广义积分中收敛的是（　　）.

A. $\int_1^{+\infty} \dfrac{\mathrm{d}x}{x^2+2}$      B. $\int_e^{+\infty} \dfrac{\mathrm{d}x}{x\sqrt{\ln x+2}}$

C. $\int_{-\infty}^{+\infty} \sin x\,\mathrm{d}x$      D. $\int_0^1 \dfrac{\mathrm{d}x}{x-1}$

2. 求由参数方程 $x = \int_0^t \sin u \, du, y = \int_0^t \cos u \, du$ 所确定的函数对 $x$ 的导数 $\dfrac{dy}{dx}$.

3. 求由方程 $\int_0^y e^t \, dt + \int_0^x \cos t \, dt = 0$ 所确定的隐函数对 $x$ 的导数 $\dfrac{dy}{dx}$.

4. 当 $x$ 为何值时,函数 $I = \int_0^x t e^{-t^2} \, dt$ 有极值?

5. 已知函数 $f(x) = \begin{cases} x^2, & 0 \leqslant x < 1, \\ 1, & 1 \leqslant x \leqslant 2, \end{cases}$ 求函数 $F(x) = \int_1^x f(t) \, dt$ 在区间 $[0,2]$ 上的表达式.

6. 求极限 $\displaystyle\lim_{x \to \infty} \dfrac{\left(\int_0^x e^{t^2} \, dt\right)^2}{\int_0^x e^{2t^2} \, dt}$.

7. 求下列广义积分:

(1) $\displaystyle\int_{-\infty}^{+\infty} \dfrac{dx}{1+x^2}$;  (2) $\displaystyle\int_0^{+\infty} t e^{-t} \, dt$;

(3) $\displaystyle\int_1^{+\infty} \dfrac{dx}{x\sqrt{x-1}}$.

课程思政

# 第六章 定积分的应用

本章将应用前面介绍过的定积分理论来分析和解决几何学、物理学中的一些问题,其目的不仅仅在于建立一些计算几何量、物理量的公式,更重要的是介绍推导出这些公式的元素法.

# §6.1 定积分的元素法

在定积分的应用中,经常采用所谓的"元素法". 为了说明这种方法,我们回顾一下第五章中讨论过的曲边梯形的面积问题.

设 $f(x)$ 是区间 $[a,b]$ 上的连续函数,且 $f(x) \geqslant 0$,求由曲线 $y=f(x)$ 与直线 $x=a,x=b$ 及 $x$ 轴所围成曲边梯形的面积 $A$. 把所求的曲边梯形面积 $A$ 表示为定积分 $\int_a^b f(x)\mathrm{d}x$ 的步骤如下:

(1) 分割:用分点
$$a = x_0 < x_1 < x_2 < \cdots < x_n = b$$
将区间 $[a,b]$ 分割成长度为 $\Delta x_i (i=1,2,\cdots,n)$ 的 $n$ 个小区间,相应地得到 $n$ 个小曲边梯形. 设第 $i(i=1,2,\cdots,n)$ 个小曲边梯形的面积为 $\Delta A_i$,于是所求的曲边梯形面积为
$$A = \sum_{i=1}^n \Delta A_i.$$

(2) 近似:计算 $\Delta A_i$ 的近似值,得
$$\Delta A_i \approx f(\xi_i) \Delta x_i \quad (x_{i-1} \leqslant \xi_i \leqslant x_i).$$

(3) 求和:将所有小曲边梯形面积的近似值相加,得
$$A \approx \sum_{i=1}^n f(\xi_i) \Delta x_i.$$

(4) 取极限:记 $\lambda = \max\{\Delta x_1, \Delta x_2, \cdots, \Delta x_n\}$,得所求的曲边梯形面积为
$$A = \lim_{\lambda \to 0} \sum_{i=1}^n f(\xi_i) \Delta x_i = \int_a^b f(x)\mathrm{d}x.$$

在上述四个步骤中,关键的是步骤(2),这一步是确定 $\Delta A_i$ 的近似值. 确定了 $\Delta A_i$ 的近似值,再求和、取极限,从而得到所求曲边梯形面积 $A$ 的精确值. 而 $\Delta A_i$ 是所求量(面积 $A$)在第 $i$ 个小区间 $[x_{i-1}, x_i]$ 上的部分量,所以问题的关键是求出所求量在第 $i$ 个小区间上的部分量的近似值.

为简便起见,只考虑具有代表性的一个小区间 $[x, x+\mathrm{d}x]$,用 $\Delta A$ 表示该小区间对应的小曲边梯形的面积,取 $[x, x+\mathrm{d}x]$ 的左端点 $x$ 为 $\xi$,以点 $x$ 处的函数值 $f(x)$ 为高、$\mathrm{d}x$ 为底的矩形面积 $f(x)\mathrm{d}x$ 是 $\Delta A$ 的近似值(见图 6.1 中的阴影部分),即
$$\Delta A \approx f(x) \mathrm{d}x.$$
上式右边的 $f(x)\mathrm{d}x$ 就叫作**面积元素**,记为 $\mathrm{d}A = f(x)\mathrm{d}x$. 最后,以 $\mathrm{d}A = f(x)\mathrm{d}x$ 为被积表达式在区间 $[a,b]$ 上做定积分就得到
$$A = \int_a^b f(x)\mathrm{d}x.$$

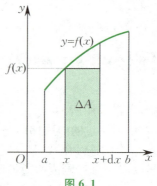

图 6.1

一般地,若某一实际问题中所求量 $T$ 满足下列条件:

(1) $T$ 是与某个变量 $x$ 的变化区间 $[a,b]$ 有关的量;

(2) $T$ 对 $[a,b]$ 具有可加性,即如果把 $[a,b]$ 任意分为 $n$ 个小区间 $[x_{i-1},x_i](i=1,2,\cdots,n)$,则 $T$ 相应地分成 $n$ 个部分量 $\Delta T_i(i=1,2,\cdots,n)$,且 $T$ 等于所有部分量之和;

(3) $\Delta T_i(i=1,2,\cdots,n)$ 的近似值为 $f(\xi_i)\Delta x_i(x_{i-1}\leqslant\xi_i\leqslant x_i)$,

则可用定积分 $\int_a^b f(x)\mathrm{d}x$ 表示 $T$.

写出所求量 $T$ 的定积分表达式的具体步骤如下:

(1) 建立坐标系,根据 $T$ 确定一个积分变量 $x$ 及其变化区间 $[a,b]$.

(2) 考察 $[a,b]$ 中的任一小区间 $[x,x+\mathrm{d}x]$ 上相应的部分量 $\Delta T$. 如果 $\Delta T$ 能近似地表示为 $[a,b]$ 上某个连续函数 $f(x)$ 在点 $x$ 处的值与小区间长度 $\mathrm{d}x$ 的乘积,则把 $f(x)\mathrm{d}x$ 称为 $T$ 的**元素**或**微元**,并记作 $\mathrm{d}T$,即

$$\Delta T \approx \mathrm{d}T = f(x)\mathrm{d}x.$$

(3) 以 $\mathrm{d}T = f(x)\mathrm{d}x$ 为被积表达式在 $[a,b]$ 上做定积分,得

$$T = \int_a^b f(x)\mathrm{d}x.$$

这就是 $T$ 的定积分表达式.

上述求 $T$ 的方法称为**元素法**(或**微元法**).

## §6.2 定积分在几何学上的应用

### 一、平面图形的面积

**1. 直角坐标情形**

若一平面图形是由连续曲线 $y = f(x)(f(x) \geqslant 0)$ 与直线 $x=a, x=b$ 及 $x$ 轴所围成的曲边梯形,任取区间 $[a,b]$ 中的小区

间 $[x, x+\mathrm{d}x]$，该小区间对应的小曲边梯形可近似看成以 $\mathrm{d}x$ 为底、$f(x)$ 为高的小矩形，从而这个小曲边梯形的面积近似等于 $f(x)\mathrm{d}x$，即面积元素为
$$\mathrm{d}A = f(x)\mathrm{d}x.$$
于是，该平面图形的面积为
$$A = \int_a^b f(x)\mathrm{d}x.$$

若一平面图形由连续曲线 $y = f_1(x), y = f_2(x)$ ($f_2(x) \geqslant f_1(x)$) 与直线 $x = a, x = b$ 所围成（见图 6.2），任取区间 $[a, b]$ 中的小区间 $[x, x+\mathrm{d}x]$，可得面积元素
$$\mathrm{d}A = [f_2(x) - f_1(x)]\mathrm{d}x.$$
于是，该平面图形的面积为
$$A = \int_a^b [f_2(x) - f_1(x)]\mathrm{d}x.$$

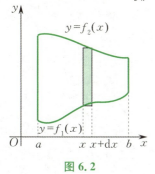

图 6.2

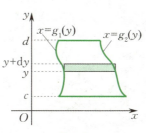

图 6.3

类似地，若一平面图形由连续曲线 $x = g_1(y), x = g_2(y)$ ($g_2(y) \geqslant g_1(y)$) 与直线 $y = c, y = d$ 所围成（见图 6.3），任取区间 $[c, d]$ 中的小区间 $[y, y+\mathrm{d}y]$，可得面积元素
$$\mathrm{d}A = [g_2(y) - g_1(y)]\mathrm{d}y.$$
于是，该平面图形的面积为
$$A = \int_c^d [g_2(y) - g_1(y)]\mathrm{d}y.$$

**例 1** 计算由直线 $y = 4 + x$ 与曲线 $y = \dfrac{x^2}{2}$ 所围成平面图形的面积.

**解** 所围成的平面图形如图 6.4 所示. 求得直线 $y = 4 + x$ 与曲线 $y = \dfrac{x^2}{2}$ 的交点 $(4, 8), (-2, 2)$，从而可知该平面图形在直线 $x = -2$ 与 $x = 4$ 之间.

取 $x$ 为积分变量，其变化区间为 $[-2, 4]$，又知面积元素为
$$\mathrm{d}A = \left[(4 + x) - \dfrac{x^2}{2}\right]\mathrm{d}x,$$
于是所求的平面图形面积为

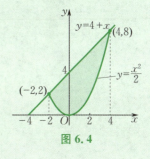

图 6.4

$$A = \int_{-2}^{4}\left[(4+x)-\frac{x^2}{2}\right]dx = \left[4x+\frac{x^2}{2}-\frac{x^3}{6}\right]_{-2}^{4} = 18.$$

**例 2** 计算由抛物线 $y^2 = 2x$ 与直线 $y = x - 4$ 所围成平面图形的面积.

**解** 所围成的平面图形如图 6.5 所示. 求得抛物线 $y^2 = 2x$ 与直线 $y = x - 4$ 的交点 $(2, -2)$, $(8, 4)$, 从而可知该平面图形在直线 $y = -2$ 与 $y = 4$ 之间.

取 $y$ 为积分变量, 其变化区间为 $[-2, 4]$ (读者可以思考, 取 $x$ 为积分变量时, 有什么不方便的地方), 又知面积元素为

$$dA = \left(y + 4 - \frac{y^2}{2}\right)dy,$$

于是所求的平面图形面积为

$$A = \int_{-2}^{4}\left(y+4-\frac{y^2}{2}\right)dy = \left[\frac{y^2}{2}+4y-\frac{y^3}{6}\right]_{-2}^{4} = 18.$$

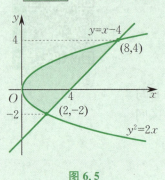

图 6.5

**例 3** 求椭圆 $\frac{x^2}{a^2} + \frac{y^2}{b^2} = 1$ (常数 $a, b > 0$) 所围成平面图形的面积.

**解** 该椭圆关于两条坐标轴对称, 故该椭圆所围成平面图形的面积为 $A = 4A_1$, 其中 $A_1$ 为该椭圆在第一象限部分与两条坐标轴所围成平面图形的面积. 因此

$$A = 4A_1 = 4\int_0^a y\, dx.$$

该椭圆的参数方程为

$$\begin{cases} x = a\cos t, \\ y = b\sin t, \end{cases}$$

于是 $dx = -a\sin t$, 且当 $x = 0$ 时, $t = \frac{\pi}{2}$; 当 $x = a$ 时, $t = 0$. 所以

$$A = 4\int_{\frac{\pi}{2}}^{0}(b\sin t)d(a\cos t) = 4\int_{\frac{\pi}{2}}^{0}ab\sin t(-\sin t)dt$$

$$= -4ab\int_{\frac{\pi}{2}}^{0}\sin^2 t\, dt = 4ab\int_0^{\frac{\pi}{2}}\sin^2 t\, dt$$

$$= 4ab\int_0^{\frac{\pi}{2}}\frac{1}{2}(1-\cos 2t)dt$$

$$= 2ab\left[t-\frac{1}{2}\sin 2t\right]_0^{\frac{\pi}{2}} = \pi ab.$$

特别地, 当 $a = b$ 时, 即得到圆的面积公式 $A = \pi a^2$.

**注** 对于由连续曲线 $y = f(x)$ ($f(x) \geq 0$) 与直线 $x = a, x = b$ 及 $x$ 轴所围成的曲边梯形, 当曲边 $y = f(x)$ ($a \leq x \leq b$) 由参数方程 $\begin{cases} x = \varphi(t), \\ y = \psi(t) \end{cases}$ 给出时, 该曲边梯形的面积为

$$A = \int_{t_1}^{t_2}\psi(t)\varphi'(t)dt,$$

其中 $t_1$ 与 $t_2$ 分别是 $x = a$ 与 $x = b$ 对应的参数值.

## 2. 极坐标情形

由连续曲线 $\rho = \varphi(\theta)$ ($\varphi(\theta) \geqslant 0$) 和射线 $\theta = \alpha, \theta = \beta$ 所围成的平面图形称为**曲边扇形**.

现在计算此曲边扇形的面积 $A$.

如图 6.6 所示,取极角 $\theta$ 为积分变量,其变化区间为 $[\alpha, \beta]$. 用半径为 $\rho = \varphi(\theta)$、中心角为 $\mathrm{d}\theta$ 的圆扇形近似代替区间 $[\theta, \theta + \mathrm{d}\theta]$ 对应的小曲边扇形,则面积元素为

$$\mathrm{d}A = \frac{1}{2} \varphi^2(\theta) \mathrm{d}\theta.$$

于是,所求的曲边扇形面积为

$$A = \int_\alpha^\beta \frac{1}{2} \varphi^2(\theta) \mathrm{d}\theta.$$

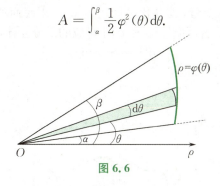

图 6.6

**例 4** 求心形线 $\rho = a(1 + \cos\theta)$ ($a > 0, 0 \leqslant \theta \leqslant 2\pi$) 所围成平面图形的面积.

**解** 如图 6.7 所示,此平面图形对称于极轴,故所求平面图形的面积 $A$ 为极轴以上部分平面图形面积 $A_1$ 的两倍.

取 $\theta$ 为积分变量,其变化区间为 $[0, \pi]$. 因为面积元素为

$$\mathrm{d}A_1 = \frac{a^2}{2}(1 + \cos\theta)^2 \mathrm{d}\theta,$$

从而

$$\begin{aligned} A_1 &= \int_0^\pi \frac{a^2}{2}(1 + \cos\theta)^2 \mathrm{d}\theta \\ &= \frac{a^2}{2} \int_0^\pi (1 + 2\cos\theta + \cos^2\theta) \mathrm{d}\theta \\ &= \frac{a^2}{2} \int_0^\pi \left(1 + 2\cos\theta + \frac{1 + \cos 2\theta}{2}\right) \mathrm{d}\theta \\ &= \frac{a^2}{2} \int_0^\pi \left(\frac{3}{2} + 2\cos\theta + \frac{1}{2}\cos 2\theta\right) \mathrm{d}\theta \\ &= \frac{a^2}{2} \left[\frac{3}{2}\theta + 2\sin\theta + \frac{1}{4}\sin 2\theta\right]_0^\pi \\ &= \frac{3}{4}\pi a^2. \end{aligned}$$

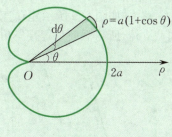

图 6.7

于是,所求的平面图形面积为

$$A = 2A_1 = 2 \times \frac{3}{4}\pi a^2 = \frac{3}{2}\pi a^2.$$

## 二、空间立体的体积

### 1. 平行截面面积为已知的立体体积

设立体在垂直于 $x$ 轴的两个平行平面 $x=a$ 与 $x=b(a<b)$ 之间,且被垂直于 $x$ 轴的平面截得的截面面积可用 $x$ 的连续函数 $S(x)$ 表示,试求该立体的体积(见图 6.8).

取 $x$ 为积分变量,其变化区间为 $[a,b]$,用底面积为 $S(x)$、高为 $\mathrm{d}x$ 的柱体近似代替区间 $[x,x+\mathrm{d}x]$ 对应的部分立体,则体积元素为

$$\mathrm{d}V = S(x)\mathrm{d}x.$$

于是,所求的立体体积为

$$V = \int_a^b S(x)\mathrm{d}x.$$

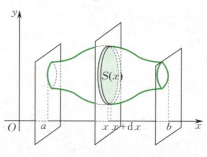

图 6.8

**例 5** 计算以圆为底(半径为 $a$)、平行且等于底圆直径的线段为顶、$h$ 为高的立体体积 $V$(见图 6.9).

**解** 如图 6.9 所示建立直角坐标系. 过 $x$ 轴上的点 $x(-a \leqslant x \leqslant a)$ 作垂直于 $x$ 轴的平面截立体,所得截面是等腰三角形 $PQR$,其面积为

$$S(x) = \frac{1}{2}|QR| \cdot h = h\sqrt{a^2 - x^2},$$

于是所求的立体体积为

$$\begin{aligned}
V &= \int_{-a}^{a} S(x)\mathrm{d}x = \int_{-a}^{a} h\sqrt{a^2 - x^2}\,\mathrm{d}x \\
&= 2h\int_0^a \sqrt{a^2 - x^2}\,\mathrm{d}x \quad (\text{由}\sqrt{a^2-x^2}\text{为偶函数}) \\
&= 2h \cdot \frac{1}{4}\pi a^2 \quad (\text{由定积分的几何意义}) \\
&= \frac{\pi}{2}a^2 h.
\end{aligned}$$

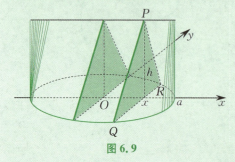

图 6.9

## 2. 旋转体的体积

由一平面图形绕同一平面内一定直线旋转一周而成的立体称为**旋转体**.

设一旋转体是由连续曲线 $y=f(x)$ 和直线 $x=a,x=b$ 及 $x$ 轴所围成的平面图形绕 $x$ 轴旋转一周而得到的(见图 6.10). 下面求该旋转体的体积.

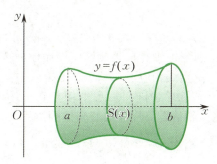

图 6.10

对于任意的 $x\in[a,b]$,过点 $x$ 且垂直于 $x$ 轴的平面截该旋转体所得截面的面积为
$$S(x)=\pi y^2=\pi f^2(x),$$
故该旋转体的体积为
$$V=\int_a^b \pi y^2 \,\mathrm{d}x=\int_a^b \pi f^2(x)\,\mathrm{d}x.$$

同理可得,由连续曲线 $x=\varphi(y)$ 和直线 $y=c,y=d$ 及 $y$ 轴所围成的平面图形绕 $y$ 轴旋转一周而成的旋转体体积为
$$V=\int_c^d \pi x^2 \,\mathrm{d}y=\int_c^d \pi \varphi^2(y)\,\mathrm{d}y.$$

**例 6** 求椭圆 $\dfrac{x^2}{a^2}+\dfrac{y^2}{b^2}=1$ 分别绕 $x$ 轴和 $y$ 轴旋转一周而成旋转体的体积.

**解** 因该椭圆关于 $x$ 轴和 $y$ 轴对称,故它绕 $x$ 轴旋转一周而成旋转体的体积 $V_x$ 为它在第一象限部分绕 $x$ 轴旋转一周而成旋转体体积的两倍,即
$$\begin{aligned}V_x&=2\int_0^a \pi y^2\,\mathrm{d}x=2\pi\frac{b^2}{a^2}\int_0^a(a^2-x^2)\,\mathrm{d}x\\&=\frac{2\pi b^2}{a^2}\left[a^2 x-\frac{x^3}{3}\right]_0^a=\frac{2\pi b^2}{a^2}\left(a^3-\frac{a^3}{3}\right)\\&=\frac{4}{3}\pi ab^2.\end{aligned}$$

同理可得,该椭圆绕 $y$ 轴旋转一周而成旋转体的体积为

$$V_y = 2\int_0^b \pi x^2 \,dy = 2\pi \frac{a^2}{b^2}\int_0^b (b^2 - y^2)\,dy$$

$$= \frac{2\pi a^2}{b^2}\left[b^2 y - \frac{y^3}{3}\right]_0^b = \frac{2\pi a^2}{b^2}\left(b^3 - \frac{b^3}{3}\right)$$

$$= \frac{4}{3}\pi a^2 b.$$

特别地,当 $a = b$ 时,所得的旋转体为球体,其体积为

$$V = \frac{4}{3}\pi a^3.$$

**例7** 求由摆线 $x = a(\theta - \sin\theta)$, $y = a(1 - \cos\theta)$(常数 $a > 0$)相应于 $0 \leqslant \theta \leqslant 2\pi$ 的一拱与直线 $y = 0$ 所围成的平面图形分别绕 $x$ 轴和 $y$ 轴旋转一周而成旋转体的体积.

**解** 此摆线相应于 $0 \leqslant \theta \leqslant 2\pi$ 的一拱与直线 $y = 0$ 所围成的平面图形如图 6.11 所示. 由旋转体的体积公式,该平面图形绕 $x$ 轴旋转一周而成旋转体的体积为

$$V_x = \int_0^{2\pi a}\pi y^2 \,dx = \pi\int_0^{2\pi}a^2(1-\cos\theta)^2 \cdot a(1-\cos\theta)\,d\theta$$

$$= \pi a^3 \int_0^{2\pi}(1 - 3\cos\theta + 3\cos^2\theta - \cos^3\theta)\,d\theta = 5\pi^2 a^3.$$

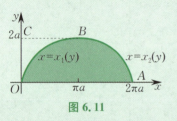

图 6.11

该平面图形绕 $y$ 轴旋转一周而成旋转体的体积 $V_y$ 等于图 6.11 中平面图形 $OABC$ 与平面图形 $OBC$ 分别绕 $y$ 轴旋转一周而成旋转体的体积之差,因此

$$V_y = \int_0^{2a}\pi x_2^2(y)\,dy - \int_0^{2a}\pi x_1^2(y)\,dy$$

$$= \pi\int_{2\pi}^{\pi}a^2(\theta - \sin\theta)^2 \cdot a\sin\theta\,d\theta - \pi\int_0^{\pi}a^2(\theta - \sin\theta)^2 \cdot a\sin\theta\,d\theta$$

$$= -\pi a^3\int_0^{2\pi}(\theta - \sin\theta)^2\sin\theta\,d\theta = 6\pi^3 a^3.$$

# 三、平面曲线的弧长

## 1. 直角坐标情形

计算曲线 $y = f(x)$($f(x)$ 具有连续导数)上 $x$ 从点 $a$ 到点 $b$ 一段 $\overset{\frown}{AB}$ 的弧长(见图 6.12).

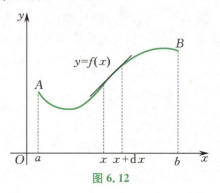

图 6.12

取 $x$ 为积分变量,其变化区间为 $[a,b]$. 对于 $[a,b]$ 上任一小区间 $[x,x+dx]$,用 $\overset{\frown}{AB}$ 在点 $(x,f(x))$ 处的切线段近似代替该小区间对应的小曲线弧,这时切线段的长度,即**弧长元素**为

$$ds = \sqrt{(dx)^2 + (dy)^2} = \sqrt{1+y'^2}\,dx,$$

则 $\overset{\frown}{AB}$ 的弧长为

$$s = \int_a^b \sqrt{1+y'^2}\,dx. \tag{6.1}$$

**例 8** 求曲线 $y = \sqrt{a^2 - x^2}$ 的弧长(常数 $a > 0$).

**解** 由 (6.1) 式得

$$s = \int_{-a}^{a} \sqrt{1 + \left(\frac{-x}{\sqrt{a^2-x^2}}\right)^2}\,dx = 2\int_0^a \frac{a}{\sqrt{a^2-x^2}}\,dx$$

$$= 2a\left[\arcsin\frac{x}{a}\right]_0^a = 2a\arcsin 1 = \pi a.$$

**注** 例 8 中 $\int_0^a \frac{a}{\sqrt{a^2-x^2}}\,dx$ 的被积函数 $\frac{a}{\sqrt{a^2-x^2}}$ 在点 $x = a$ 处无界,故它为广义积分.

**2. 参数方程情形**

设一曲线弧的参数方程为

$$\begin{cases} x = \varphi(t), \\ y = \psi(t) \end{cases} (\alpha \leqslant t \leqslant \beta),$$

其中函数 $\varphi(t), \psi(t)$ 在区间 $[\alpha,\beta]$ 上具有连续导数,且 $\varphi'(t), \psi'(t)$ 不同时为零,求该曲线弧的弧长.

取 $t$ 为积分变量,其变化区间为 $[\alpha,\beta]$. 任取 $[\alpha,\beta]$ 上一小区间 $[t, t+dt]$,得弧长元素为

$$ds = \sqrt{(dx)^2 + (dy)^2} = \sqrt{[\varphi'(t)dt]^2 + [\psi'(t)dt]^2}$$

$$= \sqrt{\varphi'^2(t) + \psi'^2(t)}\,dt,$$

于是所求的曲线弧弧长为

$$s = \int_\alpha^\beta \sqrt{\varphi'^2(t) + \psi'^2(t)}\,dt.$$

**例 9** 求摆线

$$\begin{cases} x = a(\theta - \sin\theta), \\ y = a(1 - \cos\theta) \end{cases} (a > 0)$$

一拱 $(0 \leqslant \theta \leqslant 2\pi)$ 的弧长.

**解** 弧长元素为
$$ds = \sqrt{(dx)^2 + (dy)^2} = \sqrt{a^2(1-\cos\theta)^2 + a^2\sin^2\theta}\,d\theta$$
$$= a\sqrt{2(1-\cos\theta)}\,d\theta = 2a\sin\frac{\theta}{2}d\theta,$$

于是所求的摆线一拱弧长为
$$s = \int_0^{2\pi} 2a\sin\frac{\theta}{2}d\theta = 2a\left[-2\cos\frac{\theta}{2}\right]_0^{2\pi} = -4a(-1-1) = 8a.$$

## 习 题 6.2

1. 求下列图中阴影部分的面积：

(1)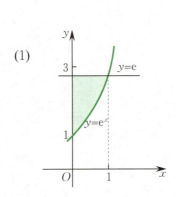

(2)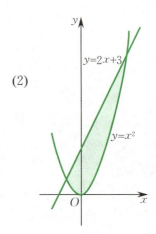

2. 求由下列曲线所围成平面图形的面积：

(1) 曲线 $y = \dfrac{1}{x}$ 与直线 $y = x, x = 2$；

(2) 曲线 $y = e^x, y = e^{-x}$ 与直线 $x = 1$；

(3) 曲线 $y = \ln x$ 与直线 $y = \ln a, y = \ln b$ 及 $y$ 轴 $(b > a > 0)$.

3. 求由下列曲线所围成平面图形的面积：

(1) $\rho = 2a\cos\theta$ （常数 $a > 0$）；

(2) $\rho = 2a(2 + \cos\theta)$ （常数 $a > 0$）.

4. 求由摆线 $x = a(\theta - \sin\theta), y = a(1 - \cos\theta)$（常数 $a > 0$）的一拱 $(0 \leqslant \theta \leqslant 2\pi)$ 与 $x$ 轴所围成平面图形的面积.

5. 求下列旋转体的体积：

(1) 由曲线 $y = \arcsin x$ 与直线 $x = 1, y = 0$ 所围成的平面图形绕 $x$ 轴旋转一周而成的旋转体；

(2) 由曲线 $y = x^2, x = y^2$ 所围成的平面图形绕 $y$ 轴旋转一周而成的旋转体；

(3) 由曲线 $y = x^3$ 与直线 $x = 2, y = 0$ 所围成的平面图形分别绕 $x$ 轴及 $y$ 轴旋转一周而成的旋转体.

6. 求曲线 $y=\ln x$ 上相应于 $\sqrt{3}\leqslant x\leqslant\sqrt{8}$ 一段的弧长.

7. 求星形线 $x=a\cos^3\theta,y=a\sin^3\theta$（常数 $a>0$）的全长.

8. 设一曲线的极坐标方程为 $\rho=\rho(\theta)$，证明：该曲线上从 $\theta=\alpha$ 到 $\theta=\beta(\beta\geqslant\alpha\geqslant 0)$ 一段的弧长为

$$s=\int_\alpha^\beta\sqrt{\rho^2(\theta)+\rho'^2(\theta)}\,\mathrm{d}\theta.$$

9. 求心形线 $\rho=a(1+\cos\theta)$（常数 $a>0$）的全长.

## §6.3 定积分在物理学上的应用

### 一、变力沿直线所做的功

下面通过具体例子来说明如何计算变力所做的功.

**例 1** 将带电量为 $+q$ 的点电荷置于 $u$ 轴上原点 $O$ 处，它产生一个电场. 在距原点 $O$ 为 $u(u>0)$ 的地方，有一单位正电荷，电场对它的作用力（电场力）为

$$F=k\frac{q}{u^2}\quad(k\text{ 为常数}).$$

求当电场使单位正电荷由点 $u=a$ 移动到点 $u=b(0<a<b)$（沿 $u$ 轴平移）时，电场力对它所做的功.

**解** 此电场对单位正电荷的作用力是变化的. 取 $u$ 为积分变量，其变化区间为 $[a,b]$. 设 $[u,u+\mathrm{d}u]$ 是 $[a,b]$ 上的任一小区间，当单位正电荷由点 $u$ 平移到点 $u+\mathrm{d}u$ 时，电场力所做的功近似为 $k\dfrac{q}{u^2}\mathrm{d}u$，即功元素为

$$\mathrm{d}W=k\frac{q}{u^2}\mathrm{d}u,$$

于是所求的功为

$$W=\int_a^b\frac{kq}{u^2}\mathrm{d}u=kq\left[-\frac{1}{u}\right]_a^b=kq\left(\frac{1}{a}-\frac{1}{b}\right).$$

**注** 在例 1 的电场中，点 $u=a$ 的电势即为将单位正电荷由该点沿 $u$ 轴平移至无穷远点时电场力所做的功 $W$，即

$$W=\int_a^{+\infty}k\frac{q}{u^2}\mathrm{d}u=kq\left[-\frac{1}{u}\right]_a^{+\infty}=\frac{kq}{a}.$$

**例 2** 某底面积为 $S$ 的圆柱形容器中盛有一定量的气体. 如图 6.13 所示, 活塞的位置用坐标 $x$ 表示, 设在等温过程中, 因气体膨胀, 将容器内的活塞由点 $a$ 平移至点 $b$ 处, 求平移条件下气体压力所做的功.

**解** 由物理学知识可知, 在等温过程中, 一定量气体的压强 $p$ 与体积 $V$ 的乘积为常数 $k$, 即

$$pV = k, \quad p = \frac{k}{V}.$$

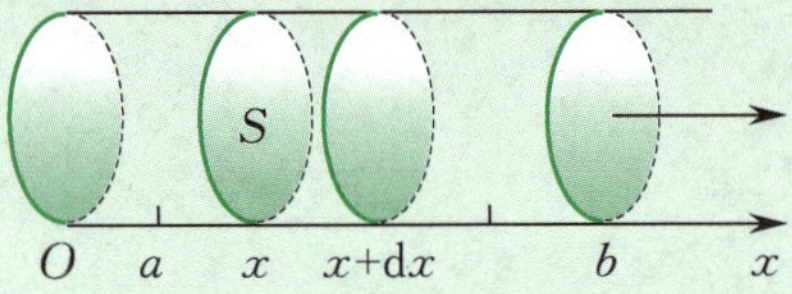

因 $V = xS$, 故

$$p = \frac{k}{xS}.$$

这时活塞所受的气体压力为

$$F = pS = \frac{k}{xS}S = \frac{k}{x}.$$

图 6.13

在气体膨胀过程中, 体积 $V$ 是变化的, 故 $x$ 是变化的, 因此活塞所受的气体压力也是变化的.

取 $x$ 为积分变量, 其变化区间为 $[a,b]$. 设 $[x, x+\mathrm{d}x]$ 是 $[a,b]$ 上的任一小区间, 当活塞由点 $x$ 平移至点 $x+\mathrm{d}x$ 时, 气体压力所做的功近似为 $\frac{k}{x}\mathrm{d}x$, 即功元素为

$$\mathrm{d}W = \frac{k}{x}\mathrm{d}x,$$

于是所求的功为

$$W = \int_a^b \frac{k}{x}\mathrm{d}x = k\left[\ln x\right]_a^b = k(\ln b - \ln a) = k\ln\frac{b}{a}.$$

## 二、水压力

根据物理学知识可知, 在水深 $h$ 处水的压强为 $p = \rho g h$ ($\rho$ 为水的密度, $g$ 为重力加速度). 如果一面积为 $A$ 的平板水平放置在水中深 $h$ 处, 那么平板一侧受到的水压力为

$$F = pA = \rho g h A.$$

若该平板在水中垂直放置, 因水深不同的点处压强 $p$ 不相等, 故该平板一侧受到的水压力不能用上述方法来计算. 下面举例说明这种情形下所受水压力的计算方法.

**例 3** 如图 6.14(a) 所示, 圆柱形水桶内盛有半桶水 (横放), 设水桶的底半径为 $R$, 水的密度为 $\rho$, 求水桶一端面所受的水压力.

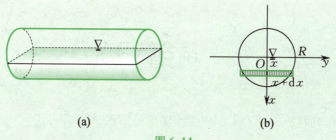

图 6.14

**解**  选取直角坐标系如图 6.14(b) 所示,这时下半圆的方程为
$$y = \sqrt{R^2 - x^2} \quad (0 \leqslant x \leqslant R).$$

取 $x$ 为积分变量,其变化区间为 $[0,R]$. 设 $[x, x+\mathrm{d}x]$ 是 $[0,R]$ 上的任一小区间,半圆片上相应于 $[x, x+\mathrm{d}x]$ 的窄条受到的压强近似为 $\rho g x$ ($g$ 为重力加速度),窄条的面积近似为 $2\sqrt{R^2-x^2}\,\mathrm{d}x$,这时水压力近似为 $2\rho g x\sqrt{R^2-x^2}\,\mathrm{d}x$,即水压力元素为
$$\mathrm{d}F = 2\rho g x\sqrt{R^2-x^2}\,\mathrm{d}x,$$
于是所求的水压力为
$$F = \int_0^R \mathrm{d}F = \int_0^R 2\rho g x\sqrt{R^2-x^2}\,\mathrm{d}x = -\rho g \int_0^R (R^2-x^2)^{\frac{1}{2}}\,\mathrm{d}(R^2-x^2)$$
$$= -\rho g \left[\frac{2}{3}(R^2-x^2)^{\frac{3}{2}}\right]_0^R = -\frac{2\rho g}{3}(0 - R^3) = \frac{2\rho g}{3}R^3.$$

## 习  题  6.3

1. 由实验知道,弹簧在拉伸过程中,需要的拉力 $F$(单位:N)与伸长量 $s$(单位:cm) 成正比,即
$$F = ks \quad (k\text{ 是比例常数}).$$
如果把弹簧由原长拉伸 6 cm,计算需要做的功.

2. 一直径为 20 cm、高为 80 cm 的圆柱形容器内充满压强为 10 N/cm² 的蒸气. 设温度保持不变,要使蒸气体积缩小一半,问:需要做多少功?

3. 一等腰三角形薄板,垂直沉入水中,其底在上且与水面相齐. 该薄板的高为 $h$,底为 $a$.

(1) 求该薄板一侧所受的水压力;

(2) 若倒转该薄板,使顶点在上且与水面相齐,而底在水里且平行于水面,则水对该薄板一侧的水压力增加了多少?

4. 两匀质细棒 $AB,CD$ 位于同一直线 $l$ 上,其长度依次为 $l_1 = 2$ m 及 $l_2 = 1$ m,线密度依次为 $\rho_1 = 1$ kg/m 及 $\rho_2 = 2$ kg/m,两细棒的相邻两端点 $B,C$ 间的距离为 3 m. 现有一质量为 $m$ 的质点 $P$ 在直线 $l$ 上,且位于 $B,C$ 两点之间. 问:质点 $P$ 应放在何处,恰使两细棒对它的引力大小相等?

## 综合练习六

1. 填空题:

(1) 直线 $y=x$ 与曲线 $y=x^2$ 所围成平面图形的面积 $A=$ _____;

(2) 设在区间 $[a,b]$ 上有 $f(x)>0, f'(x)<0, f''(x)<0$. 记 $S_1=\int_a^b f(x)dx, S_2=f(b)(b-a), S_3=\frac{1}{2}[f(a)+f(b)](b-a)$, 则 $S_1, S_2, S_3$ 的大小顺序是 _____;

(3) 曲线 $y=\ln(1-x^2)$ 的弧长元素 $ds=$ _____, 该曲线上相应于 $0\leqslant x\leqslant \frac{1}{2}$ 一段的弧长 $s=$ _____.

2. 求下列平面图形的面积:

(1) 由直线 $x=0, x=\frac{\pi}{2}, x$ 轴与曲线 $y=2-\cos x$ 所围成的平面图形;

(2) 由对数螺线 $\rho=ae^\theta$ (常数 $a>0$) 与射线 $\theta=-\pi, \theta=\pi$ 所围成的平面图形.

3. 求下列平面图形依指定轴旋转一周而成旋转体的体积:

(1) 由直线 $x=1, x$ 轴与抛物线 $y=x^2$ 所围成的平面图形, 绕 $x$ 轴;

(2) 由曲线 $y=\sin x (0\leqslant x\leqslant \pi)$ 与直线 $y=0$ 所围成的平面图形, 绕 $y$ 轴.

4. 一平面经过半径为 $R$ 的圆柱体底面的中心, 并与底面交成角 $\alpha$, 求该平面截圆柱体所得立体的体积. 提示: 取该平面与圆柱体底面的交线为 $x$ 轴, 底面上过中心且垂直于 $x$ 轴的直线为 $y$ 轴.

5. 求抛物线 $y=\frac{x^2}{2}$ 上从原点 $O(0,0)$ 到点 $M\left(1,\frac{1}{2}\right)$ 一段的弧长.

6. 一闸门高为 3 m, 底边长为 2 m, 水面超过门顶 2 m (水面与门顶平行), 求该闸门上所受的水压力 (取重力加速度 $g=10 \text{ m/s}^2$).

# 附录Ⅰ 极 坐 标

## 一、极坐标的概念

如图Ⅰ.1所示,在平面内取一个定点 $O$,叫作**极点**;自极点 $O$ 引一条射线 $Ox$,叫作**极轴**. 再选定一个长度单位、一个角度单位(通常取弧度)及其正方向(通常取逆时针方向),这样就建立了一个**极坐标系**.

设 $M$ 是平面内一点,极点 $O$ 与点 $M$ 的距离 $|OM|$ 叫作点 $M$ 的**极径**,记为 $\rho$ 或 $r$. 以极轴 $Ox$ 为始边,线段 $OM$ 为终边的角 $xOM$ 叫作点 $M$ 的**极角**,记为 $\theta$. 有序数对 $(\rho,\theta)$ 叫作点 $M$ 的**极坐标**,记为 $M(\rho,\theta)$(见图Ⅰ.1).

一般地,不做特殊说明时,我们认为 $\rho \geqslant 0$,$\theta$ 可取任意实数.

例如,如图Ⅰ.2所示,在极坐标系中,点 $A,B,C,D$ 的极坐标分别为 $(1,0)$,$\left(4,\dfrac{\pi}{2}\right)$,$\left(5,\dfrac{4\pi}{3}\right)$,$\left(2,\dfrac{\pi}{6}\right)$.

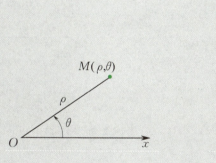

图Ⅰ.1

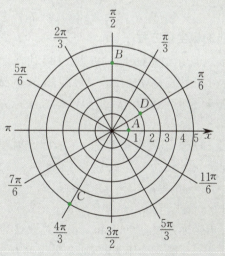

图Ⅰ.2

建立极坐标系后,给定 $\rho$ 和 $\theta$,就可以在平面内唯一确定一点 $M$. 反之,给定平面内任意一点,也可以写出它的极坐标 $(\rho,\theta)$.

一般地,极坐标 $(\rho,\theta)$ 与 $(\rho,\theta+2k\pi)(k \in \mathbf{Z})$ 表示同一点. 特别地,极点 $O$ 的极坐标为 $(0,\theta)(\theta \in \mathbf{R})$. 和直角坐标不同,平面内一点的极坐标有无穷多种表示.

若规定 $\rho > 0, 0 \leqslant \theta < 2\pi$，则除极点外，平面内的点可用唯一的极坐标 $(\rho,\theta)$ 表示；同时，极坐标 $(\rho,\theta)$ 表示的点也是唯一确定的.

## 二、极坐标和直角坐标的相互转化

如图 Ⅰ.3 所示，在一平面内同时建立直角坐标系和极坐标系，并把直角坐标系下的原点作为极点，$x$ 轴的正半轴作为极轴，且在两种坐标系中取相同的长度单位，则平面内任意一点 $M$ 的直角坐标 $(x,y)$ 与极坐标 $(\rho,\theta)$ 之间的关系为

$$x = \rho\cos\theta, \quad y = \rho\sin\theta. \tag{1}$$

由(1)式可得下面的关系式：

$$\rho^2 = x^2 + y^2, \quad \tan\theta = \frac{y}{x} \quad (x \neq 0). \tag{2}$$

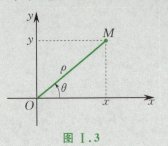

图 Ⅰ.3

(1)式和(2)式就是极坐标与直角坐标的相互转化公式.

## 三、简单曲线的极坐标方程

在极坐标系下，如果平面曲线 $C$ 上任意一点的极坐标中至少有一个满足方程 $f(\rho,\theta)=0$，并且极坐标满足方程 $f(\rho,\theta)=0$ 的点都在曲线 $C$ 上，那么方程 $f(\rho,\theta)=0$ 叫作曲线 $C$ 的**极坐标方程**.

### 1. 圆的极坐标方程

圆心在极点，半径为 $R$ 的圆的极坐标方程为

$$\rho = R.$$

### 2. 直线的极坐标方程

如图 Ⅰ.4 所示，直线 $l$ 经过极点，从极轴到直线 $l$ 的角为 $\alpha$. 以极点 $O$ 为分界点，直线 $l$ 上的点的极坐标分成射线 $OM$、射线 $OM'$ 两部分. 射线 $OM$ 上任意一点的极角都是 $\alpha$，因此射线 $OM$ 的极坐标方程是

$$\theta = \alpha \quad (\rho \geqslant 0).$$

射线 $OM'$ 上任意一点的极角都是 $\alpha+\pi$，因此射线 $OM'$ 的极坐标方程是

$$\theta = \alpha + \pi \quad (\rho \geqslant 0),$$

即直线 $l$ 的方程可以用 $\theta = \alpha$ 和 $\theta = \alpha + \pi$ 表示.

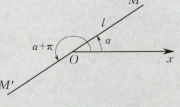

图 Ⅰ.4

与用直角坐标方程 $y = x\tan\alpha$ 表示过原点的直线 $l$ 比较，用极坐标方程表示过极点的直线 $l$ 并不方便. 如果 $\rho$ 能取全体实数，那么极坐标方程

$$\theta = \alpha \ (\rho \in \mathbf{R}) \quad \text{或} \quad \theta = \alpha + \pi \ (\rho \in \mathbf{R})$$

都是直线 $l$ 的方程.

# 附录 II  几种常用的曲线

(1) 三次抛物线

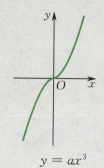

$y = ax^3$

(2) 半立方抛物线

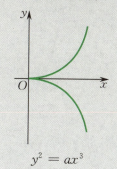

$y^2 = ax^3$

(3) 概率曲线

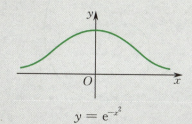

$y = e^{-x^2}$

(4) 箕舌线

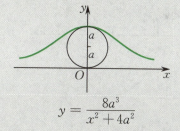

$y = \dfrac{8a^3}{x^2 + 4a^2}$

(5) 蔓叶线

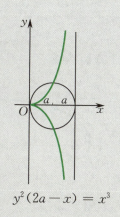

$y^2(2a - x) = x^3$

(6) 笛卡儿叶形线

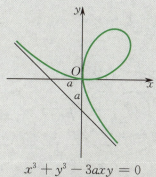

$x^3 + y^3 - 3axy = 0$

$x = \dfrac{3at}{1 + t^3}, y = \dfrac{3at^2}{1 + t^3}$

(7) 星形线(内摆线的一种)　　　　　(8) 摆线

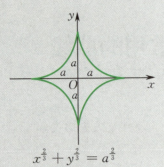
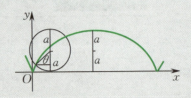

$$x^{\frac{2}{3}}+y^{\frac{2}{3}}=a^{\frac{2}{3}}$$

$$\begin{cases} x=a\cos^3\theta \\ y=a\sin^3\theta \end{cases} \qquad \begin{cases} x=a(\theta-\sin\theta) \\ y=a(1-\cos\theta) \end{cases}$$

(9) 心形线(外摆线的一种)　　　　　(10) 阿基米德螺线

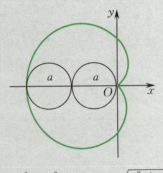
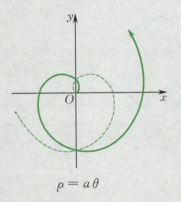

$$x^2+y^2+ax=a\sqrt{x^2+y^2}$$
$$\rho=a(1-\cos\theta) \qquad \rho=a\theta$$

(11) 对数螺线　　　　　　　　　　　(12) 双曲螺线

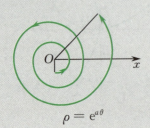
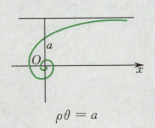

$$\rho=\mathrm{e}^{a\theta} \qquad \rho\theta=a$$

(13) 伯努利双纽线

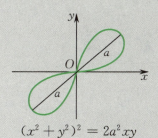

$(x^2+y^2)^2 = 2a^2xy$

$\rho^2 = a^2 \sin 2\theta$

(14) 伯努利双纽线

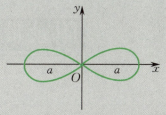

$(x^2+y^2)^2 = a^2(x^2-y^2)$

$\rho^2 = a^2 \cos 2\theta$

(15) 三叶玫瑰线

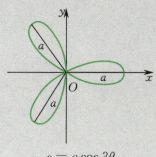

$\rho = a \cos 3\theta$

(16) 三叶玫瑰线

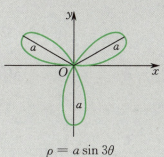

$\rho = a \sin 3\theta$

(17) 四叶玫瑰线

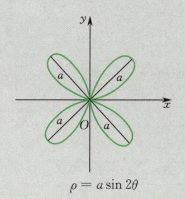

$\rho = a \sin 2\theta$

(18) 四叶玫瑰线

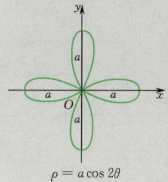

$\rho = a \cos 2\theta$

# 附录Ⅲ 积 分 表

## 一、含有 $ax+b\,(a>0)$ 的积分

1. $\int \dfrac{\mathrm{d}x}{ax+b} = \dfrac{1}{a}\ln|ax+b| + C$

2. $\int (ax+b)^{\mu}\mathrm{d}x = \dfrac{1}{a(\mu+1)}(ax+b)^{\mu+1} + C \quad (\mu \neq -1)$

3. $\int \dfrac{x}{ax+b}\mathrm{d}x = \dfrac{1}{a^2}(ax+b-b\ln|ax+b|) + C$

4. $\int \dfrac{x^2}{ax+b}\mathrm{d}x = \dfrac{1}{a^3}\left[\dfrac{1}{2}(ax+b)^2 - 2b(ax+b) + b^2\ln|ax+b|\right] + C$

5. $\int \dfrac{\mathrm{d}x}{x(ax+b)} = -\dfrac{1}{b}\ln\left|\dfrac{ax+b}{x}\right| + C$

6. $\int \dfrac{\mathrm{d}x}{x^2(ax+b)} = -\dfrac{1}{bx} + \dfrac{a}{b^2}\ln\left|\dfrac{ax+b}{x}\right| + C$

7. $\int \dfrac{x}{(ax+b)^2}\mathrm{d}x = \dfrac{1}{a^2}\left(\ln|ax+b| + \dfrac{b}{ax+b}\right) + C$

8. $\int \dfrac{x^2}{(ax+b)^2}\mathrm{d}x = \dfrac{1}{a^3}\left(ax+b-2b\ln|ax+b| - \dfrac{b^2}{ax+b}\right) + C$

9. $\int \dfrac{\mathrm{d}x}{x(ax+b)^2} = \dfrac{1}{b(ax+b)} - \dfrac{1}{b^2}\ln\left|\dfrac{ax+b}{x}\right| + C$

## 二、含有 $\sqrt{ax+b}\,(a>0)$ 的积分

10. $\int \sqrt{ax+b}\,\mathrm{d}x = \dfrac{2}{3a}\sqrt{(ax+b)^3} + C$

11. $\int x\sqrt{ax+b}\,\mathrm{d}x = \dfrac{2}{15a^2}(3ax-2b)\sqrt{(ax+b)^3} + C$

12. $\int x^2\sqrt{ax+b}\,\mathrm{d}x = \dfrac{2}{105a^3}(15a^2x^2 - 12abx + 8b^2)\sqrt{(ax+b)^3} + C$

13. $\int \dfrac{x}{\sqrt{ax+b}}\mathrm{d}x = \dfrac{2}{3a^2}(ax-2b)\sqrt{ax+b} + C$

14. $\int \dfrac{x^2}{\sqrt{ax+b}}\mathrm{d}x = \dfrac{2}{15a^3}(3a^2x^2 - 4abx + 8b^2)\sqrt{ax+b} + C$

15. $\displaystyle\int \frac{\mathrm{d}x}{x\sqrt{ax+b}} = \begin{cases} \dfrac{1}{\sqrt{b}}\ln\left|\dfrac{\sqrt{ax+b}-\sqrt{b}}{\sqrt{ax+b}+\sqrt{b}}\right|+C & (b>0) \\[2mm] \dfrac{2}{\sqrt{-b}}\arctan\sqrt{\dfrac{ax+b}{-b}}+C & (b<0) \end{cases}$

16. $\displaystyle\int \frac{\mathrm{d}x}{x^2\sqrt{ax+b}} = -\frac{\sqrt{ax+b}}{bx} - \frac{a}{2b}\int \frac{\mathrm{d}x}{x\sqrt{ax+b}}$

17. $\displaystyle\int \frac{\sqrt{ax+b}}{x}\mathrm{d}x = 2\sqrt{ax+b} + b\int \frac{\mathrm{d}x}{x\sqrt{ax+b}}$

18. $\displaystyle\int \frac{\sqrt{ax+b}}{x^2}\mathrm{d}x = -\frac{\sqrt{ax+b}}{x} + \frac{a}{2}\int \frac{\mathrm{d}x}{x\sqrt{ax+b}}$

### 三、含有 $x^2 \pm a^2 (a>0)$ 的积分

19. $\displaystyle\int \frac{\mathrm{d}x}{x^2+a^2} = \frac{1}{a}\arctan\frac{x}{a} + C$

20. $\displaystyle\int \frac{\mathrm{d}x}{(x^2+a^2)^n} = \frac{x}{2(n-1)a^2(x^2+a^2)^{n-1}} + \frac{2n-3}{2(n-1)a^2}\int \frac{\mathrm{d}x}{(x^2+a^2)^{n-1}}$

21. $\displaystyle\int \frac{\mathrm{d}x}{x^2-a^2} = \frac{1}{2a}\ln\left|\frac{x-a}{x+a}\right| + C$

### 四、含有 $ax^2+b(a>0)$ 的积分

22. $\displaystyle\int \frac{\mathrm{d}x}{ax^2+b} = \begin{cases} \dfrac{1}{\sqrt{ab}}\arctan\sqrt{\dfrac{a}{b}}x + C & (b>0) \\[2mm] \dfrac{1}{2\sqrt{-ab}}\ln\left|\dfrac{\sqrt{a}x-\sqrt{-b}}{\sqrt{a}x+\sqrt{-b}}\right| + C & (b<0) \end{cases}$

23. $\displaystyle\int \frac{x}{ax^2+b}\mathrm{d}x = \frac{1}{2a}\ln|ax^2+b| + C$

24. $\displaystyle\int \frac{x^2}{ax^2+b}\mathrm{d}x = \frac{x}{a} - \frac{b}{a}\int \frac{\mathrm{d}x}{ax^2+b}$

25. $\displaystyle\int \frac{\mathrm{d}x}{x(ax^2+b)} = \frac{1}{2b}\ln\frac{x^2}{|ax^2+b|} + C$

26. $\displaystyle\int \frac{\mathrm{d}x}{x^2(ax^2+b)} = -\frac{1}{bx} - \frac{a}{b}\int \frac{\mathrm{d}x}{ax^2+b}$

27. $\displaystyle\int \frac{\mathrm{d}x}{x^3(ax^2+b)} = \frac{a}{2b^2}\ln\frac{|ax^2+b|}{x^2} - \frac{1}{2bx^2} + C$

28. $\displaystyle\int \frac{\mathrm{d}x}{(ax^2+b)^2} = \frac{x}{2b(ax^2+b)} + \frac{1}{2b}\int \frac{\mathrm{d}x}{ax^2+b}$

## 五、含有 $ax^2+bx+c(a>0)$ 的积分

29. $\displaystyle\int\frac{\mathrm{d}x}{ax^2+bx+c}=\begin{cases}\dfrac{2}{\sqrt{4ac-b^2}}\arctan\dfrac{2ax+b}{\sqrt{4ac-b^2}}+C & (b^2<4ac)\\[2mm] \dfrac{1}{\sqrt{b^2-4ac}}\ln\left|\dfrac{2ax+b-\sqrt{b^2-4ac}}{2ax+b+\sqrt{b^2-4ac}}\right|+C & (b^2>4ac)\end{cases}$

30. $\displaystyle\int\frac{x}{ax^2+bx+c}\mathrm{d}x=\frac{1}{2a}\ln|ax^2+bx+c|-\frac{b}{2a}\int\frac{\mathrm{d}x}{ax^2+bx+c}$

## 六、含有 $\sqrt{x^2+a^2}\,(a>0)$ 的积分

31. $\displaystyle\int\frac{\mathrm{d}x}{\sqrt{x^2+a^2}}=\ln(x+\sqrt{x^2+a^2})+C$

32. $\displaystyle\int\frac{\mathrm{d}x}{\sqrt{(x^2+a^2)^3}}=\frac{x}{a^2\sqrt{x^2+a^2}}+C$

33. $\displaystyle\int\frac{x}{\sqrt{x^2+a^2}}\mathrm{d}x=\sqrt{x^2+a^2}+C$

34. $\displaystyle\int\frac{x}{\sqrt{(x^2+a^2)^3}}\mathrm{d}x=-\frac{1}{\sqrt{x^2+a^2}}+C$

35. $\displaystyle\int\frac{x^2}{\sqrt{x^2+a^2}}\mathrm{d}x=\frac{x}{2}\sqrt{x^2+a^2}-\frac{a^2}{2}\ln(x+\sqrt{x^2+a^2})+C$

36. $\displaystyle\int\frac{x^2}{\sqrt{(x^2+a^2)^3}}\mathrm{d}x=-\frac{x}{\sqrt{x^2+a^2}}+\ln(x+\sqrt{x^2+a^2})+C$

37. $\displaystyle\int\frac{\mathrm{d}x}{x\sqrt{x^2+a^2}}=\frac{1}{a}\ln\frac{\sqrt{x^2+a^2}-a}{|x|}+C$

38. $\displaystyle\int\frac{\mathrm{d}x}{x^2\sqrt{x^2+a^2}}=-\frac{\sqrt{x^2+a^2}}{a^2x}+C$

39. $\displaystyle\int\sqrt{x^2+a^2}\,\mathrm{d}x=\frac{x}{2}\sqrt{x^2+a^2}+\frac{a^2}{2}\ln(x+\sqrt{x^2+a^2})+C$

40. $\displaystyle\int\sqrt{(x^2+a^2)^3}\,\mathrm{d}x=\frac{x}{8}(2x^2+5a^2)\sqrt{x^2+a^2}+\frac{3}{8}a^4\ln(x+\sqrt{x^2+a^2})+C$

41. $\displaystyle\int x\sqrt{x^2+a^2}\,\mathrm{d}x=\frac{1}{3}\sqrt{(x^2+a^2)^3}+C$

42. $\displaystyle\int x^2\sqrt{x^2+a^2}\,\mathrm{d}x=\frac{x}{8}(2x^2+a^2)\sqrt{x^2+a^2}-\frac{a^4}{8}\ln(x+\sqrt{x^2+a^2})+C$

43. $\displaystyle\int\frac{\sqrt{x^2+a^2}}{x}\mathrm{d}x=\sqrt{x^2+a^2}+a\ln\frac{\sqrt{x^2+a^2}-a}{|x|}+C$

44. $\displaystyle\int\frac{\sqrt{x^2+a^2}}{x^2}\mathrm{d}x=-\frac{\sqrt{x^2+a^2}}{x}+\ln(x+\sqrt{x^2+a^2})+C$

## 七、含有 $\sqrt{x^2-a^2}\,(a>0)$ 的积分

45. $\displaystyle\int \frac{\mathrm{d}x}{\sqrt{x^2-a^2}} = \ln|x+\sqrt{x^2-a^2}|+C$

46. $\displaystyle\int \frac{\mathrm{d}x}{\sqrt{(x^2-a^2)^3}} = -\frac{x}{a^2\sqrt{x^2-a^2}}+C$

47. $\displaystyle\int \frac{x}{\sqrt{x^2-a^2}}\mathrm{d}x = \sqrt{x^2-a^2}+C$

48. $\displaystyle\int \frac{x}{\sqrt{(x^2-a^2)^3}}\mathrm{d}x = -\frac{1}{\sqrt{x^2-a^2}}+C$

49. $\displaystyle\int \frac{x^2}{\sqrt{x^2-a^2}}\mathrm{d}x = \frac{x}{2}\sqrt{x^2-a^2}+\frac{a^2}{2}\ln|x+\sqrt{x^2-a^2}|+C$

50. $\displaystyle\int \frac{x^2}{\sqrt{(x^2-a^2)^3}}\mathrm{d}x = -\frac{x}{\sqrt{x^2-a^2}}+\ln|x+\sqrt{x^2-a^2}|+C$

51. $\displaystyle\int \frac{\mathrm{d}x}{x\sqrt{x^2-a^2}} = \frac{1}{a}\arccos\frac{a}{|x|}+C$

52. $\displaystyle\int \frac{\mathrm{d}x}{x^2\sqrt{x^2-a^2}} = \frac{\sqrt{x^2-a^2}}{a^2 x}+C$

53. $\displaystyle\int \sqrt{x^2-a^2}\,\mathrm{d}x = \frac{x}{2}\sqrt{x^2-a^2}-\frac{a^2}{2}\ln|x+\sqrt{x^2-a^2}|+C$

54. $\displaystyle\int \sqrt{(x^2-a^2)^3}\,\mathrm{d}x = \frac{x}{8}(2x^2-5a^2)\sqrt{x^2-a^2}+\frac{3}{8}a^4\ln|x+\sqrt{x^2-a^2}|+C$

55. $\displaystyle\int x\sqrt{x^2-a^2}\,\mathrm{d}x = \frac{1}{3}\sqrt{(x^2-a^2)^3}+C$

56. $\displaystyle\int x^2\sqrt{x^2-a^2}\,\mathrm{d}x = \frac{x}{8}(2x^2-a^2)\sqrt{x^2-a^2}-\frac{a^4}{8}\ln|x+\sqrt{x^2-a^2}|+C$

57. $\displaystyle\int \frac{\sqrt{x^2-a^2}}{x}\,\mathrm{d}x = \sqrt{x^2-a^2}-a\arccos\frac{a}{|x|}+C$

58. $\displaystyle\int \frac{\sqrt{x^2-a^2}}{x^2}\,\mathrm{d}x = -\frac{\sqrt{x^2-a^2}}{x}+\ln|x+\sqrt{x^2-a^2}|+C$

## 八、含有 $\sqrt{a^2-x^2}\,(a>0)$ 的积分

59. $\displaystyle\int \frac{\mathrm{d}x}{\sqrt{a^2-x^2}} = \arcsin\frac{x}{a}+C$

60. $\displaystyle\int \frac{\mathrm{d}x}{\sqrt{(a^2-x^2)^3}} = \frac{x}{a^2\sqrt{a^2-x^2}}+C$

61. $\displaystyle\int \frac{x}{\sqrt{a^2-x^2}}\,\mathrm{d}x = -\sqrt{a^2-x^2}+C$

62. $\int \dfrac{x}{\sqrt{(a^2-x^2)^3}} dx = \dfrac{1}{\sqrt{a^2-x^2}} + C$

63. $\int \dfrac{x^2}{\sqrt{a^2-x^2}} dx = -\dfrac{x}{2}\sqrt{a^2-x^2} + \dfrac{a^2}{2}\arcsin\dfrac{x}{a} + C$

64. $\int \dfrac{x^2}{\sqrt{(a^2-x^2)^3}} dx = \dfrac{x}{\sqrt{a^2-x^2}} - \arcsin\dfrac{x}{a} + C$

65. $\int \dfrac{dx}{x\sqrt{a^2-x^2}} = \dfrac{1}{a}\ln\dfrac{a-\sqrt{a^2-x^2}}{|x|} + C$

66. $\int \dfrac{dx}{x^2\sqrt{a^2-x^2}} = -\dfrac{\sqrt{a^2-x^2}}{a^2 x} + C$

67. $\int \sqrt{a^2-x^2}\, dx = \dfrac{x}{2}\sqrt{a^2-x^2} + \dfrac{a^2}{2}\arcsin\dfrac{x}{a} + C$

68. $\int \sqrt{(a^2-x^2)^3}\, dx = \dfrac{x}{8}(5a^2-2x^2)\sqrt{a^2-x^2} + \dfrac{3}{8}a^4\arcsin\dfrac{x}{a} + C$

69. $\int x\sqrt{a^2-x^2}\, dx = -\dfrac{1}{3}\sqrt{(a^2-x^2)^3} + C$

70. $\int x^2\sqrt{a^2-x^2}\, dx = \dfrac{x}{8}(2x^2-a^2)\sqrt{a^2-x^2} + \dfrac{a^4}{8}\arcsin\dfrac{x}{a} + C$

71. $\int \dfrac{\sqrt{a^2-x^2}}{x} dx = \sqrt{a^2-x^2} + a\ln\dfrac{a-\sqrt{a^2-x^2}}{|x|} + C$

72. $\int \dfrac{\sqrt{a^2-x^2}}{x^2} dx = -\dfrac{\sqrt{a^2-x^2}}{x} - \arcsin\dfrac{x}{a} + C$

## 九、含有 $\sqrt{\pm ax^2+bx+c}\,(a>0)$ 的积分

73. $\int \dfrac{dx}{\sqrt{ax^2+bx+c}} = \dfrac{1}{\sqrt{a}}\ln|2ax+b+2\sqrt{a}\,\sqrt{ax^2+bx+c}| + C$

74. $\int \sqrt{ax^2+bx+c}\, dx = \dfrac{2ax+b}{4a}\sqrt{ax^2+bx+c}$
$\qquad + \dfrac{4ac-b^2}{8\sqrt{a^3}}\ln|2ax+b+2\sqrt{a}\,\sqrt{ax^2+bx+c}| + C$

75. $\int \dfrac{x}{\sqrt{ax^2+bx+c}} dx = \dfrac{1}{a}\sqrt{ax^2+bx+c}$
$\qquad -\dfrac{b}{2\sqrt{a^3}}\ln|2ax+b+2\sqrt{a}\,\sqrt{ax^2+bx+c}| + C$

76. $\int \dfrac{dx}{\sqrt{c+bx-ax^2}} = -\dfrac{1}{\sqrt{a}}\arcsin\dfrac{2ax-b}{\sqrt{b^2+4ac}} + C$

77. $\int \sqrt{c+bx-ax^2}\, dx = \dfrac{2ax-b}{4a}\sqrt{c+bx-ax^2} + \dfrac{b^2+4ac}{8\sqrt{a^3}}\arcsin\dfrac{2ax-b}{\sqrt{b^2+4ac}} + C$

78. $\int \dfrac{x}{\sqrt{c+bx-ax^2}}\mathrm{d}x = -\dfrac{1}{a}\sqrt{c+bx-ax^2} + \dfrac{b}{2\sqrt{a^3}}\arcsin\dfrac{2ax-b}{\sqrt{b^2+4ac}} + C$

## 十、含有 $\sqrt{\pm\dfrac{x-a}{x-b}}$ 或 $\sqrt{(x-a)(b-x)}$ 的积分

79. $\int \sqrt{\dfrac{x-a}{x-b}}\mathrm{d}x = (x-b)\sqrt{\dfrac{x-a}{x-b}} + (b-a)\ln(\sqrt{|x-a|}+\sqrt{|x-b|}) + C$

80. $\int \sqrt{\dfrac{x-a}{b-x}}\mathrm{d}x = (x-b)\sqrt{\dfrac{x-a}{b-x}} + (b-a)\arcsin\sqrt{\dfrac{x-a}{b-a}} + C$

81. $\int \dfrac{\mathrm{d}x}{\sqrt{(x-a)(b-x)}} = 2\arcsin\sqrt{\dfrac{x-a}{b-a}} + C \quad (a<b)$

82. $\int \sqrt{(x-a)(b-x)}\mathrm{d}x = \dfrac{2x-a-b}{4}\sqrt{(x-a)(b-x)}$
$\qquad\qquad + \dfrac{(b-a)^2}{4}\arcsin\sqrt{\dfrac{x-a}{b-a}} + C \quad (a<b)$

## 十一、含有三角函数的积分

83. $\int \sin x\,\mathrm{d}x = -\cos x + C$

84. $\int \cos x\,\mathrm{d}x = \sin x + C$

85. $\int \tan x\,\mathrm{d}x = -\ln|\cos x| + C$

86. $\int \cot x\,\mathrm{d}x = \ln|\sin x| + C$

87. $\int \sec x\,\mathrm{d}x = \ln\left|\tan\left(\dfrac{\pi}{4}+\dfrac{x}{2}\right)\right| + C = \ln|\sec x + \tan x| + C$

88. $\int \csc x\,\mathrm{d}x = \ln\left|\tan\dfrac{x}{2}\right| + C = \ln|\csc x - \cot x| + C$

89. $\int \sec^2 x\,\mathrm{d}x = \tan x + C$

90. $\int \csc^2 x\,\mathrm{d}x = -\cot x + C$

91. $\int \sec x\tan x\,\mathrm{d}x = \sec x + C$

92. $\int \csc x\cot x\,\mathrm{d}x = -\csc x + C$

93. $\int \sin^2 x\,\mathrm{d}x = \dfrac{x}{2} - \dfrac{1}{4}\sin 2x + C$

94. $\int \cos^2 x\,\mathrm{d}x = \dfrac{x}{2} + \dfrac{1}{4}\sin 2x + C$

95. $\int \sin^n x \, dx = -\frac{1}{n} \sin^{n-1} x \cos x + \frac{n-1}{n} \int \sin^{n-2} x \, dx$

96. $\int \cos^n x \, dx = \frac{1}{n} \cos^{n-1} x \sin x + \frac{n-1}{n} \int \cos^{n-2} x \, dx$

97. $\int \frac{dx}{\sin^n x} = -\frac{1}{n-1} \cdot \frac{\cos x}{\sin^{n-1} x} + \frac{n-2}{n-1} \int \frac{dx}{\sin^{n-2} x}$

98. $\int \frac{dx}{\cos^n x} = \frac{1}{n-1} \cdot \frac{\sin x}{\cos^{n-1} x} + \frac{n-2}{n-1} \int \frac{dx}{\cos^{n-2} x}$

99. $\int \cos^m x \sin^n x \, dx = \frac{1}{m+n} \cos^{m-1} x \sin^{n+1} x + \frac{m-1}{m+n} \int \cos^{m-2} x \sin^n x \, dx$
    $= -\frac{1}{m+n} \cos^{m+1} x \sin^{n-1} x + \frac{n-1}{m+n} \int \cos^m x \sin^{n-2} x \, dx$

100. $\int \sin ax \cos bx \, dx = -\frac{1}{2(a+b)} \cos(a+b)x - \frac{1}{2(a-b)} \cos(a-b)x + C \quad (a \pm b \neq 0)$

101. $\int \sin ax \sin bx \, dx = -\frac{1}{2(a+b)} \sin(a+b)x + \frac{1}{2(a-b)} \sin(a-b)x + C \quad (a \pm b \neq 0)$

102. $\int \cos ax \cos bx \, dx = \frac{1}{2(a+b)} \sin(a+b)x + \frac{1}{2(a-b)} \sin(a-b)x + C \quad (a \pm b \neq 0)$

103. $\int \frac{dx}{a + b \sin x} = \frac{2}{\sqrt{a^2 - b^2}} \arctan \frac{a \tan \frac{x}{2} + b}{\sqrt{a^2 - b^2}} + C \quad (a^2 > b^2)$

104. $\int \frac{dx}{a + b \sin x} = \frac{1}{\sqrt{b^2 - a^2}} \ln \left| \frac{a \tan \frac{x}{2} + b - \sqrt{b^2 - a^2}}{a \tan \frac{x}{2} + b + \sqrt{b^2 - a^2}} \right| + C \quad (a^2 < b^2)$

105. $\int \frac{dx}{a + b \cos x} = \frac{2}{a+b} \sqrt{\frac{a+b}{a-b}} \arctan \left( \sqrt{\frac{a-b}{a+b}} \tan \frac{x}{2} \right) + C \quad (a^2 > b^2)$

106. $\int \frac{dx}{a + b \cos x} = \frac{1}{a+b} \sqrt{\frac{a+b}{b-a}} \ln \left| \frac{\tan \frac{x}{2} + \sqrt{\frac{a+b}{b-a}}}{\tan \frac{x}{2} - \sqrt{\frac{a+b}{b-a}}} \right| + C \quad (a^2 < b^2)$

107. $\int \frac{dx}{a^2 \cos^2 x + b^2 \sin^2 x} = \frac{1}{ab} \arctan \left( \frac{b}{a} \tan x \right) + C \quad (a, b \neq 0)$

108. $\int \frac{dx}{a^2 \cos^2 x - b^2 \sin^2 x} = \frac{1}{2ab} \ln \left| \frac{b \tan x + a}{b \tan x - a} \right| + C \quad (a, b \neq 0)$

109. $\int x \sin ax \, dx = \frac{1}{a^2} \sin ax - \frac{1}{a} x \cos ax + C \quad (a \neq 0)$

110. $\int x^2 \sin ax \, dx = -\frac{1}{a} x^2 \cos ax + \frac{2}{a^2} x \sin ax + \frac{2}{a^3} \cos ax + C \quad (a \neq 0)$

111. $\int x \cos ax \, dx = \frac{1}{a^2} \cos ax + \frac{1}{a} x \sin ax + C \quad (a \neq 0)$

112. $\int x^2 \cos ax \, dx = \frac{1}{a} x^2 \sin ax + \frac{2}{a^2} x \cos ax - \frac{2}{a^3} \sin ax + C \quad (a \neq 0)$

## 十二、含有反三角函数的积分 ($a > 0$)

113. $\int \arcsin \dfrac{x}{a} \mathrm{d}x = x \arcsin \dfrac{x}{a} + \sqrt{a^2 - x^2} + C$

114. $\int x \arcsin \dfrac{x}{a} \mathrm{d}x = \left(\dfrac{x^2}{2} - \dfrac{a^2}{4}\right) \arcsin \dfrac{x}{a} + \dfrac{x}{4} \sqrt{a^2 - x^2} + C$

115. $\int x^2 \arcsin \dfrac{x}{a} \mathrm{d}x = \dfrac{x^3}{3} \arcsin \dfrac{x}{a} + \dfrac{1}{9}(x^2 + 2a^2)\sqrt{a^2 - x^2} + C$

116. $\int \arccos \dfrac{x}{a} \mathrm{d}x = x \arccos \dfrac{x}{a} - \sqrt{a^2 - x^2} + C$

117. $\int x \arccos \dfrac{x}{a} \mathrm{d}x = \left(\dfrac{x^2}{2} - \dfrac{a^2}{4}\right) \arccos \dfrac{x}{a} - \dfrac{x}{4} \sqrt{a^2 - x^2} + C$

118. $\int x^2 \arccos \dfrac{x}{a} \mathrm{d}x = \dfrac{x^3}{3} \arccos \dfrac{x}{a} - \dfrac{1}{9}(x^2 + 2a^2)\sqrt{a^2 - x^2} + C$

119. $\int \arctan \dfrac{x}{a} \mathrm{d}x = x \arctan \dfrac{x}{a} - \dfrac{a}{2} \ln(a^2 + x^2) + C$

120. $\int x \arctan \dfrac{x}{a} \mathrm{d}x = \dfrac{1}{2}(a^2 + x^2) \arctan \dfrac{x}{a} - \dfrac{a}{2} x + C$

121. $\int x^2 \arctan \dfrac{x}{a} \mathrm{d}x = \dfrac{x^3}{3} \arctan \dfrac{x}{a} - \dfrac{a}{6} x^2 + \dfrac{a^3}{6} \ln(a^2 + x^2) + C$

## 十三、含有指数函数的积分

122. $\int a^x \mathrm{d}x = \dfrac{1}{\ln a} a^x + C \quad (a > 0 \text{ 且 } a \neq 1)$

123. $\int \mathrm{e}^{ax} \mathrm{d}x = \dfrac{1}{a} \mathrm{e}^{ax} + C \quad (a \neq 0)$

124. $\int x \mathrm{e}^{ax} \mathrm{d}x = \dfrac{1}{a^2}(ax - 1) \mathrm{e}^{ax} + C \quad (a \neq 0)$

125. $\int x^n \mathrm{e}^{ax} \mathrm{d}x = \dfrac{1}{a} x^n \mathrm{e}^{ax} - \dfrac{n}{a} \int x^{n-1} \mathrm{e}^{ax} \mathrm{d}x \quad (a \neq 0)$

126. $\int x a^x \mathrm{d}x = \dfrac{x}{\ln a} a^x - \dfrac{1}{(\ln a)^2} a^x + C \quad (a > 0 \text{ 且 } a \neq 1)$

127. $\int x^n a^x \mathrm{d}x = \dfrac{1}{\ln a} x^n a^x - \dfrac{n}{\ln a} \int x^{n-1} a^x \mathrm{d}x \quad (a > 0 \text{ 且 } a \neq 1)$

128. $\int \mathrm{e}^{ax} \sin bx \mathrm{d}x = \dfrac{1}{a^2 + b^2} \mathrm{e}^{ax} (a \sin bx - b \cos bx) + C \quad (a^2 + b^2 \neq 0)$

129. $\int \mathrm{e}^{ax} \cos bx \mathrm{d}x = \dfrac{1}{a^2 + b^2} \mathrm{e}^{ax} (b \sin bx + a \cos bx) + C \quad (a^2 + b^2 \neq 0)$

130. $\int \mathrm{e}^{ax} \sin^n bx \mathrm{d}x = \dfrac{1}{a^2 + b^2 n^2} \mathrm{e}^{ax} \sin^{n-1} bx (a \sin bx - nb \cos bx)$
$\qquad + \dfrac{n(n-1)b^2}{a^2 + b^2 n^2} \int \mathrm{e}^{ax} \sin^{n-2} bx \mathrm{d}x \quad (a^2 + b^2 \neq 0 \text{ 且 } n > 2)$

131. $\int e^{ax}\cos^n bx\,dx = \dfrac{1}{a^2+b^2n^2}e^{ax}\cos^{n-1}bx(a\cos bx + nb\sin bx)$
$\qquad + \dfrac{n(n-1)b^2}{a^2+b^2n^2}\int e^{ax}\cos^{n-2}bx\,dx \quad (a^2+b^2 \neq 0 \text{ 且 } n > 2)$

### 十四、含有对数函数的积分

132. $\int \ln x\,dx = x\ln x - x + C$

133. $\int \dfrac{dx}{x\ln x} = \ln|\ln x| + C$

134. $\int x^n \ln x\,dx = \dfrac{1}{n+1}x^{n+1}\left(\ln x - \dfrac{1}{n+1}\right) + C$

135. $\int (\ln x)^n\,dx = x(\ln x)^n - n\int (\ln x)^{n-1}dx$

136. $\int x^m(\ln x)^n\,dx = \dfrac{1}{m+1}x^{m+1}(\ln x)^n - \dfrac{n}{m+1}\int x^m(\ln x)^{n-1}dx$

### 十五、含有双曲函数的积分

137. $\int \text{sh}\,x\,dx = \text{ch}\,x + C$

138. $\int \text{ch}\,x\,dx = \text{sh}\,x + C$

139. $\int \text{th}\,x\,dx = \ln\text{ch}\,x + C$

140. $\int \text{sh}^2 x\,dx = -\dfrac{x}{2} + \dfrac{1}{4}\text{sh}\,2x + C$

141. $\int \text{ch}^2 x\,dx = \dfrac{x}{2} + \dfrac{1}{4}\text{sh}\,2x + C$

### 十六、定积分

142. $\int_{-\pi}^{\pi}\cos nx\,dx = \int_{-\pi}^{\pi}\sin nx\,dx = 0$

143. $\int_{-\pi}^{\pi}\cos mx\sin nx\,dx = 0$

144. $\int_{-\pi}^{\pi}\cos mx\cos nx\,dx = \begin{cases} 0, & m \neq n, \\ \pi, & m = n \end{cases}$

145. $\int_{-\pi}^{\pi}\sin mx\sin nx\,dx = \begin{cases} 0, & m \neq n, \\ \pi, & m = n \end{cases}$

146. $\int_0^{\pi}\sin mx\sin nx\,dx = \int_0^{\pi}\cos mx\cos nx\,dx = \begin{cases} 0, & m \neq n, \\ \dfrac{\pi}{2}, & m = n \end{cases}$

147. $I_n = \int_0^{\frac{\pi}{2}} \sin^n x \, dx = \int_0^{\frac{\pi}{2}} \cos^n x \, dx$

$I_n = \dfrac{n-1}{n} I_{n-2}$

$\begin{cases} I_n = \dfrac{n-1}{n} \cdot \dfrac{n-3}{n-2} \cdot \cdots \cdot \dfrac{4}{5} \cdot \dfrac{2}{3} (n \text{ 为大于 1 的奇数}), I_1 = 1 \\ I_n = \dfrac{n-1}{n} \cdot \dfrac{n-3}{n-2} \cdot \cdots \cdot \dfrac{3}{4} \cdot \dfrac{1}{2} \cdot \dfrac{\pi}{2} (n \text{ 为正偶数}), I_0 = \dfrac{\pi}{2} \end{cases}$

# 附录Ⅳ 二阶和三阶行列式简介

求二元线性方程组

$$\begin{cases} a_{11}x_1 + a_{12}x_2 = b_1, \\ a_{21}x_1 + a_{22}x_2 = b_2 \end{cases} \tag{1}$$

的解.

用大家熟知的消元法,分别消去方程组(1)中的 $x_2$ 及 $x_1$,得

$$\begin{cases} (a_{11}a_{22} - a_{12}a_{21})x_1 = b_1a_{22} - a_{12}b_2, \\ (a_{11}a_{22} - a_{12}a_{21})x_2 = a_{11}b_2 - b_1a_{21}. \end{cases} \tag{2}$$

下面引入二阶行列式,然后利用二阶行列式来进一步讨论上述问题.

设四个数 $a_{11}, a_{12}, a_{21}, a_{22}$ 排成正方形表

$$\begin{matrix} a_{11} & a_{12} \\ a_{21} & a_{22} \end{matrix}$$

称数 $a_{11}a_{22} - a_{12}a_{21}$ 为对应于这个表的**二阶行列式**,用记号

$$\begin{vmatrix} a_{11} & a_{12} \\ a_{21} & a_{22} \end{vmatrix} \tag{3}$$

表示,即

$$\begin{vmatrix} a_{11} & a_{12} \\ a_{21} & a_{22} \end{vmatrix} = a_{11}a_{22} - a_{12}a_{21}.$$

数 $a_{11}, a_{12}, a_{21}, a_{22}$ 叫作行列式(3)的**元素**,横排叫作**行**,竖排叫作**列**. 元素 $a_{ij}$ 中的第一个下标 $i$ 和第二个下标 $j$,分别表示行数和列数. 例如,元素 $a_{21}$ 在行列式(3)中位于第二行、第一列.

现在,方程组(2)可用行列式表示. 设

$$D = \begin{vmatrix} a_{11} & a_{12} \\ a_{21} & a_{22} \end{vmatrix} = a_{11}a_{22} - a_{12}a_{21},$$

$$D_1 = \begin{vmatrix} b_1 & a_{12} \\ b_2 & a_{22} \end{vmatrix} = b_1a_{22} - a_{12}b_2,$$

$$D_2 = \begin{vmatrix} a_{11} & b_1 \\ a_{21} & b_2 \end{vmatrix} = a_{11}b_2 - b_1a_{21},$$

则方程组(2)可写成

$$\begin{cases} Dx_1 = D_1, \\ Dx_2 = D_2. \end{cases} \tag{2'}$$

我们注意到,$D$ 就是方程组(1)中 $x_1$ 及 $x_2$ 的系数构成的行列式,因此称为**系数行列式**,而

$D_1$ 和 $D_2$ 分别是用方程组(1)右端的常数项代替 $D$ 的第一列和第二列而形成的.

若 $D \neq 0$,则方程组(2)的解为
$$x_1 = \frac{D_1}{D}, \quad x_2 = \frac{D_2}{D}. \tag{4}$$

一方面,把(4)式中 $x_1$ 及 $x_2$ 的值代入方程组(1),便可证实 $x_1$ 及 $x_2$ 这对值也是方程组(1)的解;另一方面,方程组(2)是由方程组(1)导出的,因此方程组(1)的解一定是方程组(2)的解.现在方程组(2)只有一组解(4),所以(4)式是方程组(1)的唯一解. 由此得出结论:

在 $D \neq 0$ 的条件下,方程组(1)有唯一解
$$x_1 = \frac{D_1}{D}, \quad x_2 = \frac{D_2}{D}.$$

**例 1** 解线性方程组
$$\begin{cases} 2x + 3y = 8, \\ x - 2y = -3. \end{cases}$$

**解** 对于此方程组,有
$$D = \begin{vmatrix} 2 & 3 \\ 1 & -2 \end{vmatrix} = 2 \times (-2) - 3 \times 1 = -7,$$
$$D_1 = \begin{vmatrix} 8 & 3 \\ -3 & -2 \end{vmatrix} = 8 \times (-2) - 3 \times (-3) = -7,$$
$$D_2 = \begin{vmatrix} 2 & 8 \\ 1 & -3 \end{vmatrix} = 2 \times (-3) - 8 \times 1 = -14.$$

因 $D = -7 \neq 0$,故此方程组有唯一解
$$x = \frac{D_1}{D} = \frac{-7}{-7} = 1, \quad y = \frac{D_2}{D} = \frac{-14}{-7} = 2.$$

下面介绍三阶行列式的概念.

设九个数 $a_{11}, a_{12}, a_{13}, a_{21}, a_{22}, a_{23}, a_{31}, a_{32}, a_{33}$ 排成正方形表
$$\begin{matrix} a_{11} & a_{12} & a_{13} \\ a_{21} & a_{22} & a_{23} \\ a_{31} & a_{32} & a_{33} \end{matrix}$$

称数 $a_{11}a_{22}a_{33} + a_{12}a_{23}a_{31} + a_{13}a_{21}a_{32} - a_{13}a_{22}a_{31} - a_{12}a_{21}a_{33} - a_{11}a_{23}a_{32}$ 为对应于这个表的**三阶行列式**,用记号
$$\begin{vmatrix} a_{11} & a_{12} & a_{13} \\ a_{21} & a_{22} & a_{23} \\ a_{31} & a_{32} & a_{33} \end{vmatrix}$$

表示,即
$$\begin{vmatrix} a_{11} & a_{12} & a_{13} \\ a_{21} & a_{22} & a_{23} \\ a_{31} & a_{32} & a_{33} \end{vmatrix} = a_{11}a_{22}a_{33} + a_{12}a_{23}a_{31} + a_{13}a_{21}a_{32} \\ - a_{13}a_{22}a_{31} - a_{12}a_{21}a_{33} - a_{11}a_{23}a_{32}. \tag{5}$$

关于三阶行列式的元素、行、列等,与二阶行列式的相应概念类似,不再重复.

二阶和三阶行列式中从左上角到右下角的直线称为**主对角线**,从右上角到左下角的直线称为**次对角线**.

(5)式右边相当复杂,我们可以借助下列图形得出它的计算法则(通常称为**对角线法则**):主对角线上元素的乘积,以及主对角线平行线上元素与对角上元素的乘积,前面都取正号(见图 Ⅳ.1);次对角线上元素的乘积,以及次对角线平行线上元素与对角上元素的乘积,前面都取负号(见图 Ⅳ.2).

图 Ⅳ.1　　　　　　　图 Ⅳ.2

**例 2**　三阶行列式

$$\begin{vmatrix} 2 & 1 & 2 \\ -4 & 3 & 1 \\ 2 & 3 & 5 \end{vmatrix} = 2 \times 3 \times 5 + 1 \times 1 \times 2 + 2 \times (-4) \times 3 \\ - 2 \times 3 \times 2 - 1 \times (-4) \times 5 - 2 \times 1 \times 3 \\ = 30 + 2 - 24 - 12 + 20 - 6 = 10.$$

利用交换律及结合律,可把(5)式改写成

$$\begin{vmatrix} a_{11} & a_{12} & a_{13} \\ a_{21} & a_{22} & a_{23} \\ a_{31} & a_{32} & a_{33} \end{vmatrix} = a_{11}(a_{22}a_{33} - a_{23}a_{32}) - a_{12}(a_{21}a_{33} - a_{23}a_{31}) \\ + a_{13}(a_{21}a_{32} - a_{22}a_{31}). \tag{6}$$

把(6)式右边三个括号中的式子表示为二阶行列式,则有

$$\begin{vmatrix} a_{11} & a_{12} & a_{13} \\ a_{21} & a_{22} & a_{23} \\ a_{31} & a_{32} & a_{33} \end{vmatrix} = a_{11}\begin{vmatrix} a_{22} & a_{23} \\ a_{32} & a_{33} \end{vmatrix} - a_{12}\begin{vmatrix} a_{21} & a_{23} \\ a_{31} & a_{33} \end{vmatrix} + a_{13}\begin{vmatrix} a_{21} & a_{22} \\ a_{31} & a_{32} \end{vmatrix}. \tag{7}$$

(7)式称为三阶行列式按第一行的**展开式**.

**例 3**　将例 2 中的行列式按第一行展开,并计算它的值.

解　$\begin{vmatrix} 2 & 1 & 2 \\ -4 & 3 & 1 \\ 2 & 3 & 5 \end{vmatrix} = 2\begin{vmatrix} 3 & 1 \\ 3 & 5 \end{vmatrix} - \begin{vmatrix} -4 & 1 \\ 2 & 5 \end{vmatrix} + 2\begin{vmatrix} -4 & 3 \\ 2 & 3 \end{vmatrix}$

$= 2 \times 12 - (-22) + 2 \times (-18)$

$= 24 + 22 - 36 = 10.$

# 习题参考答案与提示

## 第 一 章

### 习 题 1.1

1. (1) $[-1,0) \cup (0,1]$;    (2) $(-1,+\infty)$;
   (3) $[2,4]$;    (4) $(-\infty,0) \cup (0,3]$.
2. (1) 不相同,定义域不同;    (2) 相同.
3. (1) $y = \dfrac{1-x}{1+x}$;    (2) $y = \mathrm{e}^{x-1} - 2$.
4. (1) 偶函数;    (2) 奇函数;    (3) 非奇非偶函数.

### 习 题 1.2

1. $y = \sin^2 x$.
2. (1) $y = \mathrm{e}^u, u = 2x$ 或 $y = u^2, u = \mathrm{e}^x$;    (2) $y = \mathrm{e}^u, u = v^2, v = \sin\varphi, \varphi = \dfrac{x}{3}$.
3. $f[g(x)] = \begin{cases} 1, & x < 0, \\ 0, & x = 0, \\ -1, & x > 0, \end{cases}$   $g[f(x)] = \begin{cases} \mathrm{e}, & |x| < 1, \\ 1, & |x| = 1, \\ \dfrac{1}{\mathrm{e}}, & |x| > 1, \end{cases}$

### 习 题 1.3

1. (1) 0;   (2) 0;   (3) 2;   (4) 1.   证明略.
2. (1) 2;   (2) 4;   (3) 0;   (4) $\dfrac{2}{3}$.   证明略.
3. 0.
4. $\lim\limits_{x \to 0^-} f(x) = -2, \lim\limits_{x \to 0^+} f(x) = 2; \lim\limits_{x \to 0} f(x)$ 不存在.
5. $\lim\limits_{x \to 0^-} f(x) = -1, \lim\limits_{x \to 0^+} f(x) = 1; \lim\limits_{x \to 0} f(x)$ 不存在.

## 习 题 1.4

**1.** (1) 0; (2) 0.

**2.** 略.

**3.** 无界,不是无穷大,因为取 $x = 2n\pi + \dfrac{\pi}{2}(n \to \infty)$,则 $y = \left(2n\pi + \dfrac{\pi}{2}\right)\cos\left(2n\pi + \dfrac{\pi}{2}\right) = 0$,不是无限增大,所以不是无穷大.

**4.** 不一定. 原因略.

## 习 题 1.5

(1) $-\dfrac{7}{2}$;  (2) 0;  (3) $\dfrac{3}{7}$;  (4) $\dfrac{3}{5}$;  (5) 0;  (6) $\infty$;

(7) $\infty$;  (8) $\sqrt{5}$;  (9) $-2$;  (10) 1;  (11) $\dfrac{1}{2}$;  (12) $-1$.

## 习 题 1.6

**1.** (1) $\omega$;  (2) 3;  (3) $\dfrac{2}{5}$;  (4) 1;  (5) 2;  (6) 1;  (7) $\cos a$;  (8) $x$.

**2.** (1) $\dfrac{1}{e}$;  (2) $e^2$;  (3) $e^2$;  (4) $e^{-k}$;  (5) e.

## 习 题 1.7

(1) $\dfrac{3}{2}$;  (2) $\begin{cases} 0, & m < n, \\ 1, & m = n, \\ \infty, & m > n; \end{cases}$  (3) $\dfrac{1}{2}$;  (4) 4;  (5) $\dfrac{1}{3}$;  (6) $-\dfrac{3}{4}$.

## 习 题 1.8

**1.** (1) 均不连续,$x = 0$ 是可去间断点,$x = \dfrac{\pi}{2}$ 是可去间断点,$x = \pi$ 是无穷间断点;

(2) 不连续,$x = 1$ 是跳跃间断点.

**2.** (1) $x = -3$ 是无穷间断点;

(2) $x = 1$ 是可去间断点,$x = 4$ 是无穷间断点.

**3.** 函数 $f(x)$ 在区间 $(-\infty, -3), (-3, 2), (2, +\infty)$ 上连续,且有

$$\lim_{x \to 0} f(x) = f(0) = \dfrac{1}{2}, \quad \lim_{x \to -3} f(x) = -\dfrac{8}{5}, \quad \lim_{x \to 2} f(x) = \infty.$$

**4.** $f(0) = \dfrac{\sqrt{2}}{4}$.

5. $a=1$.

## 综合练习一

1. (1) A;  (2) D;  (3) D;  (4) B.

2. (1) $2-2x^2(|x|\leqslant 1)$;  (2) 2;  (3) $e^{-6}$;  (4) 6;  (5) 1.

3. (1) $(-\infty,0]$;  (2) $[1,e]$;  (3) $[0,\tan 1]$;  (4) $\bigcup_{n\in \mathbf{Z}}\left[2n\pi-\dfrac{\pi}{2},2n\pi+\dfrac{\pi}{2}\right]$.

4. (1) $\dfrac{1}{2}$;  (2) $\dfrac{1}{2}$;  (3) 0;  (4) $\infty$;  (5) $e^{-1}$;  (6) $e^{-6}$;

   (7) $\dfrac{1}{2}$;  (8) 5;  (9) $\dfrac{1}{2}$;  (10) 2;  (11) $-\dfrac{\sqrt{2}}{6}$;  (12) $-\dfrac{1}{2}$.

5. $b=2$.

6. 函数 $f(x)$ 在区间 $(-\infty,+\infty)$ 上连续.

7. 略. 提示:利用零点定理.

# 第 二 章

## 习 题 2.1

1. $\dfrac{\mathrm{d}T}{\mathrm{d}t}$.

2. (1) $-40$;  (2) $e^x$.

3. 4.

4. (1) 连续但不可导;
   (2) 连续且可导.

5. 切线方程为 $\dfrac{\sqrt{3}}{2}x+y-\dfrac{1}{2}\left(1+\dfrac{\sqrt{3}}{3}\pi\right)=0$,

   法线方程为 $\dfrac{2\sqrt{3}}{3}x-y+\dfrac{1}{2}\left(1-\dfrac{4\sqrt{3}}{9}\pi\right)=0$.

6. 点 $\left(\dfrac{1}{4},\dfrac{1}{2}\right)$.

## 习 题 2.2

1. 切线方程为 $y=2x$,法线方程为 $y=-\dfrac{1}{2}x$.

2. (1) $2\cos x - 2$;  (2) $-\dfrac{3}{x^2} - \dfrac{3}{x}$;

   (3) $9x^2 + \dfrac{21}{2}x^{\frac{5}{2}}$;  (4) $\dfrac{4}{(x+2)^2}$;

   (5) $\dfrac{-x\sin x - 2\cos x}{2x^3}$;  (6) $2\tan x + 2x\sec^2 x - \sec x\tan x$.

3. (1) $9(3x+4)^2$;  (2) $-9\cot^2 3x \cdot \csc^2 3x$;

   (3) $6a\omega\sin 2(3\omega t + 4\varphi)$;  (4) $\dfrac{\cos x}{2\sqrt{1+\sin x}}$;

   (5) $2e^{2x}(1+2x)$;  (6) $10^x \ln 10$;

   (7) $\dfrac{-x - \sqrt{1-x^2}\arccos x}{x^2\sqrt{1-x^2}}$;  (8) $10^{\sin x}\cos x \ln 10$;

   (9) $-\dfrac{2\ln 3}{x^2} 3^{\tan\frac{2}{x}} \sec^2 \dfrac{2}{x}$.

4. (1) $\dfrac{1}{3}$;  (2) $-\dfrac{\pi^2}{8}$.

5. $(x^{-\frac{2}{3}} - 3\sin x)\log_a x + \dfrac{3\sqrt[3]{x} + 3\cos x}{x\ln a}$.

6. $\dfrac{1 + 2\sqrt{x} + 4\sqrt{x}\sqrt{x+\sqrt{x}}}{8\sqrt{x}\sqrt{x+\sqrt{x}}\sqrt{x+\sqrt{x+\sqrt{x}}}}$.

7. 略.

## 习　题　2.3

1. (1) $6x + \cos x$;  (2) $4e^{2x-1}$;

   (3) $-2\cos 2x \ln x - \dfrac{2\sin 2x}{x} - \dfrac{\cos^2 x}{x^2}$;  (4) $2\arctan x + \dfrac{2x}{1+x^2}$.

2. (1) $\cos^2 x f''(\sin x) - \sin x f'(x)$;  (2) $\dfrac{f''(x)f(x) - [f'(x)]^2}{f^2(x)}$.

3. 略.

4. (1) $2^{n-1}\sin\left[2x + (n-1)\dfrac{\pi}{2}\right]$;  (2) $(-1)^n \dfrac{2 \cdot n!}{(1+x)^{n+1}}$;

   (3) $(-1)^n \dfrac{(n-2)!}{x^{n-1}}$ $(n \geqslant 2)$;  (4) $\left(x + \dfrac{n}{2}\right)(n+1)!$.

## 习　题　2.4

1. (1) $\dfrac{y}{y-x}$;  (2) $\dfrac{ay - x^2}{y^2 - ax}$;  (3) $\dfrac{e^{x+y} - y}{x - e^{x+y}}$;  (4) $-\dfrac{e^y}{1 + xe^y}$.

2. 切线方程为 $y - 1 = -(x-1)$, 法线方程为 $y - 1 = x - 1$.

3. (1) $x^{\sin x}\left(\cos x\ln x + \dfrac{\sin x}{x}\right)$;  (2) $ax^{a-1} + a^x\ln a + x^x(\ln x + 1)$;

(3) $\dfrac{1}{2}\sqrt{\dfrac{(x-1)(x-2)}{(x-3)(x-4)}}\left(\dfrac{1}{x-1}+\dfrac{1}{x-2}-\dfrac{1}{x-3}-\dfrac{1}{x-4}\right)$;

(4) $\dfrac{\ln\cos y - y\cot x}{x\tan y + \ln\sin x}$.

**4.** $\dfrac{\mathrm{d}y}{\mathrm{d}x}=\dfrac{-2t}{1-2t}, \dfrac{\mathrm{d}^2 y}{\mathrm{d}x^2}=\dfrac{-2}{(1-2t)^3}$.

**5.** (1) $\dfrac{\sin(x+y)}{[\cos(x+y)-1]^3}$;  (2) $\dfrac{2xy+2y\mathrm{e}^y - y^2\mathrm{e}^y}{(\mathrm{e}^y + x)^3}$.

## 习 题 2.5

**1.** 当 $\Delta x = 0.1$ 时，$\Delta y = 0.61, \mathrm{d}y = 0.6$；
当 $\Delta x = 0.01$ 时，$\Delta y = 0.060\ 1, \mathrm{d}y = 0.06$.

**2.** (1) $\mathrm{d}y = \left(-\dfrac{2}{x^3}+\dfrac{1}{2\sqrt{x}}\right)\mathrm{d}x$;

(2) $\mathrm{d}y = -2\sin 2x\,\mathrm{d}x$;

(3) $\mathrm{d}y = -\dfrac{6\ln^2(1-2x)}{1-2x}\mathrm{d}x$;

(4) $\mathrm{d}y = \mathrm{e}^{-2x}[-2\sin(2-x)-\cos(2-x)]\mathrm{d}x$;

(5) $\mathrm{d}y = 18x\tan^2(1+3x^2)\sec^2(1+3x^2)\mathrm{d}x$;

(6) $\mathrm{d}y = -\dfrac{1}{x^2+1}\mathrm{d}x$.

**3.** (1) $3x+C$;  (2) $x^2+C$;  (3) $\sin x+C$;

(4) $\ln(1+x)+C$;  (5) $-\dfrac{1}{4}\mathrm{e}^{-4x}+C$;  (6) $2\sqrt{x}+C$.

**4.** $-\dfrac{\sqrt{2}\pi}{1\ 080}$.

**5.** (1) 0.874 8;  (2) 0.523 8;  (3) 2.005 2.

## 综合练习二

**1.** (1) C;  (2) C;  (3) A;  (4) A;  (5) C.

**2.** (1) 充分,必要;  (2) $-\dfrac{3ty}{6y^2+t^3}$;

(3) $-\dfrac{17}{4}$;  (4) $\mathrm{e}^{-x}[\sin(3-x)-\cos(3-x)]\mathrm{d}x$;

(5) $\dfrac{1}{6}$.

**3.** (1) $\dfrac{9}{x^2}\sin\dfrac{3}{x}$;  (2) $\tan^2 x\sec^2 x$;

(3) $-\dfrac{x}{\sqrt{1-x^2}}\arctan x + \dfrac{\sqrt{1-x^2}}{1+x^2}$;  (4) $\dfrac{3}{x\sqrt{1-\ln^2 3x}}$.

4. $\dfrac{\mathrm{d}y}{\mathrm{d}x} = -\dfrac{y\mathrm{e}^{xy}+\sin x}{x\mathrm{e}^{xy}+2y}.$

5. $\dfrac{\mathrm{d}^2 y}{\mathrm{d}x^2} = \dfrac{2\mathrm{e}^{2y}-x\mathrm{e}^{3y}}{(1-x\mathrm{e}^{y})^3}.$

6. $\dfrac{\mathrm{d}y}{\mathrm{d}x} = -\dfrac{\sin t}{2t}, \dfrac{\mathrm{d}^2 y}{\mathrm{d}x^2} = \dfrac{\sin t - t\cos t}{4t^3}.$

7. $f'(x) = \begin{cases} -\dfrac{2}{1-2x}, & x<0, \\ -2, & x=0, \\ \dfrac{-2x\sin 2x - \cos 2x + 1}{x^2}, & x>0. \end{cases}$

8. $y = x-1.$

# 第 三 章

## 习 题 3.1

1. (1) 略. 提示: $\xi = 0$;  (2) 略. 提示: $\xi = \dfrac{25}{4}.$

2. 略.

3. 有两个实根, 分别在区间 $(1,2),(2,3)$ 内.

4. ～ 7. 略.

8. (1) $\dfrac{1}{2}$;  (2) 2.

## 习 题 3.2

1. (1) 1;  (2) 0;  (3) 1;  (4) 1;  (5) $-\dfrac{1}{4}$;  (6) $\dfrac{1}{2}$;

(7) 1;  (8) 2;  (9) 1;  (10) 1;  (11) e.

2. 略.

3. 3.

## 习 题 3.3

1. (1) 在区间 $(-\infty,-2]$ 和 $[1,+\infty)$ 上单调增加, 在区间 $[-2,1]$ 上单调减少;

(2) 在区间 $(-\infty,0]$ 上单调增加, 在区间 $[0,+\infty)$ 上单调减少;

(3) 在区间 $[1,+\infty)$ 上单调增加, 在区间 $(0,1]$ 上单调减少;

(4) 在区间 $(-\infty,-1)$ 和 $\left(-1,-\dfrac{1}{2}\right]$ 上单调增加, 在区间 $\left[-\dfrac{1}{2},0\right)$ 和 $(0,+\infty)$ 上单调

减少.

**2.** 略.

**3.** (1) 在区间 $(3,+\infty)$ 上是凹的,在区间 $(-\infty,3)$ 上是凸的,拐点为 $(3,-85)$;

(2) 在区间 $(0,+\infty)$ 上是凹的,在区间 $(-\infty,0)$ 上是凸的,拐点为 $(0,0)$;

(3) 在区间 $(2,+\infty)$ 上是凹的,在区间 $(-\infty,2)$ 上是凸的,拐点为 $(2,2e^{-2})$.

**4.** 略.

## 习 题 3.4

**1.** (1) 极大值为 $f(0)=0$,极小值为 $f(1)=-1$;

(2) 无极值;

(3) 极大值为 $f\left(-\dfrac{1}{2}\right)=-\dfrac{40}{3}$;

(4) 无极值;

(5) 极小值为 $f\left(\dfrac{1}{2}\right)=\dfrac{1}{2}+\ln 2$;

(6) 极大值为 $f\left(\dfrac{4}{3}\right)=\dfrac{\sqrt[3]{4}}{3}$,极小值为 $f(2)=0$;

(7) 无极值.

**2.** $a=2$,极大值为 $\sqrt{3}$.

**3.** (1) 最大值为 10,最小值为 $-15$;

(2) 最大值为 8,最小值为 0.

**4.** 底圆半径为 $\sqrt[3]{\dfrac{V}{2\pi}}$,高为 $2\sqrt[3]{\dfrac{V}{2\pi}}$.

**5.** 5 h.

**6.** 月租金为 3 600 元/套,最大利润为 115 600 元.

**7.** 250 台.

## 习 题 3.5

**1.** (1) 水平渐近线为 $y=-1$,垂直渐近线为 $x=0$;

(2) 斜渐近线为 $y=2x+\dfrac{\pi}{2}$ 和 $y=2x-\dfrac{\pi}{2}$.

**2.** 略. 提示:函数的图形有垂直渐近线 $x=-1$,斜渐近线 $y=x-1$.

**3.** 略.

## 习 题 3.6

**1.** $K=1$.

2. $K=2, \rho=\dfrac{1}{2}$.

3. 点 $\left(\dfrac{\pi}{2},1\right), \rho=1$.

4. 1 246 N.

## 习 题 3.7

二分法:0.320 或 0.328,误差都不超过 0.008;切线法:0.322 或 0.323,误差都不超过 0.001.

## 综合练习三

1. (1) $(0,2],[2,+\infty)$;    (2) 大,1;    (3) $\dfrac{\pi}{4},0$;

   (4) $y=1, x=0$;    (5) 水平,$y=0$.

2. (1) $\dfrac{1}{3}$;    (2) $\dfrac{1}{2}$;    (3) $\infty$;    (4) $-\dfrac{1}{2}$;    (5) $\mathrm{e}^{-1}$.

3. 略.

4. 在区间 $(-\infty,-2]$ 和 $(0,+\infty)$ 上单调减少,在区间 $[-2,0]$ 上单调增加,极小值为 $f(-2)=-3$;在区间 $(-3,0)$ 和 $(0,+\infty)$ 上是凹的,在区间 $(-\infty,-3)$ 上是凸的,拐点为 $\left(-3,-\dfrac{26}{9}\right)$.

5. $a=-\dfrac{3}{2}, b=\dfrac{9}{2}$.

6. $h=\dfrac{\sqrt{6}}{3}d, d:h:b=\sqrt{3}:\sqrt{2}:1$.

7. 距 A 处 120 km,约 8.78 h.

8. 单价为 101 元,最大利润为 167 080 元.

9. 略.

10. 略.

# 第 四 章

## 习 题 4.1

1. $x\sin x + C$.

2. B,C.

3. $y=\dfrac{3}{2}x^2+\dfrac{3}{2}$.

4. $s=3t^2-2t$.

**5.** (1) $\dfrac{3}{7}x^{\frac{7}{3}}+C$;      (2) $\dfrac{3^x}{\ln 3}+\dfrac{1}{4}x^4+C$;

(3) $2e^x+3\ln|x|+C$;      (4) $x-\ln|x|-\cos x+C$;

(5) $2x^{\frac{1}{2}}-\dfrac{4}{3}x^{\frac{3}{2}}+\dfrac{2}{5}x^{\frac{5}{2}}+C$;      (6) $3\arctan x-2\arcsin x+C$;

(7) $x-\arctan x+C$;      (8) $\dfrac{1}{2}(x+\sin x)+C$;

(9) $-2\cos x+C$;      (10) $\dfrac{1}{2}\tan x+C$;

(11) $2(\sin x-\cos x)+C$;      (12) $\tan x-\sec x+C$.

## 习 题 4.2

**1.** (1) $\dfrac{1}{a}$;    (2) $\dfrac{1}{7}$;    (3) $\dfrac{1}{2}$;    (4) $\dfrac{1}{10}$;    (5) $-\dfrac{1}{2}$;

(6) $\dfrac{1}{12}$;    (7) $\dfrac{1}{2}$;    (8) $-2$;    (9) $-\dfrac{2}{3}$;    (10) $\dfrac{1}{5}$;

(11) $-\dfrac{1}{5}$;    (12) $\dfrac{1}{3}$;    (13) $-1$;    (14) $-1$.

**2.** (1) $-\dfrac{1}{3(3x-4)}+C$;      (2) $-\dfrac{1}{2}(2-3x)^{\frac{2}{3}}+C$;

(3) $-\dfrac{2}{9}(1-x^3)^{\frac{3}{2}}+C$;      (4) $\dfrac{1}{3}\ln|1+x^3|+C$;

(5) $2\ln(x^2+1)-2\arctan x+C$;      (6) $\dfrac{1}{4}\arctan x+C$;

(7) $\dfrac{1}{2}e^{2x}+C$;      (8) $\dfrac{1}{3}\ln^{\frac{3}{2}} x+C$;

(9) $\dfrac{1}{4}(3+2\ln x)^2+C$;      (10) $-\dfrac{2}{5}\cos^{\frac{5}{2}} x+C$;

(11) $-e^{\cos x}+C$;      (12) $\dfrac{1}{2\cos^2 x}+C$;

(13) $\dfrac{1}{2}x-\dfrac{1}{4}\sin 2x+C$;      (14) $\sin x-\dfrac{1}{3}\sin^3 x+C$;

(15) $\dfrac{1}{4}(\arctan x)^4+C$;      (16) $-\dfrac{1}{2(\arcsin x)^2}+C$;

(17) $-\dfrac{1}{3}\cos^3 x+\dfrac{2}{5}\cos^5 x-\dfrac{1}{7}\cos^7 x+C$;      (18) $-2\cos\sqrt{x}+C$;

(19) $\dfrac{1}{3}\sec^3 x-\sec x+C$;      (20) $\dfrac{1}{3}\ln\left|\dfrac{x-2}{x+1}\right|+C$;

(21) $\ln|\ln(\ln x)|+C$;      (22) $-\dfrac{1}{10}\cos 5x+\dfrac{1}{2}\cos x+C$;

(23) $\dfrac{3}{2}(\sin x-\cos x)^{\frac{2}{3}}+C$;      (24) $\ln|\csc 2x-\cot 2x|+C$.

**3.** (1) $10\arctan\sqrt{2x-1}+C$;   (2) $16(\sqrt{x}-2\sqrt[4]{x})+32\ln(\sqrt[4]{x}+1)+C$;

(3) $\dfrac{x}{\sqrt{x^2+1}}+C$;   (4) $a^2\arcsin\dfrac{x}{|a|}-x\sqrt{a^2-x^2}+C$;

(5) $-\dfrac{1}{14}\ln|2+x^7|+\dfrac{1}{2}\ln|x|+C$.

## 习 题 4.3

(1) $-\dfrac{x}{3}\cos 3x+\dfrac{1}{9}\sin 3x+C$;   (2) $-2\mathrm{e}^{-x}(x+1)+C$;

(3) $-(x^2+2x+2)\mathrm{e}^{-x}+C$;   (4) $-2\dfrac{\ln x+1}{x}+C$;

(5) $3(x\ln^2 x-2x\ln x+2x)+C$;   (6) $x\arctan x-\dfrac{1}{2}\ln(1+x^2)+C$;

(7) $-\dfrac{1}{2}x^2+x\tan x+\ln|\cos x|+C$;   (8) $\dfrac{x}{2}(\cos\ln x+\sin\ln x)+C$;

(9) $-\dfrac{1}{5}\mathrm{e}^{-x}(2\cos 2x+\sin 2x)+C$;   (10) $\dfrac{2}{3}(\sqrt{3x+9}-1)\mathrm{e}^{\sqrt{3x+9}}+C$.

## 习 题 4.4

(1) $-3\ln|x|+\dfrac{10}{3}\ln|x-1|-\dfrac{1}{3}\ln|x+2|+C$;

(2) $\dfrac{-2x}{(x-1)^2}+C$;   (3) $-\dfrac{1}{x^2+1}+2\arctan x+C$;

(4) $\dfrac{1}{2}\ln|x^2-1|+\dfrac{1}{x+1}+C$;   (5) $\sqrt{2}\arctan\dfrac{\tan\dfrac{x}{2}}{\sqrt{2}}+C$;

(6) $\dfrac{3\sqrt{5}}{5}\ln\left|\dfrac{2\tan\dfrac{x}{2}+3-\sqrt{5}}{2\tan\dfrac{x}{2}+3+\sqrt{5}}\right|$

(7) $7x-28\sqrt{x+1}+28\ln(\sqrt{x+1}+1)+C$;

(8) $16\sqrt{x}-32\sqrt[4]{x}+32\ln(\sqrt[4]{x}+1)+C$.

## 习 题 4.5

(1) $\dfrac{1}{3}\ln|3x+\sqrt{9x^2-16}|+C$;   (2) $\arctan\dfrac{x+1}{2}+C$;

(3) $-\dfrac{3}{13}\mathrm{e}^{-2x}(2\sin 3x+3\cos 3x)+C$;   (4) $-\dfrac{\sin 10x}{20}+\dfrac{\sin 2x}{4}+C$;

(5) $4\arcsin x+4\sqrt{1-x^2}+C$;

(6) $10\arctan\sqrt{2x-1}+C$.

### 综合练习四

**1.** (1) B； (2) B； (3) C； (4) A.

**2.** (1) $e^{\sin^2 x}+C$； (2) $-\dfrac{1}{3}(1-x^2)^{\frac{3}{2}}+C$； (3) $1-\dfrac{1}{x}$； (4) $f(x)\mathrm{d}x$；

(5) $f(x)=\cos x$ 为偶函数，$F(x)=\sin x+1$ 是它的一个原函数，但不是奇函数.

**3.** (1) $\sin x-\cos x+C$；  (2) $\dfrac{x^3}{3}-x+\arctan x+C$；

(3) $-\dfrac{3}{4}\ln|1-x^4|+C$；  (4) $\dfrac{a^2}{2}\arcsin\dfrac{x}{a}-\dfrac{x}{2}\sqrt{a^2-x^2}+C$；

(5) $-\dfrac{1}{5}e^{-x}(\sin 2x+2\cos 2x)+C$；  (6) $x^2\sin x+2x\cos x-2\sin x+C$；

(7) $2\sqrt{x}(\ln x-2)+C$；  (8) $\arccos\dfrac{1}{|x|}+C$；

(9) $\dfrac{1}{2}(x^2-1)e^{x^2}+C$.

**4.** $\displaystyle\int f(x)\mathrm{d}x=\begin{cases}\dfrac{1}{3}x^3+C, & x\geqslant 0,\\ C, & x<0.\end{cases}$

**5.** (1) $2x\sec^2 x\tan x-\sec^2 x+C$；  (2) $x\sec^2 x-\tan x+C$.

**6.** $f(x)=-x^2-\ln(1-x)+C$.

**7.** $f(x)=x^3-3x^2+4$.

# 第 五 章

## 习 题 5.1

**1.** $\dfrac{1}{3}$.

**2.** $\displaystyle\int_0^t \rho(x)\mathrm{d}x$.

**3.** $\displaystyle\int_1^3 (3t+5)\mathrm{d}t, 22$ m.

**4.** (1) $\displaystyle\int_1^2 x\mathrm{d}x<\int_1^2 x^2\mathrm{d}x$；  (2) $\displaystyle\int_0^\pi x\mathrm{d}x>\int_0^\pi \sin x\mathrm{d}x$；

(3) $\displaystyle\int_0^1 (x-1)\mathrm{d}x>\int_0^1 \ln x\mathrm{d}x$.

**5.** (1) $4\leqslant\displaystyle\int_1^3 2x^2\mathrm{d}x\leqslant 36$；  (2) $2e\leqslant\displaystyle\int_1^3 e^x\mathrm{d}x\leqslant 2e^3$.

**6.** 12 m/s.

## 习 题 5.2

1. (1) $\cos \pi x^2$;　　　　(2) $2x\sqrt{1+x^4}$;

   (3) $\dfrac{3x^2}{\sqrt{1+x^{12}}} - \dfrac{2x}{\sqrt{1+x^8}}$.

2. (1) $\dfrac{\pi}{3}$;　(2) $1 + \dfrac{\pi}{4}$;　(3) $2(\sqrt{2}-1)$;　(4) $e + \ln 2 - 1$.

3. (1) 1;　(2) e;　(3) $-\dfrac{1}{2}$;　(4) 12.

4. $\Phi(x) = \begin{cases} \dfrac{1}{3}x^3, & 0 \leqslant x < 1, \\ \dfrac{1}{2}x^2 - \dfrac{1}{6}, & 1 \leqslant x \leqslant 2, \end{cases}$ $\Phi(x)$在$[0,2]$上连续.

## 习 题 5.3

1. (1) $\pi - \dfrac{4}{3}$;　　(2) $\dfrac{\pi}{6} - \dfrac{\sqrt{3}}{8}$;　　(3) $2 + 2\ln\dfrac{2}{3}$;

   (4) $1 - \dfrac{1}{\sqrt{e}}$;　(5) $\dfrac{116}{3}$;　　(6) 0.

2. (1) $1 - \dfrac{2}{e}$;　　(2) $\dfrac{\pi}{4} - \dfrac{1}{2}$;　(3) $\dfrac{1}{5}(e^{\pi} - 2)$;

   (4) $2\left(1 - \dfrac{1}{e}\right)$;　(5) $\dfrac{\pi}{4}$.

## 习 题 5.4

1. 梯形法:0.501 4;抛物线法:0.500 0.
2. 梯形法:3.139 93;抛物线法:3.141 59.

## 习 题 5.5

1. (1) $\dfrac{1}{3}$;　(2) $\pi$;　(3) 1;　(4) 发散.

2. $\dfrac{1}{2}$.

3. 发散.

4. 不对,因为 $\displaystyle\int_0^{+\infty} \dfrac{x}{\sqrt{1+x^2}} dx$ 发散.

## 综合练习五

1. (1) D；  (2) C；  (3) A；  (4) A.

2. $\dfrac{dy}{dx} = \cot t$.

3. $\dfrac{dy}{dx} = \dfrac{\cos x}{\sin x - 1}$.

4. 当 $x = 0$ 时，$I$ 有极小值 $I(0) = 0$.

5. $F(x) = \begin{cases} \dfrac{1}{3}x^3 - \dfrac{1}{3}, & 0 \leqslant x < 1, \\ x - 1, & 1 \leqslant x \leqslant 2. \end{cases}$

6. 0.

7. (1) $\pi$；  (2) 1；  (3) $\pi$.

# 第 六 章

## 习 题 6.2

1. (1) 1；    (2) $\dfrac{22}{3}$.

2. (1) $\dfrac{3}{2} - \ln 2$；  (2) $e + \dfrac{1}{e} - 2$；  (3) $b - a$.

3. (1) $2\pi a^2$；    (2) $18\pi a^2$.

4. $3\pi a^2$.

5. (1) $\dfrac{\pi^3}{4} - 2\pi$.   (2) $\dfrac{3\pi}{10}$.

   (3) 绕 $x$ 轴旋转：$\dfrac{128}{7}\pi$；绕 $y$ 轴旋转：$\dfrac{64}{5}\pi$.

6. $1 + \dfrac{1}{2}\ln\dfrac{3}{2}$.

7. $6a$.

8. 略.

9. $8a$.

## 习 题 6.3

1. $0.18k$ J.

2. $800\pi \ln 2$ J.

**3.** (1) $\dfrac{1}{6}\rho g a h^2$ ($\rho$ 为水的密度,$g$ 为重力加速度); (2) 水压力增加了一倍.

**4.** 质点 $P$ 应在距 $B$ 处 $\dfrac{4}{3}$ m 的地方.

## 综合练习六

**1.** (1) $\dfrac{1}{6}$; (2) $S_2 < S_3 < S_1$; (3) $\dfrac{1+x^2}{1-x^2}\mathrm{d}x, \ln 3 - \dfrac{1}{2}$.

**2.** (1) $\pi - 1$; (2) $\dfrac{a^2}{4}(\mathrm{e}^{2\pi} - \mathrm{e}^{-2\pi})$.

**3.** (1) $\dfrac{\pi}{5}$; (2) $2\pi^2$.

**4.** $\dfrac{2}{3}R^3 \tan \alpha$.

**5.** $\dfrac{\sqrt{2}}{2} + \dfrac{1}{2}\ln(1+\sqrt{2})$.

**6.** $2.1 \times 10^5$ N.

# 参考文献

[1] 我国大学数学课程建设与教学改革六十年课题组. 我国大学数学课程建设与教学改革六十年[M]. 北京:高等教育出版社,2015.

[2] 张奠宙,柴俊. 大学数学教学概说[M]. 北京:高等教育出版社,2015.

[3] 郝志峰,谢国瑞,汪国强. 高等数学:一元微积分[M]. 北京:高等教育出版社,2005.

[4] 同济大学数学系. 高等数学:上册[M]. 7 版. 北京:高等教育出版社,2014.

[5] 黄立宏. 高等数学:上册[M]. 北京:北京大学出版社,2018.

[6] 金路,童裕孙,於崇华,等. 高等数学:上册[M]. 5 版. 北京:高等教育出版社,2020.

[7] 同济大学数学系. 微积分:上册[M]. 3 版. 北京:高等教育出版社,2009.

[8] 刘智新,闫浩,章纪民. 高等微积分教程:上册 一元函数微积分与常微分方程[M]. 北京:清华大学出版社,2014.

[9] 李德新. 高等数学:上册[M]. 北京:科学出版社,2014.

[10] 李建平. 微积分[M]. 北京:北京大学出版社,2018.

# 历年考研真题